BV-ARAL

M·A·N
DIESEL

DELIUS KLASING

ARAL
M·A·N
DIESEL
H-LS 910

ULRICH BIENE

TANKLASTER DES WIRTSCHAFTSWUNDERS

So kam der Kraftstoff zum Kunden

Delius Klasing Verlag

ESSO
das neue Kennzeichen unserer allbekannten Tankstellen u.-Läger
ESSO
ESSO
DEUTSCH-AMERIKANISCHE PETROLEUM-GESELLSCHAFT

INHALT

Kompakt und verlässlich im farblichen Gleichklang mit Tankinsel und Tankwarthäuschen: Der MAN 635 L1 ist 1961 in Kassel unterwegs, um die örtlichen Shell-Stationen zu versorgen.

GASOLIN

Tanker, Treibstoff, Wirtschaftswunder

Sie waren Markenleuchttürme auf Rädern, so etwas wie die verlängerten Zapfsäulen auf den Straßen und Autobahnen dieses Landes. Ihr Lack signalisierte Botschaften. Von wachsender Mobilität, von Wärme daheim – und Wohlstand. Ohne die vielen Hundert Tankwagen, die nach der Währungsreform unermüdlich unterwegs waren, wäre das Wirtschaftswunder nicht möglich gewesen. Ein kleines Rädchen im System der Marktwirtschaft – ja, zweifellos. Mehr noch. Jeder Tanklaster wurde bei aller Euphorie zu einer Speerspitze der Marktwirtschaft, die den irrtümlichen Glauben scheinbar niemals versiegender Ölquellen vermitteln wollte.

Und doch besaß die bunte Tankerflotte im Nachkriegsdeutschland seinerzeit automobile Taktgeberfunktion. Denn mit dem Boom des Individualverkehrs und der prosperierenden Wirtschaft mit ihrer unverlässlichen Logistik haben sich die Tankwagen sehr früh den Ruf als unverzichtbare Versorger von Tankstellen, industriellen Heizkesseln und heimischen Heizöltanks erworben. Noch vor dem Krieg heulten die tankbeladenen Lastwagen der ersten Generation gemächlich von Pumpe zu Pumpe, von Ort zu Ort. Nach der Währungsreform wurde das Tempo angezogen – immer mehr. Der Karosseriebau passte sich dem Zeitgeist an. In Leistung und Optik. Und wie so oft: Die Marktwirtschaft verlangte ihre Opfer auf allen Seiten. Mineralölmarken verschwanden, die Marktkonzentration machte auch vor den Aufbauherstellern nicht halt.

Fernab von ausgeklügelter Pumpentechnik, Fahrstabilität und Beladungseffizienz besitzt diese zweifellos besondere Lkw-Spezies eine Aura mit ungewöhnlicher Strahlkraft und zeitgenössischer Wertigkeit. Seit nunmehr 100 Jahren fahren sie über Deutschlands Straßen und haben das Wirtschaftswunder mitgestaltet. Mit Millionen Stopps an Tanksäulen, Industriehallen und Kellerfenstern. In Zeiten der E-Mobilität und des Auslaufens der Ölfeuerung werden die mächtigen Gefährte und imposanten Verteilfahrzeuge weniger werden – ein verblassendes Kapitel der Zeitgeschichte. Lassen wir ihre Geschichte wirken.

Ulrich Biene

Der freundliche Gasolin-Mann mit der Schirmmütze. Rasant überholt er die freundlich winkende Dame auf dem Motorroller. So zeitgenössisch sieht es der Zeichner in den Fünfzigerjahren.

In den Dreißigerjahren ist der Bedarf an Kraftstoff im ganzen Land sichtbar. Die Gehwegpumpen an den Straßenrändern zeigen bereits die Markenfarben und sind damit Dienstleister und Werbesäulen zugleich. Mit farbenfrohen Motiven wirbt Standard Oil um Kunden und baut zugleich ein neues, sympathisches Image für die neue Automobilität auf.

IN DEN ZWANZIGERJAHREN BEGINNT DIE MOTORISIERUNG

Im Häuserkampf um Gehwegpumpen geben erste Tankwagen Rückendeckung

Es sind in den Zwanzigerjahren die Droschken, die ersten leistungsfähigen Lastwagen und aufwendige Spezialfahrzeuge für Feuerwehren und Kommunalbetriebe, die die neue Epoche der Automobilität in Deutschland einläuten. Kaum zu glauben, dass im Metropolen-Schmelztiegel Berlin zum Ende jenes Jahrzehnts die Schwelle von nahezu 10.000 Taxis erreicht wird. Sie buhlen mit den ersten Doppelstockbussen um Kunden – freilich unterschiedliche Klientelen. Erst nach und nach erhält der Individualverkehr eine sichtbare Bedeutung. Und dabei gehen der Bedarf und die Nutzung von Pkw und Lastwagen in den Großstädten und auf dem Lande weit auseinander. Im hektischen Berlin, aber auch in Dresden, Hamburg, Frankfurt oder München ordert man schnell ein Taxi, wenn man von A nach B will. Vorausgesetzt man kann es sich leisten. Viele können das inzwischen. Immerhin erreicht Deutschland am Ende der Zwanzigerjahre wieder die Wirtschaftskraft wie vor dem Ersten Weltkrieg. Und mit der langsamen Rückkehr von Wohlstand entscheiden sich die gut betuchten Unternehmer ebenso wie erfolgreiche Freiberufler für die alsbaldige Anschaffung eines Pkw. Jederzeit fahren, wohin man möchte – das Gefühl von Freiheit. Mit dem Auto gibt es ein neues, kostbares Gut, das Begehrlichkeit erfährt. Es ist in jenen Jahren zwar purer Luxus, aber die Goldenen Zwanziger haben ihre eigenen Gesetze. Die Versuchung ist einfach zu groß. Wer hat, der kann! Alle anderen, die zur Motorisierung

Mit 6.500 Litern Kraftstoff erreicht der Krupp-Hauber vor dem Zweiten Weltkrieg die angeschlossenen Stationen und sorgt dafür, dass der Tank der Standard-Station immer voll ist (l.). Die Zapfsäulen der frühen Generation werden aber auch auf Firmenhöfen wie bei den Gebrüdern Braun in Gotha montiert. Dort fahren allabendlich die zurückkommenden Transportgespanne vor, um für den nächsten Tag aufzutanken (o.). Nahezu überall findet sich auch die Tankwartglocke, um den sachkundigen Helfer vom Büro- oder Küchentisch herbeizurufen (u.).

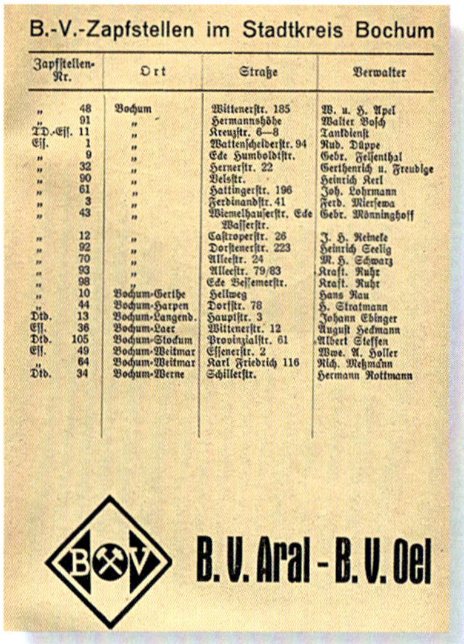

B.-V.-Zapfstellen im Stadtkreis Bochum

Zapfstellen-Nr.	Ort	Straße	Verwalter
„ 48	Bochum	Wittenerstr. 185	W. u. H. Apel
„ 91	„	Hermannshöhe	Walter Bosch
TD.-Ess. 11	„	Kreuzstr. 6—8	Tankdienst
Ess. 1	„	Wattenscheiderstr. 94	Rud. Düppe
„ 9	„	Ecke Humboldtstr.	Gebr. Fessenthal
„ 32	„	Hernerstr. 22	Gerthenrich u. Freudige
„ 90	„	Belsstr.	Heinrich Kerl
„ 61	„	Hattingerstr. 196	Joh. Lohrmann
„ 3	„	Ferdinandstr. 41	Ferd. Miersewa
„ 43	„	Wiemelhauserstr. Ecke Wasserstr.	Gebr. Mönninghoff
„ 12	„	Castroperstr. 26	J. H. Reineke
„ 92	„	Dorstenerstr. 223	Heinrich Seelig
„ 70	„	Alleestr. 24	M. H. Schwarz
„ 93	„	Alleestr. 79/83	Kraft. Ruhr
„ 98	„	Ecke Bessemerstr.	Kraft. Ruhr
„ 10	Bochum-Gerthe	Hellweg	Hans Rau
„ 44	Bochum-Harpen	Dorfstr. 78	H. Stratmann
Dtd. 13	Bochum-Langend.	Hauptstr. 3	Johann Ebinger
Ess. 36	Bochum-Laer	Wittenerstr. 12	August Heckmann
Dtd. 105	Bochum-Stockum	Provinzialstr. 61	Albert Steffen
Ess. 49	Bochum-Weitmar	Essenerstr. 2	Wwe. A. Holler
„ 64	Bochum-Weitmar	Karl Friedrich 116	Rich. Meßmann
Dtd. 34	Bochum-Werne	Schillerstr.	Hermann Rottmann

B. V. Aral - B. V. Oel

Am Stammsitz des Benzol-Verbands in Bochum muss in den Dreißigerjahren bereits ein funktionierendes Netz von 30 Stationen aufrechterhalten werden – in den blau-weißen Farben von Aral, versteht sich.

neigen, müssen es zwangsläufig beim Kauf eines Motorrads belassen. Fahren bei Wind und Wetter hin oder her – auch beim Krad zählt nur Mobilität. Die Nachfrage nach Kraftstoff für die ersten Pkw-Verbrennungsmotoren von Mercedes-Benz, Opel oder Ford und Öl für die unabdingbare Versorgung mit Schmiermitteln wächst unaufhörlich. Die Zeiten zum Ende der Zwanzigerjahre kennen nur eine Richtung: vorwärts! Diese Erkenntnis führt auch bei den zur Jahrhundertwende gegründeten Mineralölgesellschaften in Deutschland zur wachsenden und rasch einleuchtenden Notwendigkeit, angesichts größerer Nachfrage die benötigte Infrastruktur forciert zu entwickeln und in ein funktionierendes Tankstellennetz zu überführen. Die Groblogistik mit Kesselwagen, die auf der Bahn auch entlegene Orte erreichen, gibt es schon länger. Doch es müssen Puffer geschaffen werden, denn zugleich wächst der Bedarf an Tanklagern, die die logistische Versorgung ihrer Abgabestellen sichern sollen. Dezentral und mit Versorgungssicherheit, versteht sich. Tankwagen müssen her! Sie sind der einzige Schlüssel zu einer kleinteiligen Distribution von Kraftstoff. Die Ära der anfänglichen Pferdegespanne, die mit ihren mitgebrachten, nur hemdsärmelig zusammengedengelten Tanks die Fracht vom Kesselwagen am Bahnhof zu den Tanksäulen befördern, läuft endgültig aus. Und weil der Aufbau der Infrastruktur unerlässlich geworden ist, um immer größere Kapazitäten zu transportieren, gelingt es Hugo Stinnes in dieser Zeit, seinen ersten Tankwagen auf den Weg zu bringen. Dessen Tankvolumen gilt als beachtlich: Hinter dem Fahrerhaus verlastet die Firma Martini und Hüneke Maschinenbau AG drei Kammern mit einem ersten Fassungsvermögen von respektablen 5.000 Litern. 2.000 davon werden in der Mitte transportiert, jeweils rechts und links davon befindet sich eine weitere Kammer mit 1.500 Litern. Der erste Tankwagen revolutioniert den Benzintransport schon deshalb, weil der bis dahin aufwendige Fasstransport deutlich vereinfacht und darüber hinaus effizienter gestaltet werden kann. Tatsächlich gibt es die ersten Tanksäulen in Deutschland erst seit 1923 – die ersten elektrischen Pumpen folgen 1928. Doch die Mehrzahl der Säulen soll die Kraftstoffausgabe noch viele Jahre im Handbetrieb regeln.

Spätestens mit dem Ende der Zwanzigerjahre setzen die Mineralölgesellschaften ausnahmslos auf Lastwagen als wirtschaftliche und vor allem kraftvolle, weil nie ermüdende, Alternative. Ein paar Jahre sollen noch vergehen, in denen sich auf den Höfen der Tanklager Pferdegespanne und nagelneue, blitzsaubere Tankwagen mit den Markenlettern von Dapolin, Shell oder Olex treffen. Nur: den harten Fakten der Wirtschaftlichkeit halten die Rösser eben nicht stand. Hinzu kommt, dass sich angesichts der Nachfrage auch die Kreativität der Mineralölgesellschaften beschleunigt. »Großtankstellen« heißen die neuen Leuchttürme der Automobilität. Eine erste von Dapolin eröffnet im Sommer 1927 in Hamburg. Sie gibt einen Vorgeschmack darauf, was in den kommenden Jahrzehnten auf Deutschlands Straßen zum Versorgungsstandard werden soll. Bei Dapolin, wo wenig später die Marke Esso Einzug hält, spricht man vom »Dienst am Kunden« und gestaltet die zweckmäßig, eigentlich ohne großen baulichen Aufwand gemauerte Großstation zur einprägsamen Markenbotschafterin. Die Tankkultur erhält ihre Inseln aus Farbe und Licht. Hiermit beginnt die Zeit, in der Tankfahrzeuge ihre Wirkung zu entfalten beginnen. Alltagstauglich, zügig und verlässlich. Großtankstellen bunkern mehr Kraftstoff als die üblichen 1.500-Liter-Erdtanks, die überall regelrecht aus dem Boden sprießenden Gehwegpumpen. Die erste motorisierte Tankwagengeneration in den Farben von Olex, Leuna, Esso und dem Benzol-Verband haben unermüdlich zu tun und sind schon in den Zwanzigerjahren als wichtigste Versorger nicht mehr wegzudenken. Sie bringen ebenso

Nach der Fusion von Benz & Cie. mit der Daimler-Motoren-Gesellschaft im Jahr 1926 nimmt Gaggenau die zentrale Rolle beim Nutzfahrzeugbau der neuen Daimler-Benz AG ein. Von hier aus werden alle Fahrgestelle – auch die dreiachsigen für Schwerlastaufgaben – an die Aufbauhersteller der Tankwagenbauer geschickt. Die Kraftstoffhersteller haben einen großen Bedarf, um die ständig wachsende Anzahl von Standorten bedarfsgerecht zu versorgen.

Dortmund nimmt im Revier an der Ruhr eine zentrale Rolle ein. Von hier aus wird nicht nur die eigene Metropole mit ihrer prosperierenden Stahl- und Kohleindustrie versorgt. Die ersten Tankwagen aus der Braunschweiger Büssing-Schmiede fahren im Auftrag des Deutschen Benzol Vertriebs für den Ölhändler Kux & Krahn auch ins ländliche Umland.

Farbe ins Straßenbild, wie es ihre tagtäglichen Ziele, die markenfarbigen Gehwegpumpen und Großtankstellen tun. Den Menschen erscheint es wie ein Häuserkampf, als die Tanksäulen weder vor Städten noch Dörfern haltmachen. Es geht um die beste Erreichbarkeit bei gleichzeitig optimaler Wahrnehmung.

Genauso historisch empfinden die Menschen jenen Moment, als 1927 am Haupttorplatz in Leuna die erste Tankstelle gleichen Namens in Betrieb geht. Erstmals in Deutschland läuft an dieser Stelle durch Kohlehydrierung synthetisch hergestelltes Benzin aus dem Tankschlauch. Während bis dahin vornehmlich ausländische Mineralölgesellschaften das prosperierende Treibstoffgeschäft wahrnehmen, gelingt es unter Beteiligung der Gasolin AG mit ihrem Hauptsitz in Berlin, mit dem Verfahren der Kohlehydrierung technologisch neue Akzente zu setzen. Zwar wird der Großteil des verarbeiteten Öls unverändert über den Seeweg nach Deutschland geschafft, doch auch im Inland hat das Rennen um die Rohölressourcen eingesetzt. In der norddeutschen Tiefebene lassen die Mineralölfirmen bereits Bohrungen in die Tiefe vornehmen. Einige mit Erfolg. Jedenfalls drängt mit der Nachfrage nach Öl und Kraftstoff aus den neuen Raffinerien im Land unweigerlich die Frage nach der logistischen Lösung in den Fokus. Als am 1. April 1927 das Leuna-Werk in der Nähe von Merseburg offiziell ans Netz geht, hat dort der Aufbau einer deutschlandweiten Infrastruktur zur Kraftstoffversorgung längst begonnen. Dezentrale Tankstellen, zumeist Bürgersteinpumpen, erhalten in dieser Zeit eine immer größere Bedeutung, und damit Präsenz – Esso und Shell dominieren das Geschäft. 1931 stehen in den Städten und Dörfern, manchmal auch an einsamen Ausflugszielen an wenig frequentierten Chausseen, insgesamt 50.000 Tankstellen. Der wirtschaftliche Nutzungsgrad hält sich allerdings noch in Grenzen: Die tägliche Verkaufsmenge nimmt sich mit gerade mal 65 Litern recht bescheiden

Die MHS-Tankwagen-Werbung von 1939 verspricht höchste Ablaufgeschwindigkeit

Meist sind es etablierte Stahl- und Eisenbauer oder versierte Machinenfabriken mit Erfahrungen im individuellen Tankbau, die sich auf den Weg in ein neues Geschäftsfeld machen. »Martini-Hüneke und Salzkotten« aus dem Paderborner Land, aber auch die Vereinigten Leichtmetall-Werke aus dem rheinischen Bonn werben bereits für Leichtmetall als hilfreicher Werkstoff im Tankwagenbau.

Georg Oest gründet in Dornstetten im Schwarzwald eine Fabrik zur Herstellung technischer Öle und Schmierstoffe – die Geburtsstunde der Georg Oest & Cie. Mitte der Dreißigerjahre betreibt das Unternehmen bereits Niederlassungen in Radolfzell, Freiburg und Karlsruhe. Sogar das Luftschiff »Graf Zeppelin« fährt zeitweise mit Östol-Betriebsstoff. In Baden, Württemberg-Hohenzollern und im Allgäu fahren die Östol-Tanker bereits mehr als 100 Östol-Zapfstellen an.

aus. Als im Folgejahr die Zahl der Tanksäulen um weitere 3.000 auf immerhin 53.000 anwächst, wird deutlich, wie schwungvoll und erwartungsfroh die Mineralölfirmen ihr Geschäft betreiben – und das mit erheblichen Investitionen. Allein 1932 nehmen an jedem Arbeitstag in Deutschland zehn neue Säulen ihren Betrieb auf. Im Jahr 1932 besteht das Versorgungsnetz zu 30 Prozent aus Tankstellen, die Reparaturwerkstätten zugehörig sind. 25 Prozent der Säulen stehen an Geschäften unterschiedlicher Branchen wie Kramläden und Drogerien, 19 Prozent zählen zu Handwerksbetrieben und zwölf Prozent sind unmittelbar an Gaststätten, Hotels und gastronomischen Ausflugszielen aufgebaut. Weitere acht Prozent der Tankstationen stehen an Großgaragen, fünf Prozent bei Autovermietungen und lediglich ein Prozent bei Selbstverbrauchern wie Speditionen. Sie alle müssen regelmäßig angefahren und versorgt werden – mit Tankfahrzeugen.

Zum Kraftfahrzeugbestand im Deutschen Reich gehören am 1. Juli 1935 immerhin 1.053.556 Krafträder, 786.500 Pkw, 241.384 Lastkraftwagen, 13.839 Kraftomnibusse und 34.707 Zugmaschinen. Automobilität ist zum Megatrend geworden. Während Leuna immer stärkere Präsenz zeigt, vereinigen die drei internationalen Ölkonzerne 1935 in Deutschland immer noch 36.000 der 59.000 Stationen auf sich. Damit bedienen sie mengenmäßig rund die Hälfte des Marktes. Allein im Ballungszentrum Rhein-Ruhr ergibt sich 1937 eine Dichte von Leuna-Zapfstellen, wie man es wenige Jahre zuvor nicht geahnt hätte. Allein in Köln finden Autofahrer eine Auswahl von 59 der rot-weiß-schwarzen Zapfstellen vor. Auf Platz zwei in Rheinland und Westfalen rangiert Düsseldorf mit 30 Standorten. Danach folgt Dortmund mit 17 und Essen mit 16 Standorten. Diese innerstädtische

Der mächtige MAN von Nitag – damals noch in gelb-grüner Gestaltung – macht Station in Hamburg-Hausbruch, während der Olex-Büssing Typ V GL um 1930 noch im blau-gelben Olex-Auftritt einen Fotohalt macht. Nach der Übernahme durch BP nach Kriegsende soll es dann zum Farbentausch der beiden Marken kommen – eine bemerkenswerte historische Begebenheit in der deutschen Kraftstoffmarkengeschichte.

Amerika lässt früh grüßen: Die Standard Oil muss bei der Expansion auf dem deutschen Markt wahrlich keinen Neuanfang machen. Sie präsentiert in den Dreißigerjahren eine Fahrzeugpalette, die in den rot-blauen Markenfarben für alle Einsatzzwecke gerüstet ist. Erst später soll sich die Marke Esso als Unternehmensname etablieren – es gibt sie anfangs nur als Kraftstoff. Vom Tankanhängerzug über den Auflieger bis hin zum Dreiachser ist alles dabei. Auch für die Flugzeugbetankung ist Standard Oil bereits gerüstet.

Dichte offenbart zugleich auch eine Misere: Der Wettbewerb unter den Anbietern ist so groß, dass kaum einer wirklich davon leben kann. Die meisten Leuna-Stationen kommen eher einem Nebenerwerbsbetrieb gleich. Zusätzlich zum normalen Geschäft – von der Werkstatt bis zum Hotel – dient die Zapfstelle weitgehend dazu, dem automobilen Kunden einen Mehrwert zu bieten. Und dennoch: Die Kraftstofflager müssen ständig erweitert, die zugehörigen Fuhrparks aufgestockt werden. Jede noch so kleine Station muss angefahren werden.

Kein Wunder, dass das Geschäft mit Tankfahrzeugen überall zu prosperieren beginnt. Es sind zu Beginn der Dreißigerjahre meistens die kleinen Fahrzeugbauer, nicht selten aber auch Schmieden, die vihren Unterhalt vornehmlich in der Landwirtschaft verdienen. Sie wissen, wie sich aus fünf oder mehr Millimeter dicken Eisen- und Stahlblechen Hohlkörper formen lassen, die mit Nieten und sauberen Schweißnähten zu Kraftstofftanks werden. Im westfälischen Schwelm, am Rande des pulsie-

Der Benzol-Verband stützt sich auf zahlreiche Vertriebspartner im ganzen Land. Schon vor dem Krieg zählt Raab Karcher-Thyssen zu den regionalen Platzhirschen, die mit unterschiedlichen Tankfahrzeugen in ihren Regionen mobil machen. Natürlich werden am Henschel-Standort in Kassel die dort gebauten Hauber vom Typ 612 beschafft, in Mannheim ist es der Henschel 38 S 1.

Blitzblank muss er sein! Was Krupp in Essen in der Stahlproduktion, ist der Benzol-Verband in der Kraftstoffversorgung. 1935 gilt der »B.V.« bereits als größte Mineralölvertriebsgesellschaft unten den »Großen Fünf«, deren Marken den deutschen Markt bereits weitgehend beherrschen. Mit einem Marktanteil von über 26 Prozent werden in jenem Jahr 7.740 Zapfstellen bedient. Der Benzol-Verband übernimmt zeitgleich die Deutsche Vertriebsgesellschaft für Russische Oel-Produkte A.G. (DEROP). Lange Zeit wird auf den emaillierten Werbeschildern noch für die Zusammengehörigkeit der beiden bis dahin eigenständigen Marken geworben.

renden Ruhrgebiets, wo sich alles um Kohleförderung und Stahlproduktion dreht, hat man 1925 längst die Gunst der Stunde erkannt. Damals entwickelt das Schwelmer Eisenwerk Müller & Co. bereits die erste deutsche vollautomatische Zapfsäule mit Kolbenzähler und Rechenwerk. Mehr noch. Die Firma stellt schon lange zuvor mit großem Erfolg Fässer her und entwickelt Behälter von immer größerem Volumen. Ein Fassungsvermögen von 10.000 Litern stellt dabei keine Seltenheit dar. Das Schwelmer Eisenwerk fertigt Kessel und Tanks ganz nah am wachsenden Bedarf der Industrie. Das Unternehmen wirbt selbstbewusst als Komplettausrüster – die »Schwelmer Tankanlagen« werden zum Begriff. Angesichts seiner Größe entstehen rasch erfreuliche und tragfähige Verbindungen zu den großen Beschaffern der Mineralölgesellschaften. Sie wollen schließlich ihren Kraftstoff an den Mann, manchmal auch an die Frau, bringen und verlassen sich auf die Innovationen, die der deutsche Maschinenbau lösungsorientiert bereithält. In Schwelm weiß man, worum es geht, wenn man mit Gefahrstoffen zu tun hat. So kommen anfangs Laden- und Kellerbehälter zur Abgabe von Brennstoffen und Haushaltschemikalien in Apotheken und Drogerien auf den Markt. »Eine interessante Aufgabe hat sich das Werk mit der Erstellung fahrbarer Tanks für die verschiedensten Zwecke gestellt«, lässt das Schwelmer Eisenwerk Müller & Co. Mitte der Dreißigerjahre verlauten. So erwerben die Westfalen bereits 1925 das »Werk II« und erweitern es zwei Jahre später, um dort den Tankwagenbau voranzutreiben. Ein erstes motorisiertes Gefährt präsentiert das Unternehmen 1926 auf der »Gesolei«-Ausstellung in Düsseldorf. Später montiert man Tankaufbauten auf Fahrgestelle unterschiedlichster Hersteller, darunter Büssing, MAN, Henschel und Maffei. Das Geschäftsfeld verspricht Wachstum. Ein Tankwagen-Quartett mit zylindrischem Tank gehört bereits zur frühen Serienfertigung und geht mit seinen typischen blauen Fahrerhäusern an den Benzol-Verband. 4.800 Liter fasst der Motorwagen, weitere 3.500 Liter passen in den Anhänger. Auf den Tanks sind drei Domdeckel fürs Betanken der drei Kammern angebracht, am Heck befindet sich der abgedeckte Armaturenschrank als Schnittstelle zu den Tankstationen. Für die Gasolin AG baut das Schwelmer Eisenwerk Müller & Co. einen ersten Zwei-Kammer-Tankwagen mit 4.200 Litern Volumen. Zusätzlich verbauen die Schwelmer zwischen Fahrerhaus und zylindrischem Tank einen Kannenschrank, um die Stationen mit dem täglichen Bedarf an Öl zu beliefern – ein Bauprinzip, das Schule machen soll. So trägt der schneeweiße Tank auf dem roten Fahrgestell die Lettern der hauseigenen Ölmarke Motalin. Alle Fahrzeuge sind anfangs noch vollgummibereift. Recht schnell gelingt es in Schwelm, Kompetenz aufzubauen, um auch leistungsfähige Pumpen und Messeinrichtungen in die Konstruktionen zu integrieren. Und selbst für den kleinen Verteilerverkehr gibt es bereits das Modell eines Schnelllastwagens, der mit einem Koffertank 1.600 Liter in zwei Kammern transportieren

Spaß am Automobil: Die überall aus dem Boden schießenden Gehwegpumpen und neu gebauten Tankstationen wecken die Lust auf Fortbewegung. Die Dreißigerjahre bedeuteten für Deutschland den Aufbruch ins Zeitalter anfangs noch kostspieliger, aber immer auch unbeschwerter Automobilität.

Shell demonstriert vor dem Krieg Marktstärke und lässt die Henschel-Flotte, gebaut von Anton Ellinghaus aus Beckum, durchs Land fahren. Tatsächlich wächst der Bedarf an Kraftstoff, genauso wie an Motorölen. Derweil widmet sich Shell dem Freizeitvergnügen und initiiert den markeneigenen Reisedienst.

kann. Empfänger ist damals die Lichtenberg AG in Krefeld, die damit ihre lokalen Abgabestellen beliefert. Der Markt für Tankfahrzeuge beginnt zu prosperieren, nachdem sich auch kleinere Unternehmen anschicken, sich auf dem wachsenden Markt des Kraftstoffverkaufs zu etablieren. Die Expertise der Kunden scheint exzellent, wie zeitgenössische Dokumente in Form von offenbar angeforderten Referenzschreiben belegen. Die Rhenania-Ossag – später Royal Dutch Shell – bescheinigt 1928, dass man bereits »seit einer Reihe von Jahren« Tankwagen beziehe, die sich allesamt erfreulich bewährt hätten. »Wir heben besonders hervor, dass durch die geeignete Anbringung der Armaturen die Schwerpunktlage sehr günstig ist, so dass ein Schleudern der Wagen in den Kurven vermieden wird. Die Wagen sind sämtlich ausgerüstet mit Benzin-Scheibenmessern, die in Gemeinschaft mit der Peil-Vorrichtung eine ziemlich genaue Messung gewährleisten.« Der Deutsche Benzol-Vertrieb in Essen berichtet 1927 von einem spektakulären Vorfall mit einem Schwelmer Tankfahrzeug auf einem Fahrgestell der Deutschen Lastautomobilfabrik AG aus Ratinger Produktion, das einer Beinahe-Katastrophe entgangen war. Man habe nicht verhindern können, »dass der Daag-Tankwagen wegen eines Kurzschlusses der Lichtleitung zwar in Brand geriet, allerdings der mit 4000 Litern volle Tank völlig unversehrt geblieben ist«. Schmelztöpfe und Schutzvorrichtungen hät-

Konrad Haller in Stuttgart-Feuerbach weiß früh Rat, als es um den Aufbau einer verlässlichen Kraftstoffversorgung auf dem Flughafen Böblingen ging. Ein erster Benz-Tankauflieger bringt nicht nur den Treibstoff zum Flieger, sondern sorgt auch für Bedienungsservice. Am Heck des einachsigen Aufliegers hat Konrad Haller einen variabel schwenkbaren Schlaucharm angebaut, der auf diese Weise mühelos die ansonsten hinderlichen und nach der Landung gefährlich aufgeheizten Propellertriebwerke überbrücken kann.

Von Hektik keine Spur. Wenn der Tankwagen erst einmal vor Ort und der Schlauch ausgelegt ist, gibt es reichlich Zeit zum Plaudern mit den Tankstellenbesitzern. Sie sind trotz ihrer Verwurzelung plötzlich Teil einer ganz großen Bewegung geworden, obwohl sie bis dahin vielleicht nur eine Drogerie oder Maschinenschlosserei betrieben hatten.

ten angesichts des Totalverlusts am Fahrgestell »mit einer tadellosen Arbeitsweise überzeugt«. Solche Geschehnisse prägen sich bei den Kunden ein – und machen selbstbewusst. »Bedeutsame technische Verbesserungen gerade in der letzten Zeit haben diese Fabrikation besonders gefördert, so dass wir wohl mit gutem Gewissen sagen, auch hier bahnbrechend zu wirken«, stellt das Schwelmer Eisenwerk Müller & Co. zur Mitte der Dreißigerjahre in der Rückschau fest. Der 70-jährige Albano Müller sen., der die Firma in den ersten Jahrzehnten des letzten Jahrhunderts geführt hatte, erlebt 1936 zum 50-jährigen Jubiläum ein prosperierendes Unternehmen, aus dem Woche für Woche Tankwagen aus dem Werk II in alle Himmelsrichtungen rollen. Polizeiverordnungen sollen in der Folge von Unfällen den Betrieb und Bau von Tankwagen restriktiv reglementieren. So kommt temporär die Verwendung von nicht oxidierenden Schutzgasen wie zum Beispiel Kohlensäure zum Einsatz, damit ein explosionsfähiges Gemisch in den Tanks vermieden werden kann. Die Industrie befindet sich in den Dreißigerjahren eben in einer permanenten Entwicklungsphase. Behörden und Unternehmen sind sich damals des permanenten Risikos ihrer Gefahrguttransporte bewusst, wenngleich die begriffliche Definition noch eine gehörige Zeit lang auf sich warten lassen wird. Als gestandenes Unternehmen der Maschinen-

Die Olex eröffnet 1922 am Raschplatz in Hannover ihre erste Tankstelle in Deutschland. In jenen Jahren heißt das Benzin Strax, das Öl Olexol. Die Farben der ersten Gehwegpumpe sollen auch die Tankwagen tragen.

Zeitzeugen berichten immer wieder von einem Höhepunkt im Alltag, wenn der blitzblank geputzte Tankwagen die heimische Station erreicht. Weil die Mineralölhersteller großen Wert auf ihr unverwechselbares Corporate Design legen, zählen ihre Fuhrparks zu den auffälligsten Lkw jener Jahre. Keine andere Branche – ausgenommen die großen Brauereien im Land – haben damals so viel Mut zur Farbe.

bau- und Eisenindustrie hat das Schwelmer Eisenwerk Müller & Co. das Pflichtenheft für den Bau eines jeden Tankwagens zu Beginn der Dreißigerjahre detailreich ausgearbeitet. So werden die hergestellten »Automobil-Tankwagenaufbauten« ausnahmslos nach den Vorschriften der damals gerade gültigen Mineralöl-Verkehrsverordnung gebaut. Man konzentriert sich auf Tanks in zylindrischer Ausführung und in Kofferform. Letztere wird in Schwelm »wegen der außerordentlich günstigen Schwerpunktlage« präferiert. Das gewonnene Know-how um Behälter und Förderarmaturen aus dem Tanksäulenbau soll sich alsbald auch im Geschäftsfeld des Tankwagenbaus bemerkbar machen. Man

Erst Olexol Auto-Öl, nach dem Krieg dann die Übernahme der Olex durch BP. 1935 wird die Olex in Deutschland zur viertgrößten Tankstellengesellschaft der »Großen Fünf«. Dazu zählen immerhin 6.098 Zapfsäulen.

Als die politisch gewollte Antwort auf die Marktpräsenz der ausländischen Mineralölgesellschaften auf dem deutschen Markt folgt 1926 die Gründung der Gasolin AG. Durch die Umfirmierung der Hugo Stinnes-Riebeck Oel-AG in Deutsche Gasolin Aktiengesellschaft (D.G.A.) sind mit jeweils 25 Prozent die I.G. Farben, die A. Riebeck'sche Montanwerke AG, aber auch die Royal Dutch (Shell) und die Standard Oil of New Jersey (Esso) beteiligt. Mit der Marke Leuna wird das Tankstellennetz in wenigen Jahren deutschlandweit ausgebaut. Dabei ist der Aufwand für eine Gehwegpumpe überschaubar. Wichtig sind die zentral sichtbare Stationierung und der mühelose Anfahrtsweg für den Tankwagen.

legt großen Wert darauf, dass sich die Fahrzeuge »durch absolute Betriebssicherheit, Güte der Schweißung und Übersichtlichkeit der Bedienungsarmaturen« auszeichnen. Das ergibt Sinn, denn die eingebauten Sicherheitsvorrichtungen haben ihre Bewährungsprobe längst bestanden und kommen mit behördlichem Segen zur Auslieferung. Das Schwelmer Eisenwerk Müller & Co. weiß um die Tücken der Fahrstabilität. Zahlreiche Verkehrsunfälle in der jüngsten Lkw-Geschichte haben zur Mitte der Dreißigerjahre die Erkenntnisse vorangetrieben. Schon deshalb montieren die Schwelmer Fahrzeugbauer die Tankaufbauten von Produktionsbeginn an möglichst auf das Chassis, um die günstige Schwerpunktlage zu optimieren. »Die Tanks sind vollkommen spannungsfrei und absolut dicht geschweißt. Sie können beliebig unterteilt werden. Jede Kammer ist mit einem dichtschließenden Dom versehen. Die Lagerung der Tanks erfolgt auf besonders kräftigen Unterlagen. Haltewinkel und Spannungsschlösser halten den Tank unverrückbar in seiner Lage«, heißt es in der präzisen zeitgenössischen Katalogbeschreibung. Weil sich in jenen Jahren die gesamte Mineralölindustrie mit der Lösung des Korrosionsproblems beschäftigt, sorgen die Schwelmer Tankwagenspezialisten mit einem Innenanstrich für entsprechenden Schutz.

Genauso wie in Schwelm, wird auch in Feuerbach bei Stuttgart an der Entwicklung von Tankfahrzeugen gearbeitet. Anders als die Westfalen kommt das Unternehmen von Wilhelm Weygandt bereits aus dem Fahrzeugbau, weil man sich unweit der schwäbischen Metropole schon seit Jahrzehnten mit den Einsatzfeldern von Stadtreinigung und Müllabfuhr beschäftigt. Spezialaufbauten und ein funktionierender deutschlandweiter Vertrieb zählen zur Kernkompetenz. Lediglich das Einsatzfeld des Kraftstofftransports erweist sich als Neuland; man muss in Feuerbach auf die Anforderungen der Mineralölgesellschaften erst noch technisch innovative Antworten finden. Das soll alsbald in vielfältiger Form gelingen. Noch ehe Weygandt & Klein 1932 von der Familie Haller übernommen wird, rollen in Feuerbach die ersten Tankwagen vom Hof. Ein Krupp vom Typ L 5 N 62 verlässt den Werkshof in Richtung Erfurt. Und auch der erste Flugfeldtankwagen geht 1928 von Feuerbach auf den Weg zum Flughafen Berlin-Tempelhof. Sein Wirkungsgrad bei der Betankung der ersten Lufthansa-Flugzeuge fällt mit 2.000 Litern noch bescheiden aus. Aber das Unternehmen hält Schritt. Konrad Haller belässt es zunächst bei den alten Namen, sodass das neue Unternehmen REF Weygandt & Klein heißt, nachdem er ebenfalls die Firma Rohleder Ehinger Feuerbach (REF) integriert hat. Tankwagen der üblichen Größen kommen jetzt zur Auslieferung – Derop, Benzol-Verband und Motanol stehen auf der frühen Kundenliste. Besonders imposant wirkt das Trio der Büssing-NAG 650, die in den gelb-blauen Farben der Olex 1936 vom Hof rollen. Nahezu alle Fahrgestelle der großen deutschen Hersteller ordert das Unternehmen, um sie mit Tanks unterschiedlicher Größen zu bestücken. Der Tank- und Fahrzeugbau gehört damals zur Kernkompetenz von Konrad Haller, denn gerade Kommunalfahrzeuge benötigen als Sprengwagen seit jeher verlässliche Tankaufbauten.

Die großen Tankfahrzeugbauer wie die Schwelmer Eisenwerk Müller & Co. und REF Weygandt & Klein, aber auch andere kleinere Karosseriebauer finden in den Dreißigerjahren klare Richtlinien, die ihnen die Konstruktions-

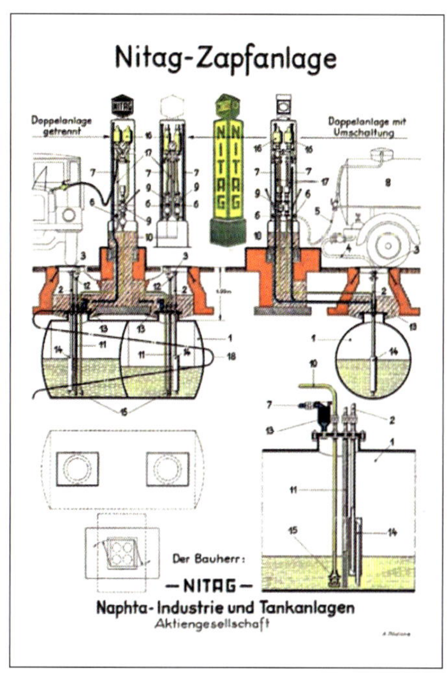

Die »fahrbare Tankstelle« trägt die Ziffer »1« und wird dort positioniert, wo gerade Bedarf ist. Wenig später soll dann oft an gleicher Stelle eine Tankstation folgen. Natürlich steht hier bereits der Tankwart bereit, um seinen Dienst am Kunden zu tun. Wenn kein Betrieb herrscht, zieht er sich kurzerhand ins Heck-Separee des zweiachsigen Tankstellenanhängers zurück.

arbeit erleichtern. Die Rahmenbedingungen für den Tankwagenbau regelt damals bereits die preußische Mineralöl-Verkehrsverordnung, die damit den Erkenntnisstand eines zurückliegenden Jahrzehnts intensiver Kraftstoffbeförderung und dessen Forschungsergebnisse zusammenfasst. Danach werden die Kraftstoffe und Mineralöle bereits in drei Gefahrenklassen eingeteilt. Sie gehören zur Gefahrenklasse I, wenn sie bei einem Barometerstand von 760 mm und einer Erwärmung auf weniger als 21 °C entflammbare Dämpfe entwickeln. Zur Gefahrenklasse II gehören jene Mineralöle, die solche Dämpfe erst bei einer Erwärmung auf 21 bis 55 °C entwickeln. Die Gefahrenklasse III wird erreicht, wenn sich entflammbare Dämpfe erst bei einer Erwärmung auf mehr als 55 und unterhalb von 100 °C entwickeln. Gefäße und Behälter, in denen Mineralöle aufbewahrt oder gelagert werden, müssen dicht und – abgesehen von Lagertanks – auch dicht verschlossen sein. Dabei dürfen Mineralöle der Gefahrenklasse I nicht in Behältern aus brennbaren Stoffen aufbewahrt oder gelagert werden. An ortsfesten Behältern, die nur der Lagerung von Mineralöl und nicht zu dessen Beförderung dienen, müssen die handelsübliche Bezeichnung des Inhalts, seine Gefahrenklasse und das Volumen – bei mehrteiligen Gefäßen das Kammervolumen – sichtbar gekennzeichnet sein. Sofern sich die Tanks an den Gehwegpumpen befinden, dürfen die Hinweise in der Nähe der Zapfsäule angebracht sein. Eine dieser Regelungen soll für die nächsten Jahrzehnte maßgeblich sein: Tanks, in denen Mineralöle der Gefahrenklasse I gelagert und befördert werden, sind mit der deutlichen, dauerhaften Aufschrift »Feuergefährlich« zu kennzeichnen. Die preußische Mineralöl-Verkehrsverordnung spricht eben Klartext. Das gilt auch für die Inbetriebnahme neuer Tankwagen. Sie sind bei der Zulassung für den Straßenverkehr rechtzeitig vorher bei der Ortspolizeibehörde, die für den späteren Standort des Fahrzeugs zuständig ist, auf bereits vorgefertigten Vordruckmustern anzumelden. Damit wird ein erster Erlass aus dem Jahr 1926 präzisiert. Das Tankfahrzeug darf erst in Betrieb genommen werden, nachdem die Ortspolizeibehörde die Anmeldebescheinigung ausgestellt hat. Dabei muss eine Abnahmebescheinigung eines anerkannten Sachverständigen vorliegen, die ihrerseits bestätigt, dass die Einrichtung des Tankwagens den technischen Grundsätzen vollends Rechnung trägt. Genau dieser Bescheinigung muss der Tankwagenfahrer fortan sein Augenmerk widmen. Denn ohne mitgeführte Urschrift oder eine beglaubigte Abschrift derselben, die pflichtgemäß mitzuführen ist, darf er sein Fahrzeug nicht im öffentlichen Raum bewegen. Zu guter Letzt regelt die preußische Mineralöl-Verkehrsverordnung auch noch eine Vorschrift, die bis heute Gültigkeit besitzt: »Den bei den Fuhrwerken beschäftigten oder mitfahrenden Personen ist das Rauchen verboten.«

In den Dreißigerjahren ändert sich im Bild der Städte vieles. Besonders auffällig: Von Jahr zu Jahr fahren mehr Autos auf den Straßen – die Mobilität hält Einzug. Natürlich steht all jenen ein Kraftfahrzeug gut zu Gesicht, die es sich leisten können: Unternehmer, betuchte Immobilienbesitzer, aber auch jene Neu-Rei-

Not am Mann? Der Standard Pumpen-Dienst kommt! Die deutschlandweiten Netze der verschiedenen Mineralölgesellschaften sind dreistufig aufgebaut. Der Vertrieb sorgt für den Ausbau des Tankstellennetzes und den Dialog mit den Tankstellenbesitzern und -pächtern. Währenddessen stellt der Tankwagenfuhrpark die Versorgung mit Kraftstoff und Motorölen sicher, und der Tankstellenservice soll Garant für betriebsbereite Anlagen sein.

Bei Großveranstaltungen macht der Benzol-Verband aus der Not eine Tugend. Kurzerhand parken die Tankwagen für alle sichtbar und unweit der Parkplätze am Straßenrand. Der Kraftstoff wird dann entweder direkt in den Autotank gelassen oder mit Kannen bedarfsgerecht umgefüllt.

Der Fuhrpark gilt überall als Symbol von Marktstärke. Von hier aus schwärmen die Tanklaster gerade aus, um ihren Vertriebsbereich mit den benötigten Mengen zu versorgen. Zumeist befinden sich die Dienstorte am Tanklager in Bahnhofsnähe, weil dort die Versorgung über die abgestellten Kesselwagen der Bahn in ausreichenden Mengen gewährleistet ist.

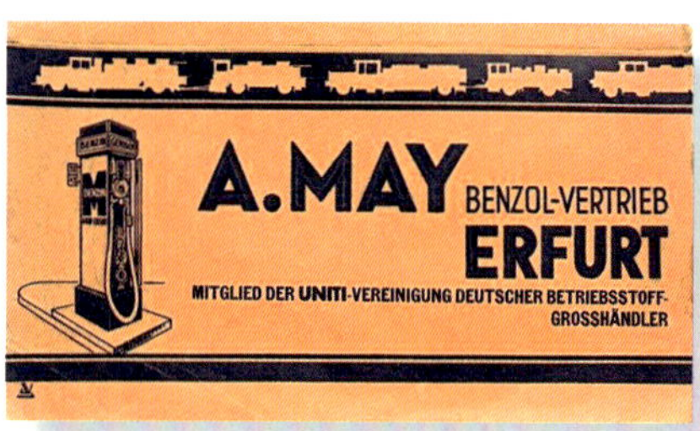

chen, denen es gelungen ist, durch vielfältige Geschäftsaktivitäten innerhalb weniger Jahre ein respektables Vermögen anzuhäufen. Das Auto zählt bereits in jener Zeit zu den Statussymbolen. Und es bedarf damit einer spezifischen Infrastruktur – mit Verkaufsstellen, Werkstätten und Kraftstoffversorgern. So kommen Tankstellen unterschiedlicher Größen vor allem an den Durchgangsstraßen in den Städten und Dörfern hinzu. Die Zahl der Gehwegpumpen, die von Jahr zu Jahr wie farbenfrohe Leuchttürme in der Tristesse der Straßenzüge erscheinen, gewinnt an unübersehbarer Rasanz. Standard Oil hat seinen Kraftstoff längst unter der Marke Esso umfirmiert – der rote »Big Ben« kündet in namentlicher Anwartschaft auf den stattlichen Uhrenturm des Palace of Westminster in London vom Aufbruch in eine neue Ära. Ebenso wie die »eiserne Jungfrau« in den gelb-roten Farben von Shell, die ihre Blechklappen wie imposante Schwingen öffnet.

Die Bauausführung erweist sich als einfach und schnell, aber auch allerorts umsetzbar. Unterm Trottoir verborgen schlummert der Sprittank mit selten mehr als 1.500 Litern Volumen. Oberhalb des Kopfsteinpflasters ragt die Kraftstoffsäule deutlich über Mannsgröße hinaus in die Höhe. Und es ist kein Zufall, dass Zapfstellen in ihrer Optik den steinernen Meilensäulen an den Knotenpunkten der Magistralen ähneln: Sie bieten den Reisenden gleichermaßen Hilfe und Orientierung an. Hinterm Emailleblech verbirgt sich die Pumpe mit Schlauch, aber auch das tickende Zeigerwerk, das über die herausgeflossene Menge zur nachfolgenden Abrechnung wacht. Eben nur farbenfroher und zweckmäßiger. Der Benzol-Verband mit Gründungssitz in Bochum macht unter dem Markennamen Aral Furore und lässt seine Tanksäule wie ein Tabernakel erscheinen. Leuna als jüngste Markengründung der Dreißigerjahre und in Händen der Gasolin AG bevorzugt die rot-weiß-schwarze Farbenkombination einer Rundsäule. Und dann gibt's da noch die BP-Olex, die mit blauen Lettern auf gelbem Grund erscheint. Deren viereckige Säulen krönt eine aufgesetzte Markenlaterne. Damit sind die wesentlichen Marktgestalter des prosperierenden

Das Wachstum schafft auch Chancen für regionale Anbieter – die Firma May in Erfurt zählt dazu. Ihr gelingt es aus eigener Kraft und als Mitglied der Uniti-Vereinigung, die selbstständige Kraftstoffgroßhändler zusammenführt, ein beachtliches Tankstellennetz aufzubauen. Und wie es sich gehört, hat sich »A. May Erfurt« ein eigenes Corporate Design gegeben – in gelb-schwarzer Kombination. Der Fuhrpark erweist sich am Ende der Zwanzigerjahre bereits als beachtlich und dokumentiert den Expansionshunger der Thüringer.

Die Leuna-Werke fahren in Sachsen selbstverständlich Lkw der Vogtländischen Maschinenfabrik AG (VOMAG), die in Plauen gebaut werden (o.). »Leuna« als rot-weiß-schwarze Marke der Gasolin AG wirbt mit »deutschem Benzin«, das eben nicht importiert wurde, sondern durch Kohleverflüssigung auf synthetischem Weg entstanden ist.

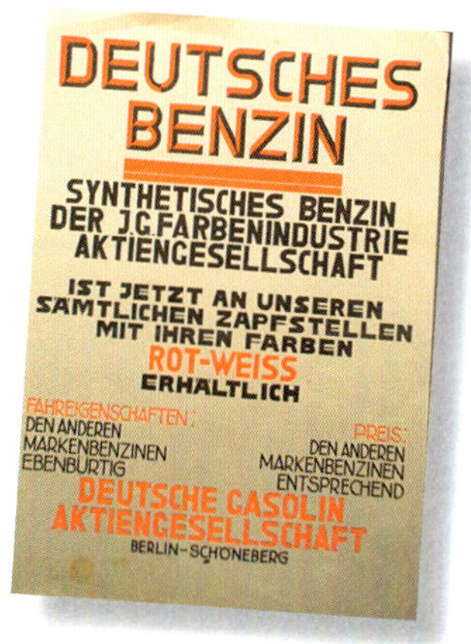

Tankstellenmarkts auf den Wettbewerb vorbereitet – einige kleinere kommen noch hinzu. Darunter Rheinpreußen aus dem niederrheinischen Homberg und Westfalen aus Münster, die gleichsam als Ausgründungen die angestammten Geschäftsfelder der Mutterunternehmen verstärken und damit am Wachstumsmarkt der Kraftstoffversorgung teilhaben sollen. Sie alle beschaffen Tankfahrzeuge und übernehmen die Belieferung ihrer Stationen im eigenen Vertriebsgebiet in Eigenregie.

Derweil wissen die Hersteller von Tankwagen schon in den Dreißigerjahren ziemlich genau, was der Gesetzgeber von ihnen erwartet. Bereits seit März 1923 besitzt die Verordnung über den Kraftfahrzeugverkehr von Tankkraftwagen mit Verbrennungs-Kraftmaschinen uneingeschränkte Gültigkeit. Innerhalb der Sondervorschriften muss sich der Motor mit dem Vergaser vorn am Kraftwagen befinden. »Motor, Kraftstoffbehälter und Führersitz müssen von dem Hauptbehälter (Tank) durch eine eiserne oder hölzerne auf der Tankseite mit Eisenblech bekleidete Schutzwand getrennt sein, die möglichst tief hinabzuführen ist.« Der Kraftstoffbehälter des Fahrzeugs soll hilfreicherweise unter dem Führersitz unterbaut werden. Der zugehörige Fullstutzen muss bereits damals eine wirksame Vorrichtung gegen ein Hineinschlagen von Flammen haben. Die preußische Mineralöl-Verkehrsverordnung hat auch dieses und noch mehr im § 9 Absatz 3 als »Bedingungen für Straßenwagen im Allgemeinen« detailreich geregelt. Das zulässige Gesamtgewicht der Tankfahrzeuge beschränkt sich in Vorkriegsjahren auf neun Tonnen, sein zugehöriger Tankanhänger darf nicht mehr als 7,5 Tonnen auf die Waage bringen. In Deutschland wird das Volumen der Tankwagen anfangs auf 6.000 Liter limitiert und zum Ende der Zwanzigerjahre auf 8.000 Liter erhöht. Baulich einigt man sich auf Standards, die allesamt der Transportsicherheit dienen. Tanks über zunächst 3.000, danach 5.000 Liter entstehen durch eine Zwei-Kammer-Aufteilung. Die Blechdicken des Behälters müssen mindestens fünf Millimeter betragen. Sie sind, wenn mit Druckgas gefördert wird, nach den Regeln für die Berechnung von Kesselblechen zu ermitteln. Für die Dichtigkeit des Behälters hält das »Lieferwerk« verordnungstreu eine Bescheinigung bereit. Die

Im Innern immer ähnlich, im Äußeren mit einem ganz und gar individuell geformten Markenkleid aus Stahlblech inszeniert – so prägen die Gehwegpumpen spätestens seit Mitte der Dreißigerjahre überall in Deutschland das Straßenbild in Städten und Dörfern. Selbst an einsamen Poststationen, die längst an Bedeutung verloren haben, stellen die Mineralölgesellschaften ihre Markensäulen auf.

Domdeckel für die Einstiegsöffnungen müssen nicht nur absolut dicht schließen, sondern zusätzlich gegen unbefugtes, gar missbräuchliches Öffnen gesichert sein. Sofern der Tank auf dem Fahrzeug für die Untenentleerung eingerichtet ist, erfordert jeder Rohranschluss, der sich unterhalb des Behälters befindet, ein innen liegendes Ventil. Auf diese Weise soll gewährleistet werden, dass bei Beschädigungen der frei liegenden Ablaufrohre der Tank sicher abgeschiebert ist. Zusätzlich gibt das behördliche Regelwerk vor, dass mindestens ein außen liegendes Abschlussventil an jedem Ablaufrohr vorhanden sein muss. Und auch die Tankwagenfahrer sind gefordert: Alle Ventile und Hähne an Füll- und Entleerungsleitungen sind während der Fahrt geschlossen zu halten und müssen so eingerichtet sein, dass sie sich nicht von selbst lockern können. Die Zapf- und Fülleinrichtungen müssen gegen Beschädigungen von außen her und gegen unbefugtes Hantieren sicher geschützt sein. An jeder Abteilung des Behälters ist überdies ein Sicherheitsventil gegen Über- und Unterdruck im Normalbetrieb und gegen Einwirkung eines äußeren Feuers vorzuhalten. Sicherheit zählt und bedarf der präzisen Beschreibung. So muss die Abdeckung für die Einstiegsöffnungen »durch eine reichliche Zahl von Schrauben und mit Muttern, die nur mittels Schraubenschlüssel gedreht werden können (nicht durch wenige Flügelmuttern) erfolgen«. Die Gehäuse der Außenventile und ihre Ableitungsrohre dürfen dabei nicht aus Gusseisen oder einem ähnlichen »spröden Baustoff« hergestellt sein. Beim Betanken muss das Personal darauf achten, dass die Füllrohre »bis nah auf die Stelle des Tanks, über welcher sie münden, herabgeführt werden«. Etwaige Inhaltsanzeiger dürfen nicht aus Glas bestehen. Die Messarmaturen müssen dem Alltagsbetrieb auch bei extremer Beanspruchung standhalten. Deshalb sollen Eichmarken und Schaugläser am Dom des Behälters durch »starke, fest verschraubte Glasplatten (nach Art der Klingerschen Wasserstandsgläser) angebracht werden«. Am Domdeckel oder am oberen Teil des Behälters vorhandene Vorrichtungen zum Peilen des Inhalts sind demnach so einzurichten, dass sie während der Fahrt abgeschlossen werden und nicht als Entgasungsleitungen wirken können.

In baulicher Hinsicht folgt die preußische Mineralöl-Verordnung den Empfehlungen der Hersteller. So soll der Behälter möglichst tief im Wagengestell eingebaut sein. Dabei müssen an den Tanks Fabrikschilder angebracht werden, die den Namen oder die Firma des Herstellers, das Baujahr und die Fabriknummer enthalten. »Der Behälter muss an jeder Seite in deutlicher, haltbarer, weithin lesbarer Schrift die Aufschrift Feuergefährlich tragen«, schreibt der Verordnungstext wörtlich. Dass angesichts des damaligen Straßenzustands von gepflasterten Alleen und den von Schlaglöchern durchzogenen Nebenstraßen alltägliche Verkehrsrisiken ausgehen, bleibt nicht ohne Konsequenzen. So finden sich die Erkenntnisse des Alltagsbetriebs bereits in den Präventionsempfehlungen wieder. »Der Tankwagen muss gut abgefedert und mit mindestens einer wirksamen Bremse versehen sein. Soll er als Anhänger eines Kraftwagens befördert werden, so muss er Gummibereifung erhalten. Die Tankwagen müssen ein widerstandsfähiges Auffanggestell haben, das bei Rad- oder Achsbrüchen den Behälter und die unten liegenden Ventile, Rohrleitungen usw. vor Beschädigungen schützt, sofern nicht schon die Bauart des Wagens diesen Schutz gewährleistet.« Eine Erdungsvorrichtung gehört schließlich ebenso zu den Maßgaben für den Praxisbetrieb wie die Empfehlung, dass unterirdische Tanks nur mittels geschlossener Rohrleitung versorgt werden sollen. Jeder Tankwagen muss schon damals mindestens einen Handfeuerlöscher mitführen, damit der Fahrer einem plötzlichen Entstehungsbrand durch schnelles Ablöschen entgegenwirken kann. Für den Tankwagenfahrer gehört nicht nur die obligatorische Abnahmebescheinigung für das Fahrzeug zu den mitzuführenden Unterlagen, sondern auch die Dienstvorschrift hat er jederzeit bereitzuhalten. Der Tankwagenfahrzeugbau hat damit seine Vorkriegsstandardisierung erreicht und erfährt in Kriegszeiten eine zwanghafte Normierung, um den Anforderungen der militärischen Teilstreitkräfte von Wehrmacht, Luftwaffe und Marine zu entsprechen. So wirkt die Beschaffungsoffensive zum Ende der Dreißigerjahre für die Fahrzeugbauer vorübergehend wie ein Konjunkturprogramm. Die Tankwagenproduktion im Schwelmer Eisenwerk läuft während der Kriegsjahre auf Hochtouren. Und nicht nur dort. In großer Stückzahl entsteht ab 1938 ein Standard-Flugfeldtankwagen auf Mercedes-Benz-Chassis, der an die Luftwaffen-Stützpunkte im ganzen Land ausgeliefert wird. Dass schließlich auch zivile Tankfahrzeuge zur Wehrmachtsverwendung eingezogen werden, lässt allerdings früh erahnen, dass der historische Einschnitt folgenreich sein soll. Im Ergebnis bedeutet die Kapitulation und das Ende des Dritten Reichs eine weitgehende Zerstörung der Infrastruktur. Eben pure Wertevernichtung – ein völliger Neuaufbau muss her.

Der Tankwagenbau floriert beim Schwelmer Eisenwerk Müller & Co. schon in den Dreißigerjahren. Der Tank wird auf dem Fahrgestell verlastet und anschließend im Karosseriebau wohlgeformt verkleidet.

DICHTES NETZ VON RAFFINERIEN UND TANKLAGERN

Damit beim Tankstellenboom keiner auf dem Trockenen sitzt

Bis zur Währungsreform 1948 versuchen die Mineralölgesellschaften unter dem strikten Auge der Besatzungsmächte, ihre angestammten Geschäftsstrukturen wiederaufzubauen. Keine leichte Aufgabe, wie die Verantwortlichen in den Regionalvertretungen von Esso, Benzol-Verband (BV-Aral), Shell und BP feststellen müssen. Weite Teile der Infrastruktur waren gerade in den letzten Kriegsjahren dem Bombenhagel der Alliierten auf die Großstädte und insbesondere auf das Ballungszentrum Rhein-Ruhr zum Opfer gefallen. Einzig die ländlichen Bereiche sind vor den Totalschäden von Tanklagern und Stationen weitgehend unbehelligt geblieben, sodass das benötigte Tankstellennetz 1946/1947 rasch, wenn auch lückenhaft, revitalisiert werden kann. Dabei kristallisiert sich schnell heraus, dass die Grenzziehung zu den russischen Besatzungsmächten keinesfalls eine deutsche Einheit entstehen lassen wird. Zu stark scheinen bereits zu dieser Zeit die Interessen von Amerikanern, Briten und Franzosen auf der einen und den Russen auf der anderen Seite auseinanderzugehen. Die westlichen Alliierten wollen von Beginn an funktionsfähige Staatsstrukturen mit einer beschleunigten Wiederherstellung der Infrastruktur und des Verkehrswesens erreichen – dazu zählt eine unabdingbar leistungsfähige

Aus gutem Grund spricht man damals von den »Leuchttürmen« entlang der Fahrbahnen, als 1951 nach der Freigabe des Kraftstoffhandels durch die alliierten Besatzungsmächte die Investitionen in Tankstellen durchstarten. Der mächtige Henschel-Hauber HS 140 in leuchtendem Rot, der den hellgelben Tankauflieger von Ad. Strüver zieht, ist ein Hingucker.

Wie aus dem Ei gepellt: An der Stresemannstraße in Hamburg entsteht Mitte der Fünfzigerjahre der neue Bautyp der Aral-Stationen. Im Zentrum die überdachte Tankinsel mit dem dahinter liegenden Tankwarthäuschen, links die Waschhalle und rechts die Werkstatt. Eine eigene Tankinsel befindet sich im rückwärtigen Hofbereich, wo die Lkw Diesel tanken können. Auf 180.000 DM beläuft sich die damalige Investitionssumme allein für diese Station.

Kraftstoffversorgung. In der sowjetischen Besatzungszone (SBZ) im Osten Deutschlands gestaltet sich die Situation schwieriger, weil die russische Besatzungsmacht Reparationsleistungen durch die Demontage technischer Anlagen einfordert. Überdies ist man dabei, sozialistische Staatsstrukturen kommunistischer Gesinnung zu implementieren. Unter den westlichen Alliierten läuft der Aufbau der Infrastruktur erst einmal zweigleisig. Vorrang besitzt das Militär, erst danach kommen die zivilen Interessen. Amerikaner, Briten und Franzosen haben ein ausgesprochen großes Interesse daran, ihre okkupierten Anlagen, und damit ihr eigenes Machtgefüge, zu stärken. Dazu zählt die lückenlose Treibstoffversorgung in den besetzten Kasernen und Liegenschaften. Während die Amerikaner die Hamburger Esso-Organisation protegieren, geben die Briten »ihrer« BP gute Ausgangsvoraussetzungen, um schnell wieder durchstarten zu können.

Und auch der Benzol-Verband (BV-Aral), der schon in den Vorkriegsjahren durch eine starke regionale Vertriebsstruktur Marktkraft entwickelt hatte, bemüht sich 1946 nach Kräften, die Zerstörungen des Krieges zu beseitigen und gleichzeitig Produktionskapazitäten zu schaffen. Doch das braucht Zeit, viel Zeit. Bis zur Währungsreform vergehen drei lange Jahre, in denen in vielen Bereichen der Beschaffung Mangelwirtschaft herrscht. Das gilt auf der einen Seite für den Maschinenbau, der zur Wiederherstellung und Erweiterung der Raffineriekapazitäten benötigt wird, und auf der anderen Seite für den Lkw-Fahrzeugbau. Ohne Tankwagen kein Benzin! MAN, Mercedes-Benz, Krupp, Hanomag, Henschel, Faun und Kaelble kommen nach und nach wieder in Tritt und liefern Fahrgestelle. Die Karosseriebauer, die um den Bau von Tankfahrzeugen wissen, stehen als einstige kriegsrelevante Produktionsbetriebe erst einmal unter der kritischen Beobachtung der örtlichen Alliierten. Auch sie kümmern sich um ein Wiederanlaufen der Produktion, obwohl es an allen Ecken und Enden an Material fehlt. Dafür können zurückgelassene Fahrzeuge aus Wehrmachtsbeständen notdürftig fahr- und funktionsbereit gemacht werden. Und noch eine Zukunftschance soll erste Signal senden: Die Alliierten selbst sind es, die auf die handwerklich-fachliche Kompetenz der Fahrzeugspezialisten angewiesen sind, um ihre mitgebrachten Fahrzeuge zu warten. Viele Tankwagenbauer hoffen insgeheim darauf, dass mit dem Verbleib der Besatzungsmächte im Land womöglich in nicht allzu ferner Zukunft auch Ausschreibungen

Der kompakte Eckhauber knüpft direkt an die Tradition des Rundhaubers von Magirus an und ist als Verteilerfahrzeug für Heizöl unterwegs. Schon damals werden die ersten Versuche unternommen, den Armaturenschrank unterm Aufbau anzubringen.

anfallen. Denn eine Erfahrung machen alle Tankwagenschmieden in jenen schwierigen Jahren: Die Rechnungen werden von Militärstandorten allesamt verlässlich beglichen. Damals keine Selbstverständlichkeit.

Ganz gleich ob beim Schwelmer Eisenwerk Müller & Co., bei Strüver Tankwagenbau in Hamburg oder Haller Fahrzeugbau in Stuttgart-Feuerbach, in den Verkaufsbüros beginnen immer öfter die Telefone zu läuten. Manchmal erreichen die Hersteller auch offizielle Anschreiben mit Ausschreibungscharakter. Klar, dass der Briefkopf meist das Logo von Esso, Shell & Co. trägt. Die Mineralölgesellschaften wissen, dass es ohne Kraftstoff nicht geht, auch wenn in den Jahren vor und nach der Währungsreform 1948 noch die Alliierten die Hand draufhalten. Sofern die regionalen Tanklager erhalten sind, bedarf es eines funktionierenden Fuhrparks. So berichtet der Benzol-Verband seinen Mitgliedern und Stationären Anfang der Fünfzigerjahre nicht ohne Stolz, dass es mit der ersten Generation von Tankwagen gelungen sei, die Kriegsjahre endgültig hinter sich zu lassen. Gute zehn Jahre liegen zwischen dem Entwicklungsstand der Vorkriegszeit und den Tankzügen des Aufbruchs nach dem Krieg. Bei MAN läuft zu Beginn der Fünfzigerjahre der erste Hauber vom Band – die später legendären F8 prägen das Anfangsbild auf deutschen Nachkriegsstraßen. Das Anforderungsprofil an die neue Flotte ist klar umrissen: hohes Transportvolumen bei gleichzeitiger Wendigkeit. Der Benzol-Verband (BV-Aral) bestellt gleich die erste große Flotte, die den weitgehend zerstörten oder unbrauchbar gewordenen Fuhrpark ablösen und wieder auf Vordermann bringen soll. Man will die Zeit der übrig gebliebenen und nur notdürftig wieder flottgemachten Wehrmachtstanker mit

Der mächtige Hauber von Mercedes-Benz fährt in der leuchtend roten Farbe von Caltex. Stadler in Neu-Ulm ist ein wunderschönes Karosseriedesign gelungen, das allerdings nur kurze Zeit Bestand hat. Die geschlossene Omnibusbauweise ist zu aufwendig, weil letztlich der gesamte Tankaufbau noch verkleidet werden muss.

Der Benzol-Verband knüpft an den Bekanntheitsgrad von vor dem Krieg an und macht in den Jahren nach der Währungsreform deutlich, dass es mit Aral weiter nach vorn gehen soll.

Der Hanomag Kommissbrot im Werbeeinsatz von Rudolf Rödl in der Oberpfalz: Die beiden Tankwarte lassen das automobile Vorkriegsunikum als Hingucker brillieren. In den Farben von Esso macht der kleine Zweisitzer, der damals schon ein Klassiker ist, in Neumarkt auf die wiedererstarkte Marke aufmerksam.

der Indienststellung der neuen Generation rasch hinter sich lassen. 12.000 Liter fasst der einachsige Auflieger, dessen Koffertank mit seinen unteren Karosserieflanken den gebürsteten Stahl im Sonnenlicht blitzen lässt. An den Seiten prangen die blauen Blechstreifen mit den weißen Markenzeichen und den Lettern von BV-Aral. Tatsächlich gelingt es der Bochumer Zentrale des Benzol-Verbandes das Vorkriegszeitvolumen von 6.000 Litern von Motorwagen mit weiteren 6.000 Litern im Anhängertank auf einen Sattelzug zu vereinigen. »Großraumtankwagen« nennt Aral die kompakten Sattelzüge der ersten Stunde vielsagend. Diese haben nunmehr den Vorteil, »in einer Einheit den Tank und die sehr komplizierten Armaturen zusammenzufassen und trotz des großen Fassungsvermögens eine bei den früher üblichen Tankwagenzügen nicht gekannte Wendigkeit und Beweglichkeit zu erreichen«. Dabei gibt es Hindernisse der Gesetzgebung, die sich zu Beginn der Fünfzigerjahre gerade erst darum kümmert, das Transportwesen durch Paragraphen neu und zukunftsorientiert zu öffnen. Das gelingt nicht immer auf Anhieb und wirft stattdessen immer wieder Fragen auf. So schreibt die Mineralölverkehrsordnung vor, dass ein Tankfahrzeug nicht mehr als 8.000 Liter Kraftstoff laden darf, es allerdings auch nicht verboten ist, zwei Tankanhänger mit weiteren jeweils 8.000 Litern Kraftstoffvolumen anzukoppeln. 24.000 Liter Benzin können so in mächtigen Gespannen rollen, was sich allerdings als wenig alltagstauglich erweist. Von der Gefahrgutsicherheit mal ganz zu schweigen. »Dass Fahrzeuge mit zwei Anhängern für die Versorgung von Tankstellen wenig geeignet und auch verkehrsbehindernd sind, liegt auf der Hand«, heißt es damals beim Bochumer Benzol-Verband. Nach eigener Aussage sei es dann gelungen, die Behörden zu überzeugen, dass die ersten »Großraumsattteltankwagen« bei einer Länge von 14 Metern bereits eine adäquate Menge transportieren könnten, »die früher nur in einem solchen schwerfälligen Tankwagenzug geladen werden konnte«. In der Tat sind es in den ersten Jahren nach der Währungsreform die Mineralölgesellschaften, die den Sattelschleppern mit

Der Henschel HS 120 fährt in den blau-gelben Farben der Nitag. Das war nicht immer so. 1950 haben sich BP und Nitag auf einen Farbentausch geeinigt, und so kann Haller in Feuerbach den Tankauflieger gleich in neuer Gestaltung präsentieren. Allerdings soll die Marke schon 1958 aufgegeben und in die Aktivitäten der Gasolin AG integriert werden.

Tankwagen, Tankstelle und die passende Werbung gehören in den Fünfzigerjahren und auch danach immer zusammen. Der Henschel HS 140 macht am Tanklager Station, um den einachsigen Strüver-Tankauflieger für die neue Tour zu befüllen. In den ersten Jahren der Tankwagenproduktion wird das genutzte Stahlblech ebenso gebürstet, wie es später noch bei den Milchtankwagen üblich sein soll. Das geschlossene Design des Aufliegers hat Strüver in Omnibusbauweise konstruiert. Die Domdeckel werden im umschlossenen Tankaufbau »versteckt«. Für die Kinder soll sich der Besuch bei Aral lohnen. So manches Mal gibt es eine Überraschung – dazu zählt auch ein Ausschnittbogen mit Tankwagen und Häuserszenerie zum Aufbau auf dem Küchentisch.

Die Alliierten richten sich angesichts der abgeschotteten Ostzone und des Kalten Krieges mit der Sowjetunion auf ein längeres Bleiben in der neu gegründeten Bundesrepublik ein. Anders als nach dem Einmarsch zu Kriegsende 1945 sorgt der Marschallplan dafür, dass auch Militärfahrzeuge vor Ort gebaut werden können. So baut Esterer in Helsa gleich einen ganzen Großauftrag von Esso-Tankaufliegern, die auf den Flugplätzen der Streitkräfte zum Einsatz kommen. Lediglich die Zugmaschinen sind Importe aus den Heimatländern.

Tankauflieger den Vorzug geben. Nirgendwo sonst im Transportgewerbe gelangt diese Lkw-Kombination von Beginn an in die Poleposition. In den Zentralen verschwendet kaum einer einen Gedanken daran, für den Fernverkehr wieder auf Hängergespanne zu setzen. So ist es nur allzu verständlich, dass es frühzeitig gelingt, diese neue MAN-Generation von Tankwagen an den Start zu bringen. Denn die Beschaffungsstrukturen der Mineralölgesellschaften können rasch auf angestammte Strukturen zugreifen und damit persönliche Verbindungen zu den Herstellern der Vorkriegsjahre nutzbar machen. Allen voran sind es Strüver in Hamburg, die Westfalen des Schwelmer Eisenwerkes, Schmitz in Altenberge und Anton Ellinghaus in Beckum, aber auch die Schwaben von Haller in Stuttgart-Feuerbach, die den Karosseriebau vorantreiben. Sie alle haben das Know-how, und sie alle haben von Anfang an das richtige Händchen, um der neuen Zeit Rechnung zu tragen. Es muss viel sondiert werden in jenen Jahren, denn auch auf der Herstellerseite erfordert die Beschaffung eine neue Organisation. Ganz wichtig: Es muss Material für Fahrgestell, Achsen und Tankaufbau beigebracht werden. Alles andere gilt für die Karosseriebauer als handwerkliches Tun, das beherrschbar ist. Und was ist mit dem Design? Auf den Reißbrettern in den Konstruktionsbüros gleich neben den Werkstatt- und Montagehallen hält überall der neue Zeitgeist Einzug. Nichts ist mehr so funktional und behäbig kastenförmig wie vor dem Krieg, nichts soll mehr so spartanisch erscheinen wie die Tankfahrzeuge der liquidierten Wehrmacht. Die Konstrukteure wissen um die Vorteile der unterschiedlichen Tankformen und lassen zugleich den neuen, frischen Zeitgeist einfließen. Nach den zerstörerischen Kriegsjahren umgibt die Menschen ein neues Harmoniebedürfnis – auch in der Formensprache. Die ersten Tankwagen aus den Werkstätten der Traditionalisten sind deutlich eleganter geworden, als es bei den Fahrzeugspezialisten der Vorkriegsjahre der Fall war. Die Omnibusbauweise der integrierten, geschwungenen Karosserie setzt sich durch. Eine automobile Trendgestaltung geht fortan keineswegs an den Tankwagen vorbei.

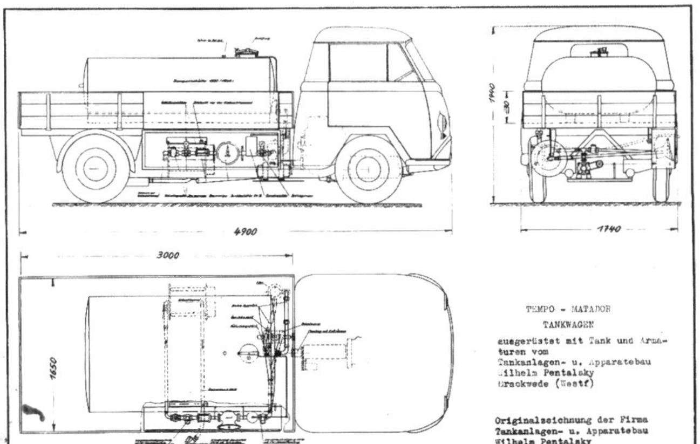

Der Tempo Matador wird schon früh auf die Bedürfnisse der Mineralölhändler getrimmt. Eine pfiffige Konstruktion macht aus dem Pritschenwagen ein wendiges Verteilerfahrzeug. Oben wird der Tank aufgebaut, darunter lagert die Pumpe mit Schlauch und Armatur.

Mit der Freigabe des Kraftstoffhandels durch die Alliierten im Jahr 1951 gelangt eine ungeheure Dynamik in den Markt für Benzin, Diesel und Heizöl. Die Westmächte und die junge Bundesregierung kommen nach Verhandlungen überein, die Erdölindustrie neu zu ordnen und das bis dahin bestehende Zentral-Amt für Kraftstoffverteilung aufzulösen. Damit einher geht auch die Entflechtung des deutschen Chemiegiganten I.G. Farbenindustrie als Miteigentümer eines umfangreichen Tanklager- und Verteilernetzes. So muss die Gasolin AG mangels der an die SBZ verlorenen gegangenen Leuna-Werke ihren neuen Hauptsitz in Hannover nehmen.

Aral prüft die neue Errungenschaft der Kasseler Lkw-Schmiede auf Herz und Nieren: In einem umfangreichen Test soll der Henschel HS 165 T mit dem einachsigen Strüver-Auflieger seine Praxistauglichkeit unter Beweis stellen. Zum Testprogramm zählen Bremsversuche (l.), aber vor allem die Prüfung des werkseitig angegebenen Wenderadius (u.). Kein Wunder, dass auf Nachfrage von Siku nach einem Tankwagenvorbild in der Bochumer Aral-Zentrale genau dieser Strüver-Auflieger zur Miniaturisierung empfohlen wird. Die Automodellbauer machen das Vorbild in 1:60 unsterblich (M.). Die Welt der Fünfzigerjahre ist nach den schweren Kriegszeiten voller Lichtblicke. In Essen-Kettwig wird der Aral-Tankzug mit MAN-Zugmaschine für den ADAC-Blumenkorso prächtig geschmückt (u. l.).

Außerdem erhalten die Hydrierwerke wieder ihre Betriebsgenehmigung zurück, wodurch die Kapazitäten der Raffinerien deutlich steigen können. Die Weichenstellungen erweisen sich als wegweisend. Für jeden in der jungen Bundesrepublik ist auf den ersten Blick sichtbar, dass sich das Bild der großen, oft noch kriegszerstörten Städte vor allem durch den

Rund um die blaue Säule

NACHRICHTEN AUS DER BV-FAMILIE

Ein besonderes Prachtstück auf dem ADAC-Blumen-Korso in Kettwig war ein großer Tank-Sattelschlepper der BV-Niederlassung Essen.

Die preisgekrönte Dekoration war auf die Hausfarben des BV und damit auch auf die Farben des Wagens abgestimmt.

Neubau von Tankstationen erfreulich wandelt und belebt. BP, Esso, Gasolin oder Aral schaffen das, wovon die Menschen träumen: Die Marktwirtschaft, die der Marshallplan in die Bundesrepublik bringt, erhält eine neue Farbenwelt! Die großen Leuchttransparente von DEA, DELTIN oder Westfalen künden peu à peu von neu gewonnener Freiheit. Und die ist allgegenwärtig. Mit der Zunahme des Straßenverkehrs und der noch überschaubaren Reichweite von VW Käfer, Lloyd 400 oder DKW 1000 bedarf es neuer Tankstellen, die an den strategisch günstigen Verkehrsknotenpunkten der Städte zum Auftanken einladen sollen. Dichter und omnipräsenter soll das Netz werden. In dieser Zeit wird das Bild des Tankwarts neu definiert und als Servicedienstleister, sozusagen als Mann des Vertrauens, zementiert. Mal im grauen, mal im grünen Kittel, aber immer mit Schirmmütze als Symbol fast hoheitlicher Ordnung. Das schafft Vertrauen – die Menschen mögen das. Hier fühlt man sich gut aufgehoben, hier hält man gern an, um seinem Auto, das vielfach als neues Familienmitglied erlebt wird, die notwendige Wagenpflege angedeihen zu lassen. Für die großen Mineralölmarken im Land, die dabei sind, in erheblichem Maße neue Kapazitäten in neuen Raffinerien zu schaffen, geht es um eine neue Servicequalität. Tankstellen, so der oberste Grundsatz, dürfen niemals trocken laufen! Benzin muss fließen wie der Strom aus der Steckdose. Die neue Marktwirtschaft will es so. Im Klartext: Noch ehe sich der Tankinhalt unterhalb der Zapfsäulen dem Ende zuneigt, muss bereits der Tankwagen mit Nachschub angerollt sein. Verlässlichkeit ohne Wenn und Aber! Ein ausgeklügeltes Logistikkonzept wird gerade in den Fünfzigerjahren notwendig, weil das Straßennetz zwischen Schleswig-Holstein und Bayern noch weit von den Zielplanungen der Straßenbauämter entfernt ist. Die Lieferwege zu den Stationen brauchen in den Fünfziger-, aber auch in den Sechzigerjahren noch ihre Zeit. Zugleich verdichtet sich das Netz, dessen Tankstellen allesamt eine homogene

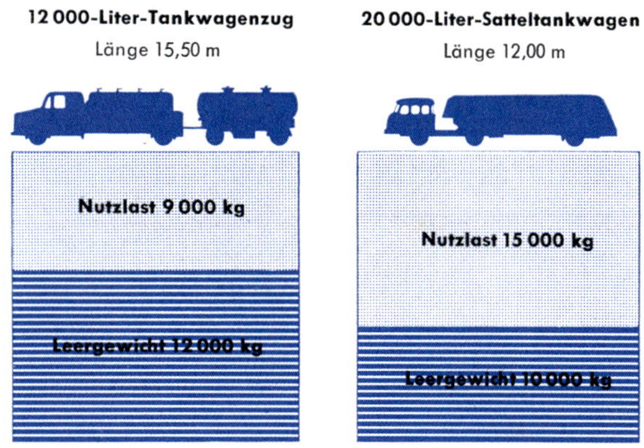

Aus gutem Grund forciert Aral für die Tanklager in der Bundesrepublik die neue Generation von Aufliegern. Bei einem Leergewicht von zehn Tonnen kann der Strüver-Tankwagen immerhin 15 Tonnen weitere Nutzlast befördern, während ein Hängergespann zwar 3,50 Meter länger ist, allerdings nur eine Nutzlast von neun Tonnen zum Ziel bringen kann.

Der Auflieger wirkt im Karosseriebau optisch gelungen. Die Werbefachleute von Aral haben dem Strüver-Auflieger ein repräsentatives Corporate Design spendiert. Das Fahrerhaus ist Aral-blau mit weißem Dach. An den Aufliegerflanken prangt das Markenzeichen des Benzol-Verbands sowie der Schriftzug, während am Heck das mächtige Aral-Logo leuchtet.

Stadler in Neu-Ulm folgt den Empfehlungen des Benzol-Verbands und stellt für das Aral-Tankstellennetz ebenfalls einen Auflieger bereit. Dazu wird das Fahrerhaus des Mercedes-Benz L 6600 optisch erhöht, und damit aufgewertet. Der Tankaufbau bedarf keiner Verkleidung im oberen Bereich, dafür wird der heckseitige Armaturenschrank in die untere Rundumverkleidung integriert.

Versorgung erfahren müssen. Jetzt erhalten die Tankwagen ihre Schlüsselfunktion – sie werden zum Motor des Wirtschaftswunders!

Setzt die Hamburger Zentrale von Esso auf Büssing, Faun und Kaelble, bestellt Shell eine erste Tranche von Haubern bei Mercedes-Benz. Beim Benzol-Verband wagt man sich allen Gepflogenheiten zum Trotz an die erste Frontlenkergeneration, die in der Mineralölindustrie zum Einsatz kommt. So steht der Henschel HS 165 T für den Aufbruch in eine neue Tankwagenepoche. Schon während der Währungsreform hat man großen Wert

auf geringen Aufwand an Materialeinsatz bei gleichzeitig bester Transportkapazität gelegt. Zugleich soll die zweite Tankfahrzeuggeneration der Fünfzigerjahre die anfangs noch verpflichtenden verkehrstechnischen Reglementierungen der Kontrollratsbestimmungen erfüllen. Es geht damals schlichtweg darum, eine Transporteinheit zu finden, bei der das Verhältnis zwischen Leergewicht und Nutzlast günstiger als früher ausfallen soll. Vor dem Krieg hatte ein Tankwagenzug in Aral-Farben neun Tonnen Transportgewicht bei einem Leergewicht von zwölf Tonnen. Strüver in Hamburg konstruiert und baut die zweite Aufliegergeneration wesentlich kompakter und in Streamline-Optik. »Der dreiachsige BV-Großraumtankwagen wiegt leer nur 10.000 kg, er kann aber 15.000 kg Kraftstoff laden«, verkündet die Bochumer Zentrale stolz. »Große Tankwagen und große Kessel an den Tankstellen verringern die zur Versorgung des Tankstellennetzes notwendige Zahl der Fahrten und der Fahrtkilometer.« Die zweite Entwicklungsstufe nach dem Krieg bringt einen selbsttragenden Leichtmetalltank ohne Kilogramm schluckenden Stahlrahmen hervor – die Gewichtsersparnis ist eklatant und fokussiert damit ein Käuferinteresse, das im Tankwagengeschäft auf Dauer Bestand haben soll. Der Tankstellenverwalter habe ebenfalls seinen Vorteil, argumentiert der Benzol-Verband, da er durch seltenere Neubefüllung auf seinem Gelände und in seiner Arbeit weniger eingeengt oder gestört werde. Außerdem gelingt es den Strüver-Aufliegern bereits zu Beginn der Fünfzigerjahre, zwei verschiedene Kraftstoffe – BV-Aral und BV-Diesel – gleichzeitig zu transportieren. Die Mehrkammer-Auflieger sollen später zum bevorzugten Standard im Verteilergeschäft werden. »Daneben gestatten die als Messkammertankwagen gebauten Fahrzeuge eine doppelte Mengenkontrolle von größtmöglicher Präzision«, lässt der Benzol-Verband verlauten. Die im Armaturenschrank am Heck eingebauten und geeichten Durchlaufzähler unterliegen bereits einer Gegenkontrolle durch die geeichte Messkammer. Auf der Tankoberseite gestatten die Domarmaturen ein müheloses Betanken der vier Kammern. Messtrichter mit Peilstab und Bowdenzüge zur Fernbetätigung der Boden-

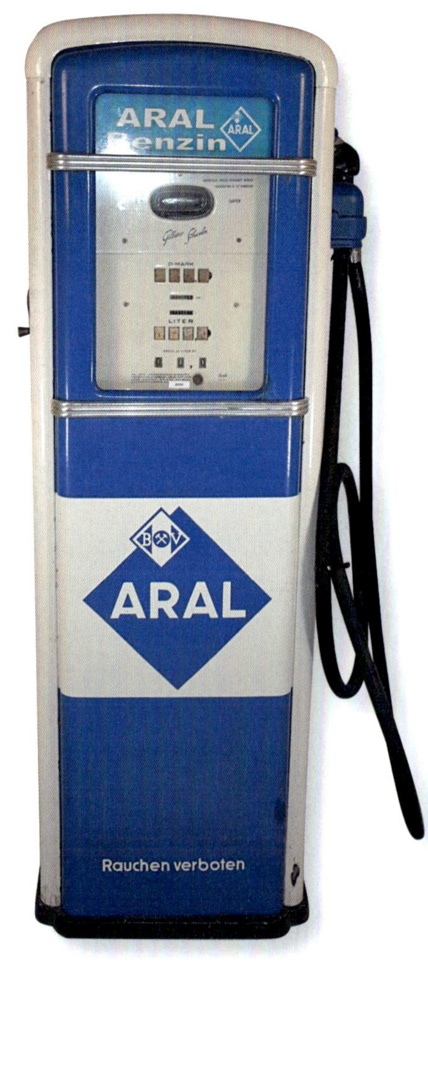

ventile ermöglichen es, dass der Tankwagenfahrer ohne jede Unterstützung die Befüllung steuert und überwacht. Überdies können in den Fünfzigerjahren die weitere entwickelten Ablaufsysteme und Armaturen die Befüllung der Tankstellen effizienter gestalten. Über zwei voneinander getrennte Messanlagen können gleichzeitig zwei verschiedene Kraftstoffe mit einer Ablaufgeschwindigkeit von je 600 Litern pro Minute abgelassen werden. Die Verweildauer auf dem Tankstellengelände lässt sich damit optimal verkürzen, sodass der Tankbetrieb nicht über Gebühr gestört wird. Alles in allem steht die neue Generation von 20.000-Litern-Satteltankwagen mit einer Länge von zwölf Metern und einem Leergewicht von zehn Tonnen bei einer Nutzlast von 15 Tonnen einem 12.000-Liter-Tankwagenzug mit Anhänger gegenüber. Mit einer Länge von 15,50 Metern kann dieser bei einem Leergewicht von zwölf Tonnen damals gerade mal eine Nutzlast von neun Tonnen aufnehmen. Der Erfolgsweg der Tanksattelzüge für den Verteilerverkehr zu den Tankstellen, aber auch für Fern- und Versorgungsverkehr von den Raffinerien zu den regionalen Tanklagern ist angesichts ihrer Effizienz vorgezeichnet. Das wiedererstarkende Transportgewerbe hingegen schickt weiterhin vorzugsweise Gliederzüge auf die Straßen. Diese sollen

Überall in der Bundesrepublik lassen die Mineralölgesellschaften Tanklager entstehen, von denen aus die physische Distribution des Kraftstoffs erfolgen kann. Dahinter wachsen einzelne Großraffinerien heran, die der Produktion und Bereitstellung dienen. Erst zu Beginn der Sechzigerjahre kann das Ballungszentrum an Rhein und Ruhr vom Pipelinesystem profitieren. Mit der Fertigstellung wird die Logistik deutlich vereinfacht.

Mit der wachsenden Mobilität und dem Ausbau des Straßennetzes kommen immer neue Standorte hinzu. Aral kann sich auf seinen Vertriebspartner Raab Karcher stützen, der in München eine eigene Servicemannschaft für den Freistaat unterhält. Während die baulichen Maßnahmen zum Tankstellenbau von örtlichen Handwerkern erledigt werden, fahren die Opel-Blitz-Werkstattwagen vor, um die Technik zu installieren.

weniger beim Kraftstofftransport, als vielmehr im Mineralölgeschäft ihre Bedeutung behalten. Sie kommen fortan vornehmlich bei den Mineralölhandlungen zum Einsatz.

Der Henschel-Sattelzug mit der seinerzeit modern anmutenden Frontlenkerkabine erfüllt bereits bei den ersten Tests in Hamburg die Erwartungen der Benzol-Verbands-Ingenieure. Sie vermessen alles, skizzieren die Versuche und dokumentieren jede Testphase mit Fotos. Bei den Bremsversuchen, die zwar im öffentlichen Verkehrsraum stattfinden, aber angesichts der geringen Fahrzeugfrequenz problemlos möglich sind, muss der Henschel-Sattelzug seine Feuertaufe bestehen. Der Benzol-Verband prüft die Neuentwicklung in den ausgiebigen und mehrstufigen Tests auf Herz und Nieren. Dazu gehört die Kontrolle der Verwindungssteifheit des Fahrzeugs. Bei einem Verschränkungsversuch auf dem Strüver-Hof demonstrieren die Konstrukteure die Stabilität des Sattelzugs, als die vordere und die hintere Achse durch Rampenklötze angehoben werden, lediglich die Heckachse der Zugmaschine behält Bodenberührung. Beim Praxistest des HS 165 T geht es ans Eingemachte: Das Strüver-Vorbild hat einen regelrechten Parcours zu durchfahren, um im engsten Wenderadius und beim Überfahren von Straßenschwellen oder rückwärtigem Rangieren zu überzeugen. Fahrzeugbauspezialist Strüver in Hamburg liefert seinerzeit die ersten Tankwagen dieser Baureihe aus, weitere sollen folgen. Aber auch Haller in Stuttgart-Feuerbach hält eine ähnliche Konstruktion bereit. Nicht nur die Verwendung von Aufliegern ist in den Fünfzigerjahren eher selten, auch die Frontlenker-Zugmaschine von Henschel aus Kassel gilt als Novum. Für die Tankwagenfahrer, allesamt Hauber-erprobt, bedeutet das eine wirkliche Umstellung. Denn plötzlich sitzen sie auf der lenkbaren Vorderachse, und nicht mehr dahinter – der gewohnte Blick hinter der sicheren Haube ist dahin. Im Süden der Bundesrepublik bleibt man vorerst dem konservativen Bauprinzip treu. Dort zieht der Magirus-Rundhauber den Tankzug. Von den verschiedenen Niederlassungen in allen Bundesländern aus, machen sich die Tankzüge zumeist im Zwei-Schicht-Betrieb auf ihre Touren, um die Aral-Stationen zu versorgen. Meist ist der Tankzug zweimal zwölf Stunden unterwegs – an eine Beschränkung der Lenkzeiten denkt damals freilich niemand. Es geht vornehmlich darum, pünktlich und verlässlich an Ort und Stelle zu sein. Für die Nachtbetankung liegen die passenden Schlüssel im Handschuhfach. Der Tankwagenfahrer genießt eine Vertrauensposition - davon zeugt auch die Uniform. Auflieger werden deshalb bevorzugt, weil sie mit gut und gern 20.000 Litern Volumen bis zu vier oder fünf Stationen versorgen können, und dabei dem Fahrer mit der Aral-Schirmmütze hinterm Steuer auch noch ein gutes Maß an Wendigkeit bieten.

Sind es manches Mal Provisorien, die gleich nach dem Krieg für den Benzinverkauf hergerichtet werden, so sollen rasch neue Tankstellentypen folgen. Dadurch entsteht ein engmaschiges Netz von Tausenden von Tankstellen in der Bundesrepublik, die allesamt beliefert werden müssen.

Die Montagemannschaft von Raab Karcher ist natürlich in den Farben von Aral unterwegs – die Schirmmütze versteht sich von selbst. Wenn die Zapfsäulen funktionieren und der Ölschrank dann aufgefüllt ist, haben die Männer aus München ihre Arbeit im Voralpenland getan. In Süddeutschland kommt der Magirus-Deutz mit Haller-Tankauflieger zum Einsatz, wieder mit kompaktem Auflieger.

Noch bevor die neu gebaute Tankstelle erstmals befüllt werden kann, kümmern sich die Techniker um den einwandfreien Betrieb der Zapfsäule. Die Schwelmer Eisenwerke liefern die Zapfsäulen an, sodass sie lediglich auf der Tankinsel montiert werden müssen (o.). Der Opel Blitz mit Kofferaufbau und Dachgepäckträger, aber auch der DKW-Schnellaster mit erhöhtem Dachaufbau gehören zum Fuhrpark der Serviceabteilung.

Die Entwicklung neuer Tankwagen geht angesichts des wachsenden Bedarfs rasant weiter. Nahezu alle Größenordnungen sind bis zu einem Volumen von 30.000 Litern möglich – die Flughafentankfahrzeuge fassen an der Schwelle zu den Sechzigerjahren bereits 50.000 Liter. Die steigende Nachfrage lässt traditionsreiche Fahrzeugbauer wachsen und neue hinzukommen. Um 1960 gibt es rund ein Dutzend Hersteller, die mit sehr unterschiedlichen Produktionskapazitäten die Nachfrage bedienen. Und die kommt inzwischen nicht allein aus dem Inland, wo die Mineralölgesellschaften immer öfter ihre regionalen Tanklager an Vertragspartner überführen und Speditionen, aber auch familiengeführte Mineralölhändler ans Ruder kommen. Hinzu kommt ein prosperierender Heizölmarkt, der insbesondere handliche Verteilerfahrzeuge für die Hauskellerbetankung erforderlich macht. Das Wirtschaftswunder ist zur Mitte der Sechzigerjahre im Fahrzeugbau angekommen – Wachstum und lange Lieferzeiten lassen zeitweise einen attraktiven Verkäufermarkt entstehen. Dabei nehmen sich die erzielbaren Margen für alle Anbieter auskömmlich aus. Kaum eine Kategorie im Fahrzeugbau dieser Größenordnung besitzt einen solchen Umfang an Sonderfertigung. Allenfalls die Hersteller von Feuerwehrfahrzeugen und deren Aufbauten sind ähnlich gefordert. Zwar gibt es hier die DIN für die unterschiedlichen Einsatzfahrzeuge, doch der Individualisierungsgrad und die Sonderwünsche der Auftraggeber sind ähnlich ausgeprägt. Und genau darin liegt die Krux. Zwar können bei den Herstellern die Tankkessel weitgehend standardisiert gebaut und bei Bedarf modulartig vergrößert werden, doch eine Serienfertigung ist – von Großaufträgen für Militär und Exportmärkte einmal abgesehen – kaum möglich. Der Karosseriebau von Tankwagen, Aufliegern und Anhängern bedeutet aufwendige und kostspielige Handarbeit. Angesichts der steigenden Lohnkosten ein absehbar schwieriges Unterfangen, sollte der Markt in eine Stagnationsphase geraten.

In den Sechzigerjahren erweitern die Tankwagenhersteller nach und nach ihre Vertriebsgebiete. Strüver in Hamburg entgeht der wachsenden Wettbewerbsintensität und spezialisiert sich zum Ende des Jahrzehnts auf Flugfeldtankfahrzeuge und Fahrzeug-

Weil der Ölbedarf ständig angewachsen war, schickte der Benzol-Verband eine eigene Lkw-Flotte zu den Abnehmern. Im Kofferaufbau befanden sich die Öltanks, um gleich größere Mengen umzupumpen. Hier war der MAN MK mit Schenk-Aufbaukoffer unterwegs..

bauprojekte wie Hydrantenwagen, die dann vorzugsweise die unerlässlich gewordenen Exportmärkte bedienen. Kroll in Reinbek versucht weiter nach Süden vorzudringen, Haller aus Stuttgart-Feuerbach geht offensiv in den Norden und darf sich angesichts seiner kommunalen Fahrzeugbaukompetenz bei Müllfahrzeugen und Sprengwagen rasch über Vertriebserfolge freuen. Im Ballungszentrum NRW werden über einige Jahre hinweg mehr als die Hälfte aller für den deutschen Markt gebauten Tankfahrzeuge ausgeliefert. Die »Big Five« heißen Schwelm, Schmitz, Ellinghaus, Blumhardt und Eylert. Sie sehen sich mit fortschreitender Zeit gezwungen, ihr Heil nun auch vertriebsstrategisch in den Exportmärkten zu suchen. Das kommt den potenziellen Kunden durchaus entgegen »made in Germany« genießt gerade im Spezialfahrzeugbau in Europa und im Nahen Osten einen guten Ruf.

Für den Transport von Kraftstoff und Heizöl im Güternah- und -Fernverkehr werden zur Mitte der Sechzigerjahre vorwiegend Fahrzeuge mit Tankaufbauten verwendet, die sich als wesentlich wirtschaftlicher erweisen als noch im Jahrzehnt zuvor. Dabei hat man längst die absehbare Zweckmäßigkeit von Sattelzügen erkannt. Zwar ergeben sich in der Anschaffung letztlich nur geringfügige Einsparungen, trotzdem werden pro Fahrzeugeinheit statt zwei nur eine Mess- und Abfüllvorrichtung benötigt; dabei ist das Fassungsvermögen jedoch größer und die Bedienung und der Betriebsablauf einfacher. Genau aus diesem Grund hat die Zahl der Sattelzugmaschinen bereits zum Ende der Fünfzigerjahre

Die Menschen nehmen sehr wohl wahr, dass sich im Mineralölgeschäft viel bewegt. Überall wird neu gebaut, das Tankstellennetz eilt sozusagen dem Wirtschaftswunder voraus. Verständlich, denn Mobilität macht wirtschaftliches Wachstum erst möglich. Die große Dichte von Stationen ist somit ein Garant für den beginnenden Aufschwung.

Die neu gewonnene Marktwirtschaft, die Ludwig Erhard immer wieder propagiert hat, spüren die Menschen in den Fünfzigerjahren vielerorts. Werbung macht das Leben facettenreicher und erfreulich bunt. Auch Ad. Strüver sorgt für erste Werbung in farbigem Druck.

Der Büssing-Hauber zeigt Flagge in den Farben des Benzol-Verbands und der Marke Aral, vor allem aber kümmert sich der Braunschweiger Lkw um die rechtzeitige Belieferung mit Dieselkraftstoff.

ungeheuer stark zugenommen, weil diese zu einem wesentlichen Teil eben auch mit Tanksattelanhängern für Kraftstofftransporte eingesetzt werden. Welche Bedeutung die Beförderung von Kraftstoffen in Straßentankwagen zu Beginn der Sechzigerjahre überhaupt hat, zeigt die Bestandsentwicklung jener Lkw-Züge sehr deutlich, weil sie einen rasanten Anstieg der Stückzahlen aufweist. So wird anhand der Statistik deutlich, dass die Kraftstoffkessel-Lkw seit 1953 nur in verhältnismäßig geringem Ausmaß zugenommen haben, während die Kraftstoffkesselanhänger und vor allem die Sattelzugmaschinen in ihrem Bestand erwartungsgemäß außerordentlich stark angestiegen sind. Bei den Anhängern handelt es sich dabei überwiegend um Satteltankanhänger, welche die in der Branche allseits bewährten und geschätzten Vorteile für ihren Einsatz bei Mineralöltransporten haben. Aber auch andere Tankfahrzeuge gewinnen bis zum Beginn der Sechzigerjahre immer größere Bedeutung.

Mit dem Ende der Kraftstoff-Zwangsbewirtschaftung und der alsbaldigen Investitionsoffensive gelingt es der Mineralölwirtschaft, bundesweit für Aufmerksamkeit zu sorgen, zumal Mobilität und Auto gesellschaftlich hoch im Kurs stehen. So beginnen die Produzenten mit umfassenden Werbemaßnahmen, um sich bei den Kunden in Erinnerung zu bringen. Zwei ganz besondere »Tankzüge« rollen sieben Jahre über die Straßen – allerdings mit anderer Zielsetzung. Sie sollen Aufmerksamkeit schaffen. BV-Aral lässt einen Ausstellungswagen bauen, um der »Jugend und dem deutschen Kraftfahrer« das Unternehmen und die Produktion der benzolbasierten blau-weißen Kraftstoffe zu erläutern. Der im Juni 1953 vorgestellte, immerhin 22 Meter lange Aral-Zug besteht aus einer Zugmaschine auf Basis eines Krupp Mustang mit einem Anhänger. Der gesamte Tross, ausgerüstet mit Aufbauten der Fahrzeugwerke von Lienen in Aral-Blau, agiert wie ein Zirkus in eigener Sache. Die Kunden erhalten frühzeitig eine Einladung, wenn er in der nächstgelegenen Stadt Station macht. Außerdem wird die Präsentation eines eigenen Films angekündigt. Das motiviert die Geladenen, denn auch das Kinoerlebnis steht seinerzeit hoch im Kurs. Damit schafft der Benzol-Verband Neugierde und sorgt für ein volles Haus. Die Zugmaschine und ihr Anhänger sind so gebaut, dass sie nebeneinandergestellt beide wie Zugmaschinen aussehen. Zwischen die seitlich aufklappbaren Aufbauten auf Zugmaschine und Anhänger wird für die Wanderausstellung ein Boden mit breiter Freitreppe eingehängt und mit zusätzlichen Wänden und Dach ein rund zehn mal acht Meter großer Präsentationsraum geschaffen. Zwischen Zugmaschine und Anhänger entsteht nach dem Aufklappen der Seitenwände eine Verbindungskonstruktion, sodass eine Fläche von rund 60 Quadratmetern bereitsteht. Schon im ersten Jahr zählt der Aral-Zug bemerkenswerte 25.000 Besucher in allen Teilen Deutschlands, darunter neben der breiten Öffentlichkeit auch zahlreiche Unternehmens- und Behördenvertreter. Sogar der damalige Bundespräsident Theodor Heuss gibt sich die Ehre. Durch diesen Erfolg beflügelt, folgt schon 1954 auf Ford-Basis der

DIE SONDERSCHAU
unterwegs

Der BV hat uns schon immer Freude gemacht durch seine Art, technische und chemische Vorgänge unterhaltsam und spannend zu zeigen. Die Werbung des BV ist oft eine indirekte, indem durch Experimentalvorträge das Interesse für das Problem Kraftstoffe geweckt wird, oder indem BV den Wagen auf einem Prüfstand sorgfältig einreguliert, was dem Kunden so gut gefällt — zumal der Verbrauch dabei oft beachtlich sinkt — daß er dann gern bei dem guten ARAL bleibt.

Neu erschien nach dem Kriege der ARAL-Zug I (MR 15/53), der eine ganz andere werbende Aufgabe hat: Zugwagen und Anhänger verwandeln sich mit einem Zwischenbau nach einer etwas komplizierten Montage in einen Ausstellungraum, in dem nun der BV überall, wo er seinen Zug hinfährt, der Prominenz und den Lehrlingen — also einem weiten Kreis — vieles und Interessantes zeigen und erzählen kann. Hierzu helfen ausgezeichnete Modelle vom Bergbau und von der Erdölgewinnung. Modelle von Motoren und Wagen, vom BV-Prüfstand und manches mehr sind zu sehen. 25 000 Besucher waren schon im ARAL-Zug I.

Da entdeckte der BV auf der IAA 1953 bei der Karosseriefabrik Trutz das Modell eines französischen Ausstellungswagens, der schon beinahe ein „Kolumbusei" darstellt: Ein schlanker Anhänger wird über Land und durch die Stadt gefahren, der Zug bleibt auf irgend einem Platz stehen, und schon schieben sich links und rechts aus dem Anhänger (ähnlich wie bei einer Streichholzschachtel) vier Teile (teleskopartig) auseinander, und der nur 2,30 m breite Wagen hat plötzlich eine Breite von 6,50 m! Der elektro-mechanische Antrieb arbeitet dabei so elegant, daß man in Paris solchen Wagen auf den Champs Elysées zeigte und während der Fahrt den Ausbau aus- und einfuhr.

Doch zurück zum BV, der nun aus dieser Idee in Zusammenarbeit mit der Karosseriefabrik Trutz und den französischen Lizenzträgern (Deplirex, Dijon, für den Aufbau und Aerazur, Paris, für das Fahrgestell) einen Zug von 20 m Gesamtlänge mit einem Anhänger von 12 m Länge entwickelt. Trotz der großen Gesamtlänge kommt der Zug überall durch und hat einen Wendekreis von nur 16 m. Dafür sorgen die gekoppelten Drehschemel des Anhängers (mit je vier einzeln gefederten Rädern), das ausgeklügelte Verhältnis der Radstände und Spurweiten zueinander und die formschön abgerundeten Ecken vom Zugwagen und Anhänger und manches mehr.

So entstand der noch größere und noch schönere ARAL-Zug II, der im Juli „vom Stapel lief". Er hat neben dem großen, hellen, freitragenden Ausstellungsraum von 9,50×6,50, also 62 m², und dem praktischen kleinen Konferenzzimmer vorn im Zugwagen den Vorteil, daß er überall überraschend schnell aufgestellt werden kann, ohne daß dazu ein planebener Platz erforderlich ist. Leicht ausschwenkbare Stützen sichern den ruhigen Stand des Ausstellungsraumes und verhüten unnötige Belastung der Teleskopverbindung. Alle Modelle stehen während der Fahrt in dem Mittelpunkt des späteren Ausstellungsraumes (also im eigentlichen Anhänger). Sind die Seiten ausgefahren, sorgen Faltböden für einen völlig durchgehenden glatten Gesamtboden, auf dem dann die Modelle beliebig placiert werden können.

Und noch ein paar technische Daten: Zugwagen Kälble mit 125 PS Diesel-Motor und VW-Motor für das Stromaggregat. Länge 7,6, Breite 2,5 m. Abmessungen des Anhängers: Länge 12, Breite 2,5, Höhe 3,75 m bei einer Innenhöhe im Raummittelteil von 2,30 und ganz außen von 1,90 m. — Bereifung des Anhängers 8,25—15. — Gewicht mit Modellen etwa 18 Tonnen.

Damit hat der BV, erstmalig in diesen Abmessungen, einen Musterausstellungswagen auf die Räder gestellt, der wohl „Schule machen wird".

Fischer

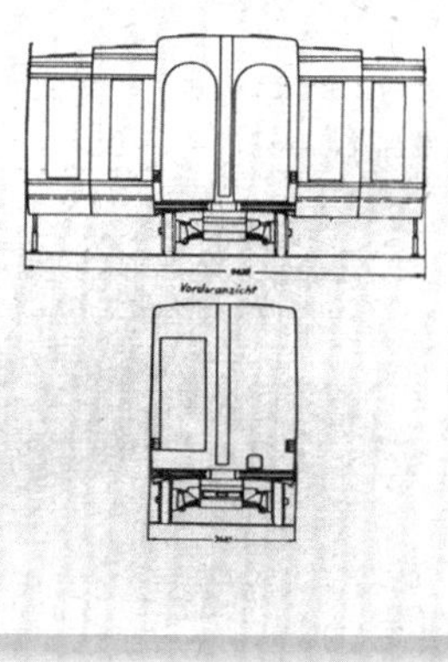

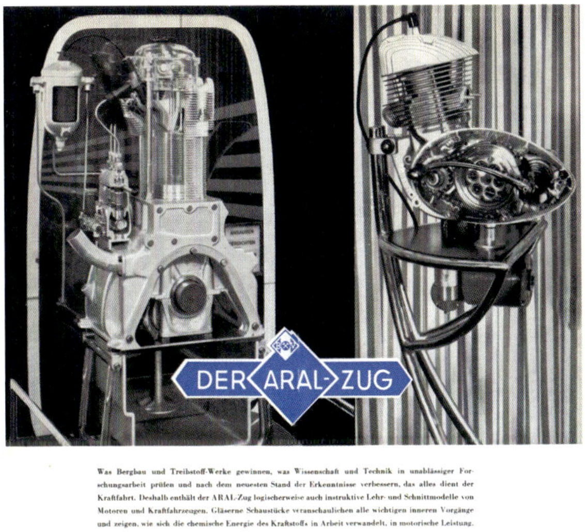

Was Bergbau und Treibstoff-Werke gewinnen, was Wissenschaft und Technik in unablässiger Forschungsarbeit prüfen und nach dem neuesten Stand der Erkenntnisse verbessern, das alles dient der Kraftfahrt. Deshalb enthält der ARAL-Zug logischerweise auch instruktive Lehr- und Schnittmodelle von Motoren und Kraftfahrzeugen. Gläserne Schaustücke veranschaulichen alle wichtigen inneren Vorgänge und zeigen, wie sich die chemische Energie des Kraftstoffs in Arbeit verwandelt, in motorische Leistung.

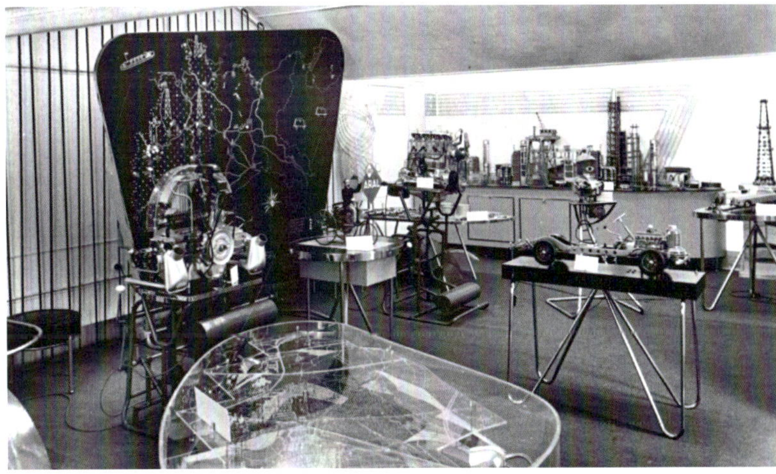

Aral will, dass die Menschen im Land wissen, wie bedeutungsvoll der Kraftstoff für die Zukunft sein wird. Zahlreiche Modelle von Motoren, aber auch von Raffinerien und Tanklagern sowie über ein Dutzend Schautafeln werden in der Sonderschau präsentiert.

Aral-Zug II, diesmal jedoch als Deplirex-Anhänger mit ausziehbaren Seitenteilen, sodass ebenfalls ein Ausstellungsraum entsteht – allerdings gewährleistet die Konstruktion einen schnelleren Aufbau. Die Karosserie stellt Buskarossier Trutz auf neue Räder und vermittelt so zugleich einen Hauch von Zukunft. Eine Konferenznische mit Radio, Verstärker und Tonbandanlage, einem Kühlschrank und modernster Be- und Entlüftungsanlage lädt zum ungezwungenen Gespräch ein. Für eine angenehme Temperatur selbst bei kühler Witterung sorgt eine Heizungsanlage. Der Zug verfügt zu guter Letzt über einen eigenen Fernsprechanschluss. Die Besucher, darunter auch Werkstattbetriebe und ganze Lehrlingsjahrgänge, sind begeistert. So viel Anschauung gibt es zum damaligen Zeitpunkt weder in den Berufsschulen noch bei den großen Automobilbauern. Die aufschlussreichen, mit viel Liebe zum Detail miniaturisierten Funktionsmodelle verfolgen die Kohle und das Erdöl vom Mineral über ihre Aufbereitung bis hin zum Kraftstoff und zum Motor. Dabei geht es auch um den logistisch aufwendigen Weg zum Verbraucher. Ausführlich beschreibt der Benzol-Verband den Weg von der Raffinerie über Binnenschiffe und Kesselwaggons der Bahn bis hin zu den Tanklagern in allen Regionen der Bundesrepublik. Im Mittelpunkt: der Tankwagen als unerlässliches mobiles Transportgefährt. Nachdem schon zum Ende des Jahrzehnts die Einsatzzeiten reduziert worden waren, endet der Betrieb beider Züge schließlich 1960.

Genau in dieser Zeit zeigt die Entwicklung der Mineralöltransporte im gewerblichen und Werksfernverkehr einen kräftigen Anstieg. Die Zahlen beweisen, dass vor allem im gewerblichen Güterfernverkehr die Beförderung von Mineralöl und dessen Erzeugnissen wie vorzugsweise Bitumen seit 1955 ganz erheblich zugenommen hat. Innerhalb von nur sieben Jahren hat sich das Volumen vervierfacht. Von 1955 bis 1962 ergibt sich eine Steigerung des beförderten Volumens um das Zweieinhalbfache auf das Dreieinhalbfache gegenüber 1955. Wer sich für die Beförderung von Flüssigkeiten aus wirtschaftlichen Gründen bevorzugt des Sattelzugs bedient, muss im Vergleich zum normalen Lkw anfangs mit höheren Investitionskosten rechnen. Über die Anschaffungskosten hinaus sind seinerzeit

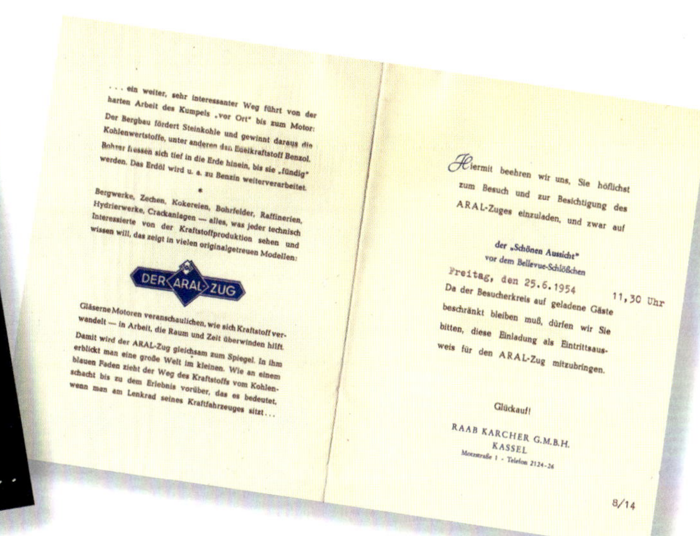

... ein weiter, sehr interessanter Weg führt von der harten Arbeit des Kumpels „vor Ort" bis zum Motor: Der Bergbau fördert Steinkohle und gewinnt daraus die Kohlenwertstoffe, unter anderen den Edelkraftstoff Benzol. Bohrer fressen sich tief in die Erde hinein, bis sie „fündig" werden. Das Erdöl wird u. a. zu Benzin weiterverarbeitet.

*

Bergwerke, Zechen, Kokereien, Bohrfelder, Raffinerien, Hydrierwerke, Crackanlagen — alles, was jeder technisch Interessierte von der Kraftstoffproduktion sehen und wissen will, das zeigt in vielen originalgetreuen Modellen:

DER ARAL-ZUG

Gläserne Motoren veranschaulichen, wie sich Kraftstoff verwandelt — in Arbeit, die Raum und Zeit überwinden hilft. Damit wird der ARAL-Zug gleichsam zum Spiegel. In ihm erblickt man eine große Welt im kleinen. Wie an einem blauen Faden zieht der Weg des Kraftstoffs vom Kohlenschacht bis zu dem Erlebnis vorüber, das es bedeutet, wenn man am Lenkrad seines Kraftfahrzeuges sitzt...

Hiermit beehren wir uns, Sie höflichst zum Besuch und zur Besichtigung des ARAL-Zuges einzuladen, und zwar auf

der „Schönen Aussicht"
vor dem Bellevue-Schlößchen

Freitag, den 25.6.1954 11,30 Uhr

Da der Besucherkreis auf geladene Gäste beschränkt bleiben muß, dürfen wir Sie bitten, diese Einladung als Eintrittsausweis für den ARAL-Zug mitzubringen.

Glückauf!

RAAB KARCHER G.M.B.H.
KASSEL
Motzstraße 1 · Telefon 2124-26

8/14

Weil der Auftritt des Aral-Zugs schon etwas Besonderes im örtlichen Leben der besuchten Stadt bedeutet, spricht der Benzol-Verband seinen Aral-Kunden auch persönliche Einladungen aus. Die Neugierde ist dementsprechend groß.

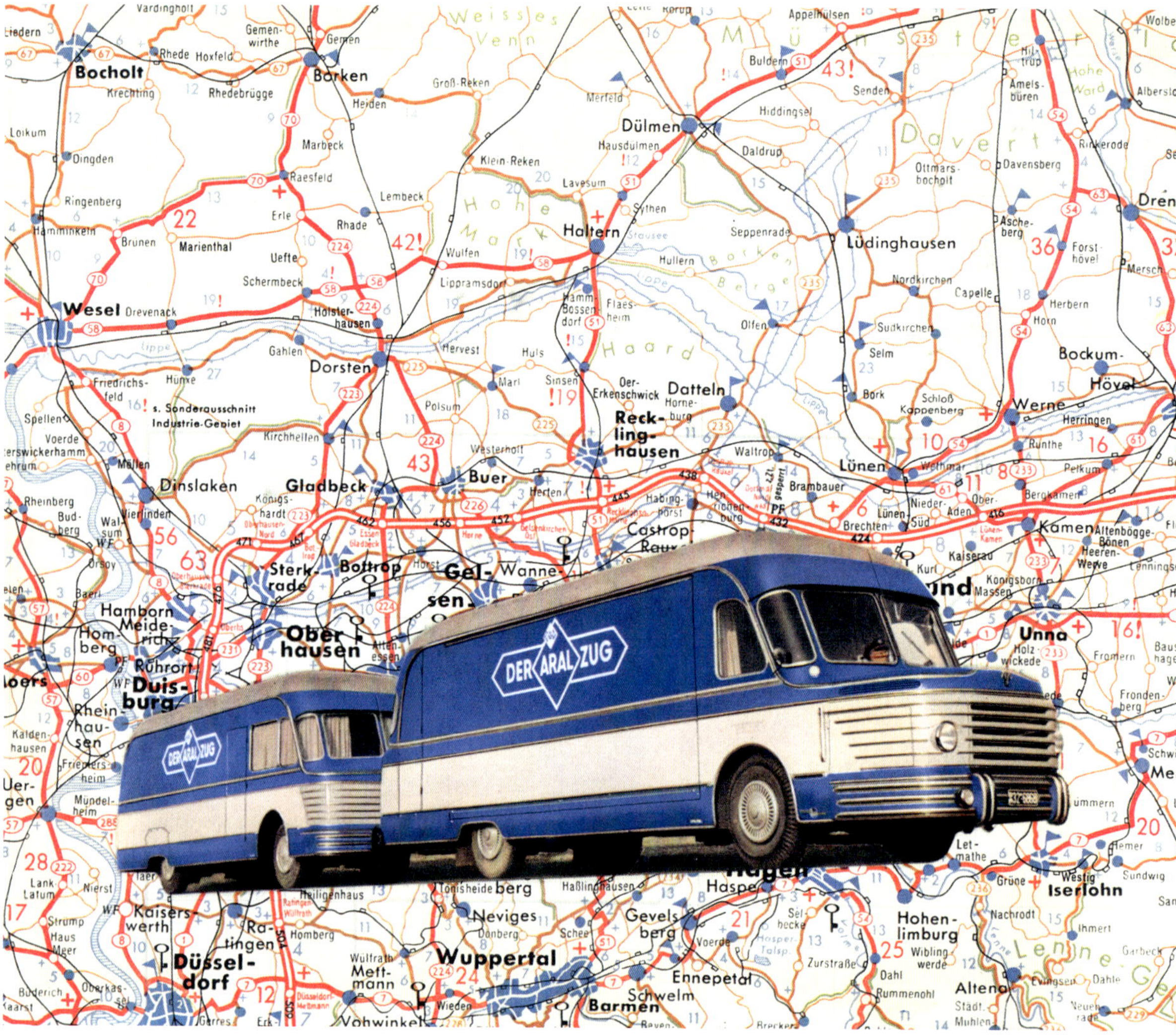

Der zweite Aral-Zug setzt die Arbeit seines Vorgängers fort und verdichtet damit die hilfreiche Aufklärungsarbeit. Der Aufbau und die Präsentation auf den städtischen Plätzen bedeuteten eine Mischung aus Zirkus und Jahrmarkt. Jedenfalls zeigen sich die Besucher, wie Zeitzeugen berichten, sehr wissbegierig.

auch die laufenden Kosten aufgrund höherer Versicherungsprämien für Tankeinheiten größer. Die Anschaffungspreise divergieren zwar angesichts der unterschiedlichen Konstruktion und der Fertigungstiefe der Hersteller, doch die Spannbreite der Verkaufspreise bei gleichem Tankvolumen bewegt sich in einer branchenüblichen Toleranz. Dies vor allem auch deshalb, weil hinsichtlich der Mess- und Abfüllvorrichtungen und der Bauart des Tankaufbaus sowie der weiteren Karossierung erhebliche Unterschiede bestehen. Das wirkt sich seinerzeit auch auf die Wirtschaftlichkeitsberechnung aus. Vor allem bei den bevorzugten Tanksattelzügen ergeben sich je nach Wahl der Zugmaschine und des Volumens des Aufliegers unterschiedliche Kosten, die letztlich die Effizienz ausmachen.

So ist bei den Sattelzugmaschinen je nach Typ und PS-Klasse für den Benzintransport mit Investitionskosten zwischen 25.000 und 47.000 DM und bei Tankaufliegern von 55.000 bis 67.000 DM zu rechnen. Bei den Heizölfahrzeugen liegen die Kosten um fünf bis zehn Prozent niedriger. Unterm Strich ergeben sich für einen kompletten einachsigen Tanksattelzug mit 12.500 Litern Volumen Kosten von 80.000 DM. Ein Tankzug mit 15.000 Litern Kraftstoffvorrat erfordert Investitionen in Höhe von 94.000 DM, während in der 25.000-Liter-Kategorie schon 103.000 DM und bei der größten Version mit 28.500 Litern Volumen gar 114.000 DM an Investitionen notwendig sind. Demgegenüber steht für den Heizöltransport ein Anhängerzug mit einem Volumen von 22.000 Litern mit 95.000 DM auf der Rechnung, das 24.500-Liter-Gespann erfordert 105.000 DM. Die damaligen Mineralstoffhändler und Tanklager gehen in den Sechzigerjahren von einer Lebensdauer von durchschnittlich acht Jahren aus und kalkulieren bei den Sattelzugmaschinen eine Fahrleistung von rund 350.000 Kilometern, während die Tankauflieger mit einer Höchstfahrleistung von 450.000 Kilometern unterwegs sind. Damit ergeben sich in der Nachkriegszeit Evolutionsschritte mit annähernder Jahrzehntlänge, meist werden Tankfahrzeuge nach ihrem ersten Leben noch einmal weitergereicht. Kleinere Mineralölhändler finden in den Sechzigerjahren durchaus Gefallen an langgedienten Tankaufliegern, um sie mit einer gebrauchten Zugmaschine für gut und gern weitere fünf bis sechs Jahre auf dem eigenen Hof laufen zu lassen. Die großen Speditionen, die

Messeauftritt der Deutschen Gerätebau AG: Das Unternehmen produziert im Örtchen Salzkotten inmitten des Paderborner Landes die gleichnamigen Zapfsäulen in allen denkbaren Markenfarben. Anfangs werden auch Tankwagen vertrieben.

sich in jener Zeit bereits vermehrt auf Tanktransporte spezialisiert haben, brauchen mit Bestellungen für Neufahrzeuge nicht zögerlich zu sein. Die Banken haben angesichts des Wachstumsmarkts stets ein offenes Ohr für die Finanzierungswünsche der fast ausnahmslos familiengeführten Unternehmen.

Dass sich gerade in den Sechzigerjahren die gesamte Branche mit größerer Rationalität und vor allem Kostenrechnung auf das Transportgeschäft zubewegt, bleibt niemandem verborgen. Gerade in Zeiten des scheinbar ungebremsten Wachstums ist eine Effizienzsteigerung das Gebot der Stunde. Dabei wirken die ständig nach oben geschraubten Transportvolumina der Hersteller sowohl bei den Tanksattelzügen als auch bei den Solo-Lkw zeitweise noch als Investitionsbeschleuniger. Die zunehmende Rationalisierung führt in dieser Phase zu einem zeitweilig enormen Aufschwung im Bau von Tankfahrzeugen. Wie überall versucht man, große Ladungseinheiten zusammenzufassen, wobei die Handhabung weiter vereinfacht wird. Den noch im Jahrzehnt zuvor präferierten Aufsetztank findet man zum Ende der Sechzigerjahre nur noch selten – er ist zum Auslaufmodell eines veränderten Geschäftsfelds der Mineralölhändler geworden. Sie haben angesichts der massenweisen Brennstoffumstellung von Kohle auf Heizöl die Sicherheit gewonnen, guten Gewissens in Verteilerfahrzeuge investieren zu können. Überdies bedeutet die zeitaufwendige Handhabung von Aufsetztanks im Alltagsbetrieb zusätzliche Verlustzeiten bei der Umrüstung. Nun haben dort die »kleinen« Tankwagen mit 7,5 Tonnen Gesamtgewicht und der Nutzbarkeit mit dem Führerschein der Klasse 3 Vorrang. Lediglich die kleinen Ein- bis Drei-Mann-Betriebe, deren Marktbedeutung sich allerdings bereits erkennbar im Sinkflug befindet, schwören noch auf die Flexibilität ihres angestammten 3,5-Tonners, der auf derselben Pritsche Kohlen und Heizöle ausliefern kann. Hinzu kommen weitere Reglementierungen, nachdem der Gesetzgeber die Gefahrguttransporte aus Sicherheitsgründen für Verkehr und

Der zweite Aral-Zug unterwegs auf der Autobahn: Die blau-weißen Farben garantieren die Aufmerksamkeit aller Autofahrer. Tatsächlich zählen die Mineralölunternehmen schon in den Nachkriegsjahren zu den werbeintensiven Firmen, die großen Wert auf einen einheitlichen Markenauftritt legen.

Die typische Tankstelle der Sechzigerjahre: Die Zeit der runden Formen ist vorbei, jetzt besteht die Station aus zwei kubischen Baukörpern, zur einen Seite das flache Tankwarthäuschen, zur anderen der angebaute Wartungsdienst. Die Tankinsel wird fortan mit einem freitragenden Dach geschützt, während die neue Generation der Zapfsäulen Vitrinencharakter erhält.

Umwelt immer stärker in den Fokus rückt. Seitdem die gesetzlichen Bestimmungen die Größe eines Aufsatztanks der A1-, A2- oder B-Klasse auf maximal 4.600 Liter begrenzt haben und auch ein Tank der A3-Klasse nicht größer als 6.200 Liter sein darf, schwindet das Kaufinteresse. Zum Ende der Sechzigerjahre geht es allein um Größe und Wirtschaftlichkeit. Das sieht man den Tanklastern auch an. Die Streamline-Karosserie in Omnibusoptik hat ausgedient; die aufwendige, als harmonisch empfundene Karosseriegestaltung zur ganzheitlichen Integration des Kessels in ein ästhetisches Ganzes gehört der Vergangenheit an. Ganz gleich ob bei Haller, Strüver, Schwelm, Kässbohrer oder Kroll, die Tankaufbauten wachsen mächtig in die Höhe – gerade die Sattelzüge mit über 30.000 Litern Volumen erscheinen zwangsläufig hochbeinig und überragen das Fahrerhaus deutlich. Angesichts schwieriger werdender Fahreigenschaften keine unkritische Entwicklung.

Bei den kleinen Tanklastwagen mit festem Aufbau haben sich klar definierte Volumenklassen durchgesetzt. Der 7.000-Liter-Tank fährt auf einem Fahrgestell der 12-Tonnen-Gesamtgewichtsklasse und der 10.000-Liter-Tank auf einem solchen mit 14-Tonnen-Gesamtgewicht. Insbesondere der Letztere soll in den Siebzigerjahren den Tankwagenaufbau für den Stadtverkehr prägen. Für die ausschließlich als Solofahrzeuge eingesetzten Nahverkehrstankwagen bieten die Lkw-Hersteller Fahrgestelle mit entsprechend kleinen Motoren und Leistungen um 130 PS an. Ist ein wechselnder Einsatz mit Tankanhänger notwendig, so greifen die Auftraggeber zu den 14- und 16-Tonnen-Lastwagen für den Anhängerbetrieb, die Motorleistungen von 180 bis 192 PS verlangen. Unter bestimmten Einsatzbedingungen bringt die Trennung der Gesamtladungen auf Zugwagen und Anhänger durchaus entladungstechnische Vorteile. Die von den Fünf-

Beschaffungskosten für Tankfahrzeuge 1962

Sattelzugmaschinen	**Tankauflieger**
9 t (100-120 PS), 25.000 DM	9 t (12.500 l), 55.000 DM
12 t (130-150 PS), 35.000 DM	12 t (15.000 l), 59.000 DM)
14 t (165-180 PS), 40.000 DM	14 t (25.000 l), 63.000 DM
16 t (192-210 PS), 47.000 DM	16 t (28.500 l), 67.000 DM
Lkw mit Aufsetztank	**Tankwagen mit Anhänger**
4,0 t (50-65 PS/1.500 l), 18.000 DM	22 t (120-135 PS/7.000+10.500 l Benzin), 83.000 DM
7,5 t (100-115 PS/4.000 l), 28.800 DM	32 t (192-210 PS/11.000+15.000 l Benzin), 107.000 DM
10 t (120-130 PS/6.000 l), 34.000 DM	22 t (120-135 PS/7.000+9.300 l Diesel/Heizöl), 70.000 DM
	32 t (192-210 PS/9.700+13.300 l Diesel/Heizöl), 91.000 DM

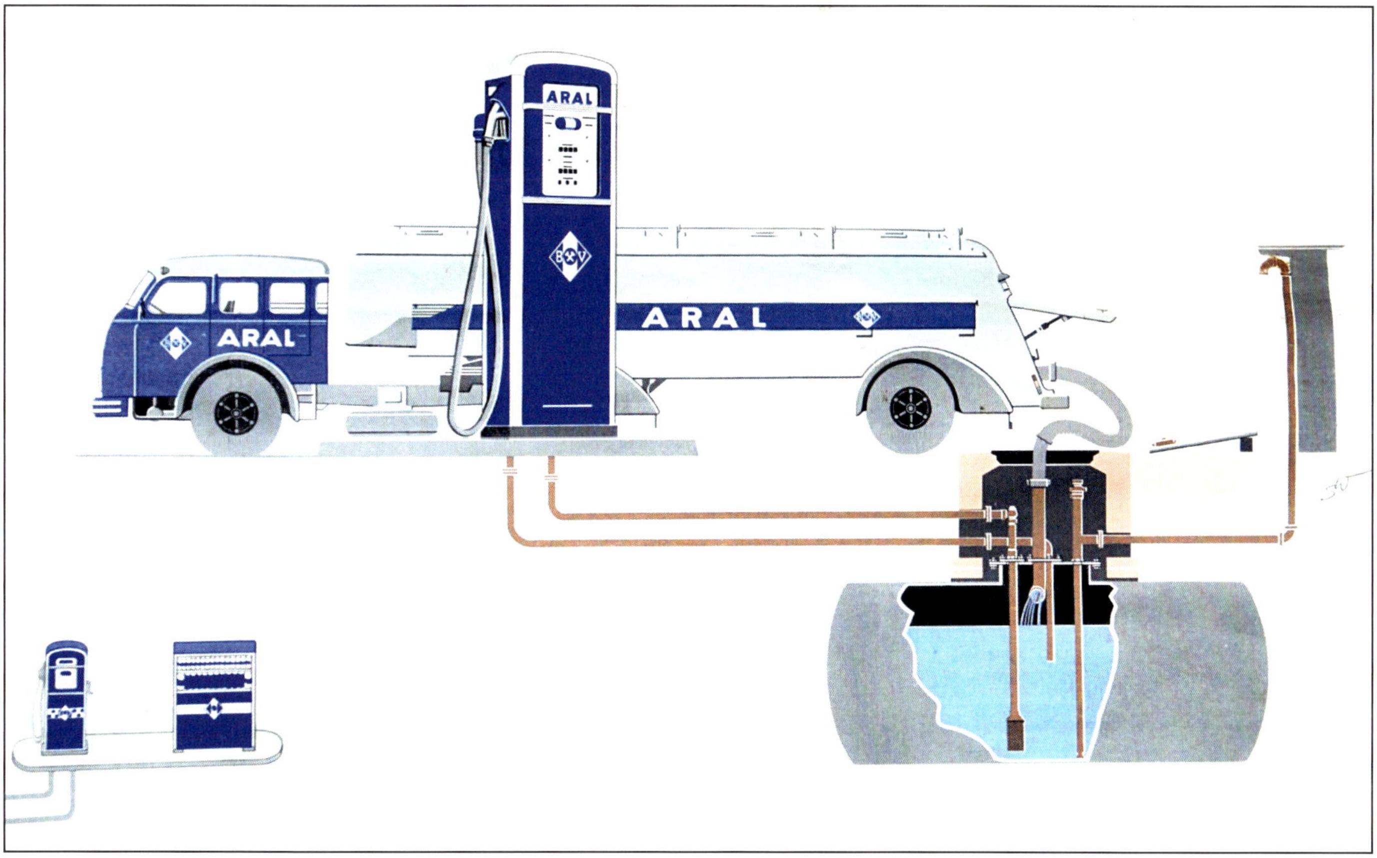

Ohne Tankwagen funktioniert nichts! In zahlreichen Beschreibungen darf die logistische Anbindung der Station an die Mineralölgesellschaft in der Darstellung nicht fehlen. Damit dokumentieren die Verantwortlichen gern, wie komplex die Kraftstoffversorgung ist. Der Sprit kommt eben nicht allein aus der Zapfpistole.

ziger bis in die Sechzigerjahre hinein vielfach verwendeten Tanksattelzüge mit Inhalten bis zu 20.000 Litern haben mit den Solowagen der 22-Tonnen-Gewichtsklasse eine starke Konkurrenz bekommen. Diese neuen, kompakten und großvolumigen Solotankwagen, die insbesondere in verkehrsdichten städtischen Gebieten leicht operieren können, werden meist auf der Basis von zweiachsigen Solofahrzeugen entwickelt, denen man eine Schlepp-Tragachse hinzugefügt. Die Entwicklung dieser Schleppachsfahrzeuge ist nicht ganz frei von Schwierigkeiten, insbesondere im Hinblick auf die Fahreigenschaften. Das veranlasst einige Tankaufbauhersteller dazu, dem normalen Dreiachser mit zwei angetriebenen Hinterachsen den Vorzug zu geben. Andererseits verfügt der Dreiachser mit Schleppachse seinerzeit über günstige wirtschaftliche Aspekte. Tanksattelauflieger mit Inhalten von 30.000 Litern und mehr, so viel ist zum Ende der Sechzigerjahre abzusehen, werden den Fernverkehr im Folgejahrzehnt prägen und beim Mineralöltransport für die größten Einsatzradien zuständig sein. Dass man dabei immer weiter unter die 200-Kilometer-Strecke rutscht, liegt vornehmlich an der Verdichtung der großen Tanklager und Raffineriekapazitäten im Bundesgebiet. Hinzu kommt, dass im Verlauf der Sechzigerjahre die großen Ölpipelines in Betrieb genommen werden, die in der Bundesrepublik eine reibungslose Versorgung der Ballungszentren gewährleisten. Die Tanksattelzüge übernehmen sozusagen die Funktion der vorgeschobenen Rampe und schließen die Wegstrecke vom Brückenkopf zum Absatzmittler und Großverbraucher.

Brennbare Flüssigkeiten, das hat der Gesetzgeber nach spektakulären Unfällen in den Sechzigerjahren erfahren müssen, können jederzeit zur Gefahr für Mensch und Um-

Letztlich wünscht sich der Autofahrer einen freundlichen Tankwart, der anfangs das Befüllen des Autotanks übernimmt und überdies gern mit Rat und Tat zur Seite steht.

Aufklärung muss sein. Der Benzol-Verband bündelt in den Sechzigerjahren sein unternehmerisches Engagement unter dem Markennamen Aral, dem Namen, den die Autofahrer als Kraftstoff kennen. Dass sich im Hintergrund große Investitionen ereignen, sollen zumindest die Interessierten wissen.

Wer Tankwart ist, der stellt etwas dar. So ist der Stationsbesitzer stolz auf seine Lehrjungen, wenn sie sich im Umgang mit dem Kunden gut machen. Das Kraftstoffgeschäft soll sich lange Jahre auf die persönliche und zwischenmenschliche Beziehung zwischen Kunde und Tankstellenpersonal stützen.

welt werden. Je größer die Ladung, umso größer ist auch die Gefahr beim Auslaufen. Aus diesen Gründen werden die brennbaren Flüssigkeiten frühzeitig nach Gefahrenklassen eingeteilt und passend dazu transporttechnische Bedingungen ausgearbeitet. So handelt es sich bei der Klasse A I um Medien, deren Flammpunkt unter 21 °C liegt. Dazu gehören Benzol, Benzin, Lack und Verdünnungen. Zur Gefahrenklasse A II gehören Medien, deren Flammpunkt zwischen 21 und 55 °C liegt, wie Petroleum oder Butanol. Die Klasse A III schließt Flüssigkeiten ein, bei denen der Flammpunkt zwischen 55 und 100 °C liegt, wozu Dieselkraftstoff sowie leichtes und schweres Heizöl zählen. Einer noch niedrigeren Klasse B gehören Medien an, deren Flammpunkt unter 21 °C liegt, die jedoch wasserlöslich sind.

Mit der weitergehenden Spezialisierung von Gefahrguttransporten müssen auch die Hersteller reagieren, denn der Transport von Bitumen und chemischen Gütern unterliegt weiteren besonderen Bestimmungen. Auch die Messarmaturen von Tankwagen müssen als wichtige Baugruppe strenge Bestimmungen erfüllen. Grundsätzlich darf der Verkauf von Heizöl und Benzin an den Endverbraucher nur mit geeichten Messanlagen erfolgen. Jede Messanlage wird deshalb neben der Baumusterprüfung noch einer Abnahme durch das zuständige Eichamt unterworfen. Es versteht sich von selbst, dass sich die Größe und Leistungsfähigkeit der Messarmatur nach der Größe des Tankwagens richten muss. Bei den Großtankwagen liegt die Entleerleistung damals bei etwa 700 Litern. Wesentliche Bestandteile jeder Messarmatur sind der Gasmessverhüter und die Zähluhr, die regelmäßiger Kontrolle und Wartung bedürfen. Der Gasmessverhüter sorgt dafür, dass die Zähluhr nur mit blasenfreiem Gut beliefert wird.

Ein wesentlicher Gesichtspunkt bei der Beurteilung von Tankwagen ist der Antrieb der Förderpumpen. Da die Aggregate mit Drehzahlen zwischen 1.200 und 1.400 U/min angetrieben werden müssen, kommen Nebenantriebe, wie sie bei anderen Lkw-Spezialisten angewendet werden, nicht infrage, da sie nicht die notwendige Übersetzung erbringen. Man zieht deshalb hydrostatische Ölantriebe vor, bei denen die Pumpe im Armaturenschrank des Sattelaufliegers verbaut und über einen ständig mit der Ölpumpe am zentralen Nebenantrieb verbundenen Schlauch betrieben wird. Zu den Armaturen gehören außerdem noch Vollschlauchhaspelanlagen und bei Bedarf Einrichtungen, die beim wechselnden Transport verschiedener Flüssigkeiten in den Kammern des Tankwagens eine einwandfreie Entleerung der Messarmatur von dem jeweils vorhergehenden Medium gewährleisten. Sicherheit geht vor. Deshalb ist es nur allzu verständlich, dass sich bei den Mineralölgesellschaften

Mit der Umwidmung von Gasolin und der Integration aller Tankstellen und Tanklager in das Netz von Aral, stirbt eine stolze Marke innerhalb weniger Monate. Die Gasolin-Tankwagen fahren wenige Tage nach der Entscheidung im Sommer 1971 schon mit überklebten Markenzeichen zu den Stationen, wo ebenfalls auf den rot-weißen Tanksäulen der blau-weiße Aral-Diamant prangt.

Die Marke Avia wird vor allem durch regionale Mineralölhändler ins Land getragen. Sie haben meist mehrere Tankstellen zur Belieferung unter Vertrag. Wenig verwunderlich, dass in Ulm der Magirus-Rundhauber die Versorgung sicherstellt.

besondere Vorschriften durchgesetzt haben, nach denen dort grundsätzlich Tankwagen nur für ein einziges Medium eingesetzt werden. Ausnahmen finden Akzeptanz, sofern für jedes dieser Transportmedien eine besondere Messarmatur vorgehalten wird. Gerade in den Fünfziger- und Sechzigerjahren bringen die Hersteller ihre Messarmaturen bevorzugt am Heck des Tankwagens in einem mannshohen Armaturenschrank unter. Der Vorteil: Beim Befüllen kann der Fahrer unter der nach oben aufgestellten Schrankabdeckung auf einem wettergeschützten, trockenen Plätzchen verweilen. Seitliche Armaturenschränke finden erst nach und nach ihre Marktdurchdringung, weil sie verständlicherweise gewisse Nachteile mit sich bringen, wenn es um die Platzierung des Tankwagens zur Entleerung geht. Was in den Sechzigerjahren noch als Alltagsproblem gilt, soll sich ein Jahrzehnt später auflösen. Denn die neue Tankstellengeneration hat sich bereits baulich darauf eingestellt. Aufwendiges Rangieren der immer größer gewordenen Sattelzüge muss

1931 1946 1957 1974 1998

Von den Anfangsjahren 1931 entwickelt sich die in der Schweiz gegründete Marke dynamisch weiter. Aus dem Propeller von 1946 entsteht mit dem Relaunch 1957 ein aufstrebender Pfeil. 1974 konzentriert man sich auf den Markenschriftzug. Alle Mineralölmarken machen in den Nachkriegsjahrzehnten die Evolution der Aktualisierung durch.

auf dem Gelände vermieden werden. Das Manövrieren rund um die Tankinseln herum gilt als störend und hinderlich. Stattdessen werden Durchfahrtslösungen bevorzugt. Auch in Sachen Konstruktion gelingen evolutionäre Schritte. Der kreiszylindrische Tank zählt von Beginn des Tankwagenbaus an zu den Favoriten und gilt seither naturgemäß als einfachste Bauart. Sein Durchmesser ist nicht nur durch die Fahrzeugbreite beschränkt, sondern ebenso durch die Fahrzeughöhe. Dementsprechend sind die Hersteller in der Frühphase versucht, durch eine maximale Länge das bestmögliche Volumen zu erreichen. Kreiszylindrische Tanks nutzen deshalb den zur Verfügung stehenden Fahrzeugquerschnitt nicht ganz aus und haben überdies eine sehr hohe Schwerpunktlage, die die Fahreigenschaften durch große Seitenneigungen nachteilig beeinflusst. Erschwerend kommt die ungünstige Schwallneigung des transportierten Mediums hinzu. Lediglich Drucktanks baut man vorzugsweise mit kreiszylindrischem Querschnitt, wegen der gleichmäßigen Beanspruchung der Außenhaut. Da in diesen Fällen ohnehin meistens schwere Flüssigkeiten transportiert werden, ist das Raum- und Schwallproblem nicht so groß. Die natürliche Weiterentwicklung des kreiszylindrischen Kessels führte schon in

Bei Oest ist der Mercedes-Benz-Tankauflieger schon früh in den Markenfarben unterwegs. Die Avia-Pioniere Oest und Wagner gründen 1953 die Deutsche Avia Mineralöl GmbH und sorgen schließlich für eine erfolgreiche Expansion, der angeschlossenen, ausnahmslos mittelständischen Händler.

Mut zur Farbe, dem Garanten für Aufmerksamkeit! Der VW T1 kann im Straßenbild nicht übersehen werden. Avia hat die Rot-Weiß-Schraffur als stilistisches Gestaltungselement in seinen Markenauftritt implementiert.

Vorkriegsjahren zum Koffertank, bei dem die gesamte Fahrzeugbreite ausgenutzt werden kann. Dadurch konnte sowohl ein großer Tankquerschnitt als auch eine niedrige Schwerpunktlage erzielt werden. Die weite Verbreitung der Bauformen führte bei den Traditionsherstellern früh zum Erkenntniszugewinn. Denn die Schwallbewegungen bei nicht ganz gefülltem Tank bringen eine unerwünschte Beanspruchung der fast ebenen seitlichen Kofferflanken mit sich. So folgt in den Nachkriegsjahren die Entwicklung des Ellipsentanks, der keine geraden Flächen mehr besitzt. Die auf den ersten Blick scheinbar ideale Querschnittform bedeutet jedoch gegenüber dem Koffertank Querschnittsverkleinerungen, sodass besonders großvolumige Tanks für den Benzintransport entsprechend lang ausgebildet werden müssen. Weitere Überlegungen der Konstrukteure zielen fortan darauf ab, wie man bei gleichem Transportvolumen eine kürzere Tanklänge und zugleich einen möglichst tiefen Schwerpunkt erreichen kann. So entstehen erste Keilkoffer, die als Neukonstruktionen in der Regel von vorn nach hinten einen sich stetig vergrößernden Kofferquerschnitt haben. Weitere Möglichkeiten zur Absenkung des Schwerpunkts bei gleichzeitiger Vergrößerung des Querschnitts ergeben sich alsbald aus der Konstruktion des Doppelkeilkoffers. Wie auch bei doppelkonischen Tanks, besitzen sie ihren größten Querschnitt im mittleren Bereich. Die wenigen Hersteller machen verständlicherweise im frühen Stadium per Patent Schutzrechte geltend, sodass der in den Sechzigerjahren übliche Nachahmeffekt der Branche gebremst wird. Da die Keilkofferformen damit einigen wenigen Herstellern patentrechtlich vorbehalten sind, bemühen sich andere um neue Lösungen. Man findet den abgekröpften Koffer-Ellipsentank, der bei seiner Vorstellung mit einem Maximum an Schwerpunktabsenkung überrascht. Sein Bauprinzip ist einfach, aber effektiv: Ein abgekröpfter Koffer-Ellipsentank besitzt über den größten Teil seiner Länge einen gleichbleibenden Querschnitt und ist vorn, kurz

Viel Lack, aber auch viel Chrom gehören mit dazu, wenn die Tankauflieger den Hersteller verlassen. Schmitz-Anhänger aus Altenberge baute den Tankauflieger mit aufwendiger Karosseriearbeit und oppulentem Zierrat.

Der Mercedes-Benz-Kurzhauber soll alsbald seinem Vorgänger in der Alltagspräsenz in nichts nachstehen.

vor der Sattelkupplung, auf eine flachere Ellipse regelrecht abgekröpft. Unabhängig vom Werkstoff für den Tank, der nicht nur nach Gesichtspunkten der Gewichtsverminderung ausgewählt wird, entwickelt sich das Verhältnis vom Inhalt zur Oberfläche des Kessels immer günstiger.

Der verwendete Werkstoff wird im Tankwagenbau fortwährend durch zwei Gesichtspunkte bestimmt. Einmal müssen sich die transportierten Medien mit dem Tankwerkstoff vertragen, es sei denn, man verwendet entsprechende Schutzanstriche wie eine Brennlackierung oder Legierungen. Zum anderen strebt man natürlich ein möglichst geringes Leergewicht an, um viel Nutzlast transportieren zu können. Kein Wunder also, dass in den Sechzigerjahren in zunehmendem Maße Leichtmetall-Tankwagen – besonders für den Benzintransport – gebaut werden. Während die Hersteller mit Stahl die größten

Der Armaturenschrank mit mächtiger Heckklappe hat für den Tankwagenfahrer einen praktischen Vorteil. Wenn es regnet, hat er eine ideale Unterstellmöglichkeit, um während des Befüllens im Trockenen zu verweilen.

Im Schatten des Ulmer Münsters, das auch für das Markenzeichen von Magirus Pate stand, präsentiert die Mineralölhandlung Bantleon ihren Fahrzeugpark. Dazu gehören Tankwagen, aber auch angestammte Pritschenwagen für Festbrennstoffe – allesamt aus Magirus-Produktion.

Stadler in Neu-Ulm baut gleich mehrere Auflieger für Avia. Sowohl der Magirus-Rundhauber als auch der Frontlenker finden als Zugmaschinen Verwendung.

In den Sechzigerjahren sind die Volumina mächtig angewachsen, sodass auch neue Auflieger mit größerem Transportvolumen – wie hier von Mobil – auf die Straßen geschickt werden.

Der einachsige Auflieger in Piepmeyer-Farben (o.) steht noch für das auslaufende Karosseriedesign der Omnibusbauweise. Zahlreiche Marken profilieren sich über die Fahrzeuglackierung ihres Fuhrparks. Die Auflieger erfreuen sich gerade in den Werbeabteilungen der Mineralölgesellschaften großer Beliebtheit, weil dort ein ausdrucksvolles Bild der Markendifferenzierung gezeichnet werden kann.

Erfahrungen haben, versucht man auch mit diesem Traditionswerkstoff leichter zu bauen. So finden hochwertige Bleche vor allem bei Drucktanks ihren Einsatz. Edelstähle der Qualitäten V2A und V4A kommen für Tankkessel infrage, die Lebensmittel, Genussmittel oder aggressive Güter zu transportieren haben. Auch Leichtmetall wird häufig unter dem überwiegenden Gesichtspunkt der Korrosionsunempfindlichkeit eingesetzt. In den Sechzigerjahren erfährt der damals neue Werkstoff Constructal Aktualität, da er eine kupferfreie Aluminiumlegierung mit Zink gewährleistet, die ungewöhnlich hohe Festigkeitseigenschaften erreicht. Ein 30.000-Liter-Kessel kann bei Verwendung von Constructal mit vier statt sechs Millimeter Wandstärke gebaut werden, was eine beträchtliche Gewichtsersparnis bringt und den Bau solch großer Rauminhalte bei begrenztem Gesamtgewicht erst möglich macht. Und noch etwas kommt damals im Tankwagenbau neu hinzu: Der seinerzeit jüngste Werkstoff soll sich als glasfaserverstärkter Kunststoff (GFK) einen Namen machen. Er erhält aufgrund seiner hohen Festigkeit bei geringstem Gewicht auf Anhieb große Beachtung, zumal er in preislicher Hinsicht schnell zu einem harten Wettbewerber vieler Metalle wird. Vor allem die Feuerwehren sind es, die in den Siebzigerjahren bei ihren Lösch- und Tanklöschfahrzeugen von Stahl- auf GFK-Tanks umsteigen und damit die Gewichtsvorteile bei den ohnehin immer an der Gesamtgewichtsgrenze kratzenden Einsatzfahrzeugen zu nutzen wissen.

Die Frage, ob man einen Tankwagen freitragend oder nicht freitragend bauen soll, sorgt in den Sechzigerjahren für reichlich Diskussionsstoff. Strüver in Hamburg feuert die Diskussion durch seine Monotank-Baureihe an. Dabei wird die Grundsatzfrage nicht allein von der Werkstoffseite beantwortet, sondern vielmehr von den konstruktiven Überlegungen der Herstellungsvereinfachung. Denn der Verzicht auf ein Fahrgestell liegt auf der Hand, verfügt doch der Tankkessel selbst über eine hohe Eigenfestigkeit, sodass letztlich der ihn tragende Rahmen entfallen kann. Einzige Voraussetzung: Der Hersteller muss ausgesprochen versiert an Konstruktion und Bau herangehen und um die Eigenarten und Tücken des freitragenden Fahrzeugbaus wissen. Kurzum gilt seinerzeit die Leitlinie:

Der Konstrukteur eines selbsttragenden Aluminiumtankwagens muss einen ausgeprägten Leichtmetallverstand besitzen. Nur wenn er diese Maßgabe erfüllt, kann zu guter Letzt mit einer gleichen oder besseren Gesamtwirtschaftlichkeit gegenüber bewährten Stahlkonstruktionen gerechnet werden. Die Gebrauchstüchtigkeit jedes selbsttragenden Tankwagens hängt damals in starkem Maße davon ab, mit welchen Achsaggregaten und mit welchen Zugmaschinen er verbunden wird. Gerade bei der freitragenden Komplettkonstruktion stellt der Tank eine absolut biege- und drehsteife Röhre dar, die im Gegensatz zu normalen Fahrzeugrahmen keinerlei elastische Verformungen aufnehmen kann. Deshalb kommt dem Bau der Anschlüsse für die Sattelkonstruktion und die Achsaggregate große Bedeutung zu, da hier große Kräfte aus der Röhre übergeleitet werden müssen. Die drehsteife Röhre verlangt eben auch, dass alle Unebenheiten der Straße und Niveauveränderungen in Querrichtung ausschließlich von den Achsen ausgeglichen werden müssen. Je härter diese Veränderungen sind, umso größere Beanspruchung gelangt durch Fahrbahnstöße und durch Verdrehungen des ganzen Zuges in den Tank. Um speziell Torsionsbeanspruchungen zu vermindern, hat man beispielsweise oberhalb der Sattelkupplung noch ein Längslager zwischen Tank und Königszapfen eingebaut, damit gegen Gummifedern oder gegen veränderliche Tellerfedern Rollbewegungen um die Längsachse des Tanks möglich sind. Die Herausforderungen bleiben auch in den Siebzigerjahren groß. Allerdings ist absehbar, dass sich eine weitere Standardisierung ergeben muss, um schon in der Produktion Kostenvorteile zu erreichen. Denn ein historischer Einschnitt soll die Wende einleiten: Mit der Ölkrise beginnt ein wehes Bangen um die Zukunft von Markt, Verbraucherakzeptanz und letztlich auch Stückzahlen im Tankwagenbau. Die Hersteller geraten zunehmend unter Druck, nachdem die Auslastung der Kapazitäten mangels Nachfrage schlichtweg nicht möglich ist. Mehr noch. Die ersten Hersteller geraten ins Wanken. Schon ist absehbar: Einige wird es die Zukunft kosten.

Die Tankformen wandeln sich ganz nach den Bedürfnissen der Kunden. Der elliptische Tankdurchmesser sorgt vor allem für einen niedrigen Schwerpunkt, was dem Fahrverhalten des Tankaufliegers entgegenkommt.

Aral vollzieht zur Mitte der Sechzigerjahre eine deutliche Aktualisierung seines Markenauftritts (o.). Das Bild des Schriftzugs wird dominanter und auf weißer Fläche kontrastreicher präsentiert, das Blau erfreut sich einer sympathischen Aufhellung.

DIE REISELUST DER MENSCHEN BEDARF KLUGER KRAFTSTOFF-LOGISTIK

Eile auf dem Rollfeld, damit Deutschland im Luftverkehr mithalten kann

Die westlichen Besatzungsmächte haben nach 1945 ein originäres Interesse daran, die Flughäfen in der britischen, amerikanischen und französischen Zone schnell wieder nutzbar zu machen. Die militärische Infrastruktur muss funktionieren, der zivile Luftverkehr erhält eine nachgeordnete Bedeutung. Das erste nichtmilitärische Flugzeug am Frankfurter Flughafen nach dem Zweiten Weltkrieg ist eine DC-4 der American Overseas Airlines, die im Mai 1946 landet. 1947 gründet sich die Verkehrsaktiengesellschaft Rhein-Main (VAG), um die Betriebsbereitschaft wiederherzustellen. Wie politisch wichtig und letztlich sogar existenziell das Vorhandensein funktionsfähiger Flughäfen ist, zeigt sich wenig später. Als die Sowjetunion nach politischen Differenzen mit den Alliierten die Straßen- und Eisenbahnverbindungen nach West-Berlin kappt, beginnt am 26. Juni 1948 die legendäre Berliner Luftbrücke (»The Berlin Airlift«) zur Versorgung der Berliner Bevölkerung aus der Luft. Neben den Flughäfen in Hamburg und Hannover gilt die Frankfurter Rhein-Main-Airbase als Hauptbasis der alliierten Flugzeuge. Sämtliche Versorgungskapazitäten werden zusammengezogen, auf den Flughäfen stehen Tankwagen – auch aus den Militär-Facility zusammengezogen - in Kolonnen bereit, um während der Beladung der Flugzeuge zugleich die Betankung sicherzustellen. Bis zum 12. Mai 1949 wird der Westen Berlins ausschließlich aus der Luft versorgt. Jedenfalls sind die Weichen gestellt, zum Wiederaufbau der Westzonen alle Kraft in die Revitalisierung der Flughafen-Infrastruktur zu stecken.

Spätestens 1951 mit der Freigabe des Luftverkehrs über bundesdeutschem Raum haben die Alliierten die Organisation des Flughafenbetriebs wieder aus der Hand gegeben. Schon jetzt ist erkennbar, dass sich angesichts der wachsenden zivilen Luftfahrt in den europäischen Nachbarländern die Bewegungen auch auf deutschen Flughäfen deutlich vermehren werden. Außer in Berlin-Tempelhof, wo die Alliierten aufgrund des Viermächtestatus weiterhin die Regie führen, gehen in den Fünfzigerjahren die größten Flughäfen innerhalb weniger Monate ans internationale, regionale Standorte ans innerdeutsche Streckennetz. Die wichtigsten Airports sind Frankfurt, Hamburg, Düsseldorf, Köln, Stuttgart, Nürnberg und München. Überall das gleiche Bild: Es wird technisch aufgerüstet! Angesichts der in den Fünfzigerjahren landenden Passagiermaschinen bedarf es überall größerer Lager- und Transportkapazitäten für Flugkraftstoff. Esso, BP und Shell zögern

Monatliche Prüfungen

Monat: Sept. 1960

Zählerleistung: Abgabe links / Abgabe rechts — l/min. — Rücksaugen: l/min.

Zählerfehler: Abgabe links / Abgabe rechts — % — Rücksaugen: %

Unterpflege: 13. 9. 60

Schlauchdruckprobe

Batteriedienst: 7.9.60 13.9.60 20.9.60

Reifenzustand: 55 % — Säure gespindelt: ja

Alle Keilriemen: i.O.

Motoreinstellung: i.O.

Tankbefestigung: i.O. — Federn: i.O.

Feuerlöscher zur Prüfung fällig: Oktober 60 — Achsen: i.O.

Ölstände:
a) Schaltgetriebe ✓
b) Nebengetriebe ✓
c) Nebenantriebe ✓
d) Differential ✓
e) Lenkung ✓
f) Einspritzpumpe ✓
} i.O.

Besondere Bemerkungen über festgestellte Mängel und deren Beseitigung:
20.–28.9. Inspektion durch Vertrags-Werkstatt Türen abgedichtet, Ladetür und Motorhaube repariert

Rottmann
Ausführender

Vinnrinn
Der BP-Stationsleiter

Auf den Flughäfen der Bundesrepublik wird schon in den Fünfzigerjahren bei der Kraftstoffversorgung mit größerem Maß gemessen. Auf dem zentralen Flughafen von Berlin in Tempelhof (o.) haben die Amerikaner das Sagen. Nach mehrjähriger militärischer Nutzung geben sie 1951 den Airport für den zivilen Luftverkehr frei. Dort werden gleich von Beginn an die ersten Flugfeldtankfahrzeuge beschafft, um dem wachsenden Flugaufkommen gerecht zu werden. In Hamburg (r.) kann »Haus- und Hoflieferant« Strüver die Tankfahrzeuge bereitstellen.

AIR BP

BP BENZIN UND PETROLEUM AKTIENGESELLSCHAFT
Zentrale: Hamburg 1, Steinstraße 7

RELEASE CERTIFICATE (A. R. B.)

Die Übernahmebescheinigung

Die Übernahmebescheinigung (Tankquittung)

Dieses Formular ist die Quittung dafür, welche Mengen an Flugkraftstoff, Methmix und Öl Sie ausgegeben haben. Der Kunde muß nach dem Betanken den Empfang mit seiner Unterschrift bescheinigen. Da Flugkraft- und Schmierstoffe zoll- und steuerfrei abgegeben werden, kommt dieser Bescheinigung besondere Bedeutung zu. Denken Sie deshalb bei allen Abgaben in Flugzeuge oder bei Verkäufen in Gebinden gegen gültigen Zollerlaubnisschein stets an die von Ihnen unterschriebene Verpflichtung zur Einhaltung der Überwachungsbestimmungen des Hauptzollamtes. Sie sind zu absolut redlicher Abwicklung aller Hantierungen verpflichtet und riskieren Ihre Stellung bei jedem Verstoß! Schalten Sie daher bei jedem Zweifel Ihren Vorgesetzten ein.

Wenn die Tankzüge – hier ein Exportfahrzeug von Haller – zum Flugzeug rollen, geht es zu wie bei der Belieferung der Tankstellen im Land. Mit der Übernahmebescheinigung quittiert die Crew, dass sie die entsprechend georderten Flugkraftstoffmengen erhalten hat, sozusagen eine Auftragsbestätigung für die Männer von Air BP. Die Dokumentationspflicht gehört zu den wichtigsten begleitenden Aufgaben des Flugtankwarts.

nicht lange und investieren kräftig. Auf den Airports vergrößern sie ihre Tanklager und beschaffen neue, vor allem größere Flugfeldtankfahrzeuge. Zuvor hatten die Alliierten angesichts der dringenden Notwendigkeit neuer Fahrzeuge, notwendige Tankwagen entweder aus eigenen Beständen bereitgestellt oder aber den bevorzugten Mineralölgesellschaften wie der Esso mit ihren amerikanischen Wurzeln oder BP aus Großbritannien die Verantwortung übertragen, um eine reibungslose Versorgung mit Flugkraftstoff zu gewährleisten. Vielerorts sind Fahrzeuge aus US-Produktion im Einsatz, ihre Tankkapazität geht selten über 15.000 Liter hinaus.

Auf dem glänzenden Linoleumboden im Konstruktionsbüro von Strüver Tankwagenbau in Hamburg stehen ein Dutzend Reißbretter hintereinander – die Konstrukteure in Groß Borstel wissen das helle Tageslicht, das von der Hofseite durch die Fenster hereinbricht, zu schätzen. Über 50 Zeichnungen sind für jedes Fahrzeugprojekt erforderlich, ehe der Tankwagen dann gleich nebenan in Bau gehen kann und schließlich für das Leistungsspektrum seines Auftraggebers fertiggestellt ist. Die Produktion läuft auf vollen Touren. Zwar machen die großen Straßentankwagen in den Fünfzigerjahren das Stückzahlengeschäft aus, doch die Nachfrage nach Sonderfahrzeugen für die Flughäfen nimmt deutlich an Fahrt auf. Dabei sorgen gerade mal zwei Vertriebsleute dafür, dass man den Kontakt zu den Kunden hält. Zwar machen die Tankwagenbauer in den Fachzeitschriften für Unternehmen Werbung, doch jeder der Tankwagenbauer weiß in jenen Jahren, dass es ein Verkäufermarkt ist. Die Nachfrage nach Fahrzeugen ist einfach größer als das Angebot an Produktionskapazitäten, was die Projektkalkulation für alle Beteiligten wirtschaftlich macht. Die Margen sind anhaltend gut und auskömmlich. Das gilt insbesondere für Neuentwicklungen wie bei den angefragten Tankwagen, die mit erhöhtem Tankvolumen und Pumpenleistung auf dem Flughafenvorfeld autark für die Betankung sorgen sollen.

Wenn der Airservice der Mineralölgesellschaften ein oder mehrere Flughafentankfahrzeuge benötigt, ruft er in jenen Wiederaufbaujahren kurzerhand bei einem der marktbekannten und meist flughafennahen Anbieter an. Und die sind, wenn es um dieses recht junge Einsatzgebiet geht, sehr begrenzt. So stellt Strüver als frühe Spezialversion einen Flugfeldtankwagen auf Econom-Fahrgestell für Shell mit einem Fassungsvolumen von 10.500 Litern bereit. Dass damit erst der Anfang gemacht ist, zeigen die nachfolgenden Flugfeld-Tanksattelauflieger, die anfangs mit der Hauber-Zugmaschine des Mercedes-Benz L 6600 und dann mit dem Frontlenker des Mercedes-Benz LP 315 eingesetzt werden. Sie können bereits 18.000 Tonnen Flugtreibstoff zur Tragflächenbetankung bringen. Clipper nennt Strüver seine Baureihe, die das gesamte Propellerzeitalter Bestand hat und mit unterschiedlichen Zugmaschinen auch in die europäischen Länder geliefert wird. Neben Strüver hat sich Haller in Stuttgart-Feuerbach bereits in Vorkriegsjahren einen guten Namen gemacht, weil man am heimischen Airport die ersten Tankfahrzeuge lieferte und bereits dort eine ausgewiesene Karosseriebau-Expertise hinterließ. Jetzt, als sich die Flughäfen in Deutschland wieder für den internationalen Luftverkehr aufstellen, müssen die Tankwagenbauer das Thema neu denken. Noch sind es die Kolbenmotoren der Propellertriebwerke, die mit Flugbenzin bedient werden müssen, Ende der Fünfzigerjahre stellt man sich bereits auf Kerosin ein, das als Flugkraftstoff für das beginnende Düsenzeitalter vom Tanklager des Flughafens zu den Maschinen gebracht werden muss.

EIGENE SICHERHEIT UND GESUNDHEIT

a) Auch wenn Sie meinen, lärmunempfindlich zu sein, müssen Sie in Ihrem Interesse die vorhandenen Lärmschützer bei der Vorfeldarbeit benutzen, um spätere Ohrenschäden zu vermeiden, die sich unbemerkt einstellen würden.

b) **Farbensichere Augen** sind für einen Tankwart unbedingt nötig, damit er die schwach gefärbten Kraftstoffsorten zuverlässig voneinander unterscheiden kann. Deshalb testet der Arzt bei Ihrer Einstellung die Augen auf Farbtüchtigkeit. **Kraftstoffspritzer im Auge** können zu Entzündungen führen. Sofort mit lauwarmem Wasser ausspülen, anschließend zum Arzt!

c) **Die Kombination** darf keine Taschen haben, oder sie müssen zugenäht sein. Taschen, mit denen man nirgendwo festhaken kann, verursachen auch keine Unfälle. Außerdem: Wenn man nichts einstecken kann, kann auch nichts herausfallen – z. B. in eine Tanköffnung hinein.

d) **Kraftstoff auf der Haut** kann zu Entzündungen führen. Die verbleiten Flugbenzine sind giftig. Man erkennt diese Sorten daran, daß sie gefärbt sind. Ist etwas davon auf die Haut gekommen, müssen Sie sich gleich mit Seife warm waschen, desgleichen bei Methanol-Spritzern. Tragen Sie Handschuhe! **Saubere Hände** beim Essen, Trinken oder Rauchen!

e) **Durchnäßte Bekleidung.** Ist die Bekleidung mit verbleitem Benzin durchnäßt, müssen Sie sich so schnell wie möglich umziehen.

f) **Spezialschuhe** mit öl- und benzinfester Sohle. Im Dienst dürfen Sie nur solche Spezialschuhe tragen. Sie sind rutsch- und funkensicher.

g) Benutzen Sie rechtzeitig warmes Unterzeug, Regenschutzbekleidung oder die Parkas. Sie vermeiden damit Erkältungskrankheiten. Gehen Sie nie ohne Mütze auf die Plattform; denn unsere Mannschaft soll überall und immer gleich gut aussehen.

Sicherheit muss sein: Air BP trägt mit einem umfangreichen Aufklärungskatalog dafür Sorge, dass sein Bodenpersonal auf den Flughäfen ausreichend risikobewusst und im Umgang mit dem Flugkraftstoff und seinen Gefahren geschult ist.

In Stuttgart sind vor Beginn des Düsenzeitalters noch Tankwagen aus US-Beständen im Einsatz. Es geht auf dem Flugvorfeld routiniert, zuweilen auch hemdsärmelig zu. Im Sommer wird das variable Verdeck kurzerhand geöffnet, um den leichten Wind in der prallen Hitze zu genießen.

In den Fünfziger- und Sechzigerjahren gibt es für die Flughäfen nur ein Zauberwort: Wachstum! Bereits am 1. April 1955 nimmt die Lufthansa den innerdeutschen Luftverkehr mit einer Sondergenehmigung auf. Von 1950 bis 1954 steigt allein in Hamburg-Fuhlsbüttel die Zahl der Fluggäste von 127.952 auf 452.843, im gleichen Zeitraum vervierfachen sich die Flugbewegungen von 11.788 auf 48.246. In der zweiten Hälfte der Fünfzigerjahre sollen die Weichen am Boden und am Himmel gestellt werden. Einen Monat nachdem die junge Bundesrepublik mit ihrer staatlichen Souveränität auch die Lufthoheit zurückerhalten hat, startet am 8. Juni 1955 die erste »Super Connie« der Lufthansa von Hamburg aus zu ihrem ersten transatlantischen Linienflug. 25.000 Liter fasst die Lockheed Super Constellation, als sie kurz zuvor vollgetankt wird. Ziel des Jungfernflugs auf der Transatlantik-Route ist zwar New York, doch mit Zwischenlandungen in Düsseldorf, dem irischen Shannon und auf Island kann ausreichend Flugkraftstoff nachgetankt werden, um die 17 Flugstunden zu absolvieren. Von da an fliegt die Lufthansa zweimal wöchentlich in die USA, ehe auf dreimal aufgestockt wird.

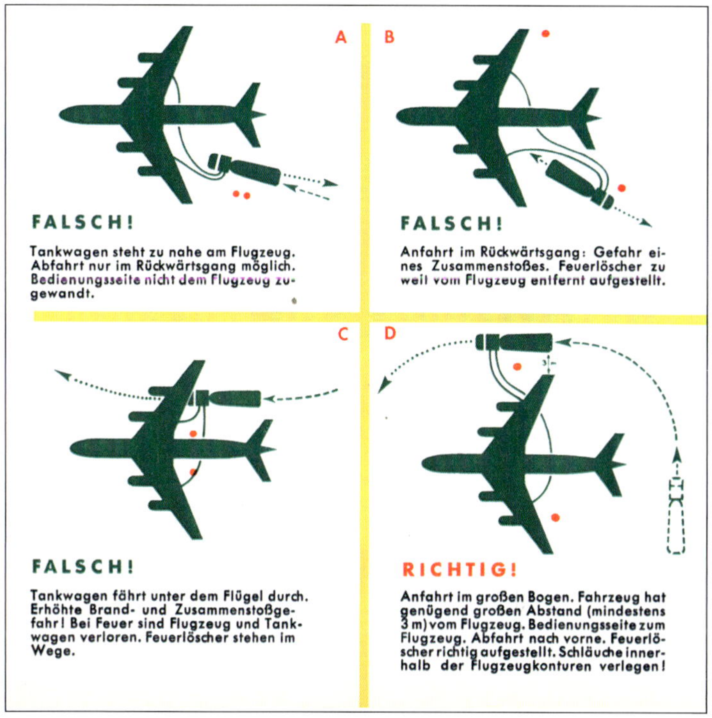

Auch wenn es – wie hier in Hannover (l.) – mal eng zwischen den Flugzeugen zugeht, gibt es ein verpflichtendes Regelwerk, wie die Anfahrt zu erfolgen hat. Es dreht sich alles darum, ein Höchstmaß an Sicherheit zu gewährleisten. Ein spezieller Anhänger wird anfangs eingesetzt, um Öl in den Kanistern sachgerecht transportieren zu können (u.).

Jedes Mal herrscht auf dem Flughafenvorfeld in Hamburg reges Treiben. Bereits beim Aufsetzen der Maschinen warten die Tankwarte vom BP-Airservice hinterm Steuer, um keine Minute zu verlieren. Sobald die Propeller stillstehen, beginnen sie mit den Vorbereitungen. Vorsicht ist für die Männer der Tankflotte geboten, denn die Hitze der Turbinen strahlt noch mächtig ab. Ab 1958 setzt die Lufthansa dann das damals modernste Großflugzeug, die Lockheed Super Star, auf den Strecken über den Nordatlantik ein. Im Herbst folgt der erste Linienflug des viermotorigen Turboprop-Flugzeugs Vickers Viscount – ebenfalls im Zeichen des Kranichs. Der Bedarf an Flugkraftstoff steigt von Jahr zu Jahr. Und auch auf dem Flughafen Fuhlsbüttel rollen immer mehr nagelneue Flugfeldtankfahrzeuge an. Es wird aufgerüstet – bei den Airports im ganzen Land und bei den Herstellern. Alles aus gutem Grund. Mehr als 25.000 Neugierige machen sich am 13. Oktober 1959 zum Gelände in Fuhlsbüttel auf, um die erste Landung eines Passagier-Düsenflugzeugs in der Stadt zu verfolgen – einer Boeing 707 der US-Fluggesellschaft PanAm. »Es war, als wäre das Rollfeld zum Superstadion geworden,

Vielfältige Sonderfahrzeuge bieten die Mineralölgesellschaften BP, Esso und Shell auf, um die Flugzeugbetankung schnell und sicher durchzuführen. Die weiteren Kraftstoffanbieter haben für das Betankungsgeschäft auf den Flughäfen damals keine Relevanz. Die Flugfeldtankwagen sind die Giganten der Kraftstofflogistik. Sie bringen bis zu 45.000 Liter zum wartenden Jet.

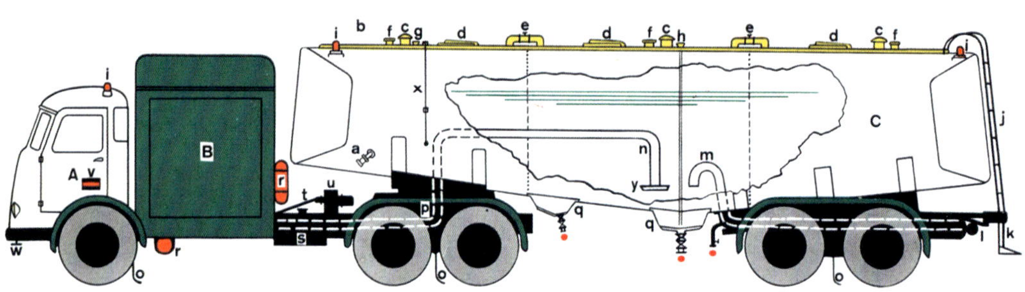

Flugfeldtankwagen Abb. 19

Länge: 16,40 m, Höhe: 3,60 m, Breite: 2,50, Leergewicht: ca. 20 t. **A:** Führerhaus – **B:** Pumpenraum (Bedienungsseite) – **C:** Tank in Doppelkeilform, selbsttragender Leichtmetallkörper mit drei Kammern.

a: Befüllstutzen zum Umpumpen – **b:** Laufgitter – **c:** Be- und Entlüftungsventil, regelt beim Befüllen und Entleeren des Tanks die Luftmenge. Die Ventileinstellung ist plombiert. Die Ventile dürfen nur geschlossen werden, wenn der Tankwagen umgekippt ist und der Kraftstoff ausläuft – **d:** Domdeckel – **e:** Absperrhahn der einzelnen Kammern – **f:** Überdruckventil – **g:** Füllungsanzeiger – **h:** Peilvorrichtung – **i:** Flugwarnleuchten – **j:** Leiter – **k:** Aufsteigetritte, dienen zum Mitfahren des Personals – **l:** Anschluß für Befüllung an der Tankanlage – **m:** Rohrleitung für Befüllung – **n:** Rohrleitung für Abpumpen – **o:** Erdungsstreifen, muß ständig eine Hand breit auf dem Boden aufliegen – **p:** Drehkranz – **q:** Wassersammelkasten – **r:** Feuerlöscher – **s:** Motortank – **t:** Pumpenantrieb – **u:** Getriebe – **v:** Kraftstoff-Kennzeichnungsschild – **w:** Notzug für Feuerlöschanlage – **x:** Notzug für Bodenventil – **y:** Saugpfanne

● – Zapfstellen für Wasserprobe

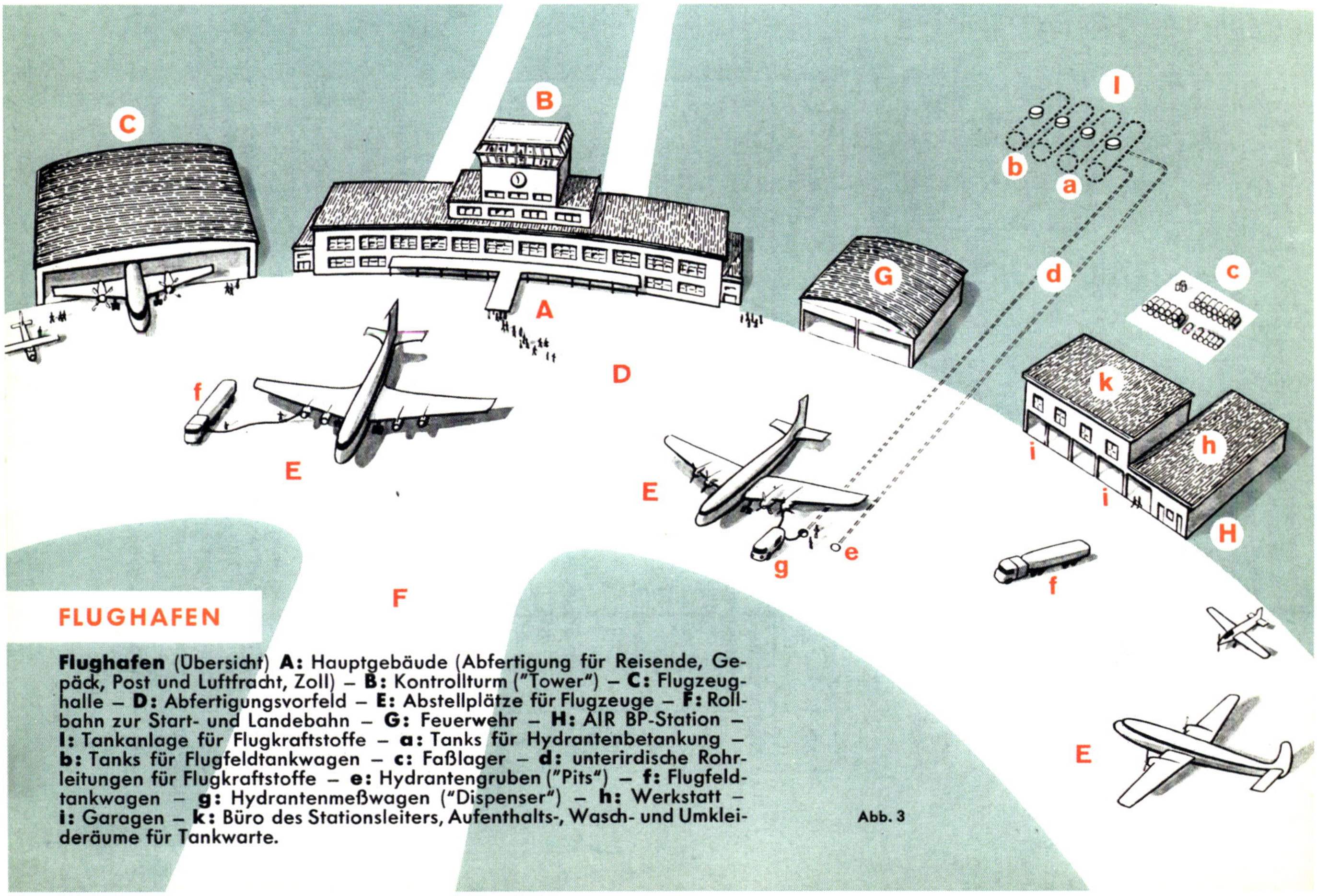

FLUGHAFEN

Flughafen (Übersicht) **A:** Hauptgebäude (Abfertigung für Reisende, Gepäck, Post und Luftfracht, Zoll) – **B:** Kontrollturm ("Tower") – **C:** Flugzeughalle – **D:** Abfertigungsvorfeld – **E:** Abstellplätze für Flugzeuge – **F:** Rollbahn zur Start- und Landebahn – **G:** Feuerwehr – **H:** AIR BP-Station – **I:** Tankanlage für Flugkraftstoffe – **a:** Tanks für Hydrantenbetankung – **b:** Tanks für Flugfeldtankwagen – **c:** Faßlager – **d:** unterirdische Rohrleitungen für Flugkraftstoffe – **e:** Hydrantengruben ("Pits") – **f:** Flugfeldtankwagen – **g:** Hydrantenmeßwagen ("Dispenser") – **h:** Werkstatt – **i:** Garagen – **k:** Büro des Stationsleiters, Aufenthalts-, Wasch- und Umkleideräume für Tankwarte.

Abb. 3

in dem das Fußball-Länderspiel des Jahres über den Rasen laufen würde«, schreibt das »Hamburger Abendblatt« damals über das Spektakel. Wenige Monate später, am 17. März 1960, beginnt für die Lufthansa mit dem Einsatz der eigenen Boeing B707 auf der Nordatlantikstrecke das Düsenzeitalter.

Rasch erkennen die deutschen Tankwagenhersteller, dass nicht nur die Mineralölgesellschaften für die Logistik ihres Tankstellen- und Heizölnetzes reichlich Nachholbedarf haben, weil der Markt rasant wächst. Auch durch den enorm wachsenden Flugverkehr und die immer größer werdenden Maschinen, die die deutschen Airports ansteuern, müssen größere Mengen von Flugbenzin und Kerosin zu den wartenden Maschinen gebracht werden. Natürlich sollen sich idealerweise größtmögliche Mengen im Tank mitführen lassen, damit die Verweildauer des Flugzeugs am Boden möglichst kurz gehalten wird. Die Vorschriften machen sehr deutlich, dass während des Tankvorgangs keine anderen Tätigkeiten rund ums Flugzeug vollzogen werden dürfen. Haller meldet bereits im Jahr

Die Flugzeugbetankung folgt den internationalen Regeln des Luftverkehrs. Nichts wird dem Zufall überlassen. Von der Tankstation aus werden die anliegenden Aufträge rasch abgearbeitet - Flugzeugbetankung nach Zeitplan (o.). Der Fahrzeugaufwand, der für eine funktionierende Logistik betrieben werden muss, ist beträchtlich. Allein Air BP hat in den Sechzigerjahren acht unterschiedliche Fahrzeugtypen in Bereitstellung, alles aufwendige Sonderanfertigungen. Für die Tankwagenbauer bedeutet der wachsende Luftverkehr immer größere Anforderungen an die Leistung und Kapazitäten der Fahrzeuge.

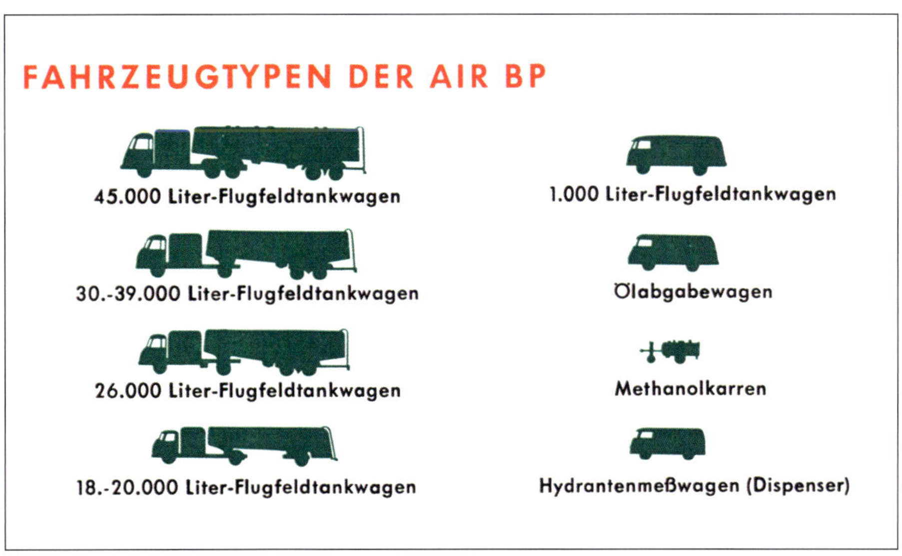

1958, dass in Stuttgart-Feuerbach der größte Flugfeldtankwagen aus der Fertigungshalle gerollt sei. Die Schwaben zeigen sich pfiffig und haben ihre Konstrukteure strikt lösungsorientiert angeleitet ein Fahrzeugsystem zu bauen, das sehr flexibel eingesetzt werden kann. So nutzt Haller für die Premiere ein Mercedes-Benz-Pullman-Fahrgestell, das hinter der Frontlenkerkabine einen Kofferaufbau erhält, in dem sämtliche Armaturen und natürlich auch das Pumpenaggregat untergebracht sind. Zugleich findet sich am Heck ein hilfreicher Lichtmast, der beim abendlichen oder gar nächtlichen Auftanken das Feld rings ums Flugzeug ausleuchtet. Im Schlepp des Zugwagens befindet sich der vierachsige Tankanhänger. Mit seinem Volumen von immerhin 50.000 Litern kann er von vorn und von hinten gezogen werden, sodass die Einsatzflexibilität keine Wünsche offenlässt. Bereits in der zweiten Hälfte der Fünfzigerjahre hat Haller perspektivenreiche Exportbeziehungen aufgebaut, um unterschiedliche Größen von Flugfeldtankfahrzeugen auf die Märkte von Europa und Übersee zu bringen. Auf dem zweiachsigen Fahrgestell des Mercedes L 315 bauen die Tankwagenexperten in zwei Modulen sowohl den Armaturenschrank und den dahinterliegenden 7.000-Liter-Tank auf. Eine dreiachsige Version bringt bereits 12.000 Liter Volumen auf das Flughafenvorfeld. Und es zeichnet sich immer mehr ab, dass genau diese Fahrzeuge nicht nur für zivile Flughäfen, sondern auch von Militärbasen geordert werden, die in Zeiten des Kalten Krieges neu entstehen. Tankwagen werden für die deutschen Hersteller immer öfter auch zum Rüstungsauftrag, der nicht selten in Tranchen mit hohen Stückzahlen abgearbeitet und ausgeliefert werden kann.

Schon 1960 haben die ersten Flugfeldtankfahrzeuge beachtlich an Volumen hinzugewonnen. Beim BP-Airservice laufen je nach Flughafengröße unterschiedliche Fahrzeuggrößen, darunter der 45.000-Liter-Großtanker. Unterhalb dieser Kategorie gibt es weitere Aufliegergrößen, die entweder zwischen 30.000 und 39.000 Liter fassen, aber auch eine 26.000-Liter-Version ist im Einsatz. Für den normalen Betrieb auf dem Abfertigungsvorfeld werden im unteren Leistungsbereich Flugfeldtankfahrzeuge zwischen 18.000 und 20.000 Litern betrieben. Kleinere Einheiten mit 5.000 bis 7.000 Litern dienen der Versorgung der Kleinflugzeuge von privaten Betreibern. Strüver in Hamburg gelingt es, ebenso rasch Fuß zu fassen wie Haller aus Stuttgart-Feuerbach und Ellinghaus aus Beckum. Der erste Henschel 185 T aus Hamburger Fertigung verfügt über ein dreiachsiges Lkw-Fahrgestell, auf dem gleich hinter der schmalen Frontlenkerkabine der Pumpenraum aufgebaut ist. Zur Kennzeichnung und Ausrüstung des Zugfahrzeugs gehört schon zu diesem Zeitpunkt das Kraftstoff-Kennzeichnungsschild pflichtgemäß auf die Fahrerhaustüren, aber auch die Flugwarnleuchte, die internationalem Standard entspricht, darf dachseitig nicht fehlen. Unterhalb des Pumpenraums befindet sich für den schnellen Zugriff ebenso ein Feuerlöscher wie hinter dem Aufbau. Zwischen Aufbau und Sattelplatte hat Strüver den Pumpenantrieb und das zugehörige Getriebe montiert. Zwischen den beiden hinteren Aufliegerachsen hängt der unerlässliche Erdungsstreifen, der nach BP-Vorschrift dauerhaft mindestens eine

Immer ein Lächeln auf den Lippen! Trotz Wind und Wetter lassen sich die Männer vom Bodenpersonal ihre Laune nicht verderben. Die Flugtankwarte haben immerhin eine tragweitenreiche Bedeutung als wichtiges, gar unerlässliches Bindeglied im internationalen Luftverkehr.

Mit Beginn des Düsenzeitalters stellen sich die Tankwagenhersteller Strüver, Ellinghaus, Schwelm und Haller auf die veränderten Anforderungen ein. Es geht darum, autarke Betankungseinheiten an die Flugzeuge zu bringen. Leistungsfähige Pumpen müssen her, um die großen Flugkraftstoffmengen in möglichst kurzer Zeit in die Tragflächen des Düsenjets zu pumpen.

8d

UNTERFLÜGELDRUCKBETANKUNG

Abb. 29 Unterflügeldruckbetankung

1 Schläuche abtrommeln, Schlaucherdung anklemmen und Schläuche anschließen. *
2 Steuerdruck auf richtige Einstellung bringen, z. B. Caravelle 50 p. s. i., Viscount Serie 700 35 p. s. i. (siehe hierzu Aviation Data Handbook!)
3 Absperrhahn der Abgabeleitung öffnen, Pumpenleistung mit Handgashebel steigern.
4 Schlauchkupplungen überwachen. Sollten sie lecken, Betankung sofort abbrechen.
5 Richtige Durchflußgeschwindigkeit einhalten.
6 Gegen Schluß Pumpenleistung drosseln, damit beim Abschalten der Kraftstoff keine Druckstöße erzeugt, die zu Beschädigungen des Abgabesystems oder der Flugzeugtanks führen können.
7 Zeigt der Zähler die geforderte Menge oder fließt nichts mehr: Absperrhähne schließen.
8 Schlauchkupplungen und Erdung lösen, Staubkappen aufsetzen. Der Tankwart **trägt das Schlauchmundstück zum Wagen zurück** und trommelt dann erst den Schlauch selbst auf (Schlauch nicht knicken). Niemals die Schlauchkupplung über den Boden schleifen lassen! Das Metall kann auf dem Beton Funken schlagen (Explosionsgefahr!). Außerdem werden die Kupplungen dadurch unbrauchbar.

* Die Schläuche so legen, daß der sonstige Verkehr am Flugzeug nicht behindert wird. Nehmen Sie Rücksicht auf die Karren des Gepäck- und Frachtdienstes. Die Schläuche dürfen auf keinen Fall überrollt werden! (30 m kosten DM 1000,—).

9d

Abb. 47 Betanken mit Dispenser

BETANKEN MIT HYDRANTENMESSWAGEN (Dispenser)

Für die Anfahrt an das Flugzeug, für die Sicherheitsvorkehrungen sowie für die Vorarbeiten gilt das gleiche wie für das Betanken mit Flugfeldtankwagen (siehe S. 26 bis 29).

1 Feuerlöscher aufstellen (siehe auch 8c, 8d und 8e).

2, 6 Eingangsschlauch vom Dispenser abrollen und Kupplung zum nächstgelegenen Pit (Unterflurzapfanschluß) tragen. Verschlußkappe abnehmen, Pitdeckel aufnehmen, Sorte vergleichen, Kupplung ansetzen und verriegeln.

3 Warnflagge oder Warnlampe am Pit aufstellen.

4 Dispenser mit Flugzeug elektrisch leitend verbinden.

5 Reißleine einhaken und bis zur Abgabeseite des Dispensers verlegen. Durch einen Zug an der Leine Schnellschlußventil im Pit öffnen. Nach dem Tanken (oder im Notfall) durch einen Ruck an der Leine Ventil schließen.

7 Abgabeschläuche auslegen und gemäß 8d, 8e Betankung ausführen.

Nach dem Betanken erfolgt der Abbau in umgekehrter Reihenfolge. Nicht vergessen, in der Hydrantengrube die Verschlußkappe auf Kupplung setzen!

Handbreit auf dem Boden aufliegen muss. Mit dem zweiachsigen Tankauflieger ergibt sich eine immer noch kompakte Fahrzeugeinheit, die eine Länge von 16,40 Meter und eine Höhe von 3,60 Meter aufweist. Zwar entsteht der selbsttragende Tankauflieger aus Leichtmetall, doch in der Kombination mit der Zugmaschine bringt das neue Gespann immerhin 20 Tonnen Leergewicht auf das Betonvorfeld. Mit einem tankmittig angeordneten Aufnahmerohr saugt die Pumpe den Flugkraftstoff an der tiefsten Stelle des doppelkeilförmigen Aufliegers an. Gleich darunter befindet sich der Wassersammelkasten, der unabdingbar ist, damit das überflüssige Kondenswasser nicht in die Flugzeugtanks gerät. Die Flugfeldtankfahrzeuge verstehen sich im Alltagsbetrieb als selbstständige Einheit. So kann sich der Tankwagenfahrer auf dem Laufgitter des Aufliegers sicher bewegen. Dort befindet sich auch das Be- und Entlüftungsventil, das beim Befüllen und Entleeren des Tanks die Luftmenge regelt. Die Ventileinstellung ist plombiert. Die Kippventile schließen automatisch wenn der Tankwagen bei einer Havarie umgekippt ist und der Kraftstoff auszulaufen droht. Gleichzeitig finden sich wie üblich oberseitig Domdeckel. Um beim Betanken des Aufliegers immer alles im Griff zu haben, befindet sich dort auch der Füllungsanzeiger. In Höhe des tiefsten Punkts, genau dort, wo die beiden Doppelkeile des Tanks zusammenlaufen, positioniert Strüver auch die Peilvorrichtung. Sowohl an der Aufliegerstirn als auch am Heck des Aufliegers gibt es weitere rote Flugwarnleuchten. Heckseitig befindet sich auch die Aufstiegsleiter, um dem Tankwagenpersonal einen schnellen und sicheren Aufstieg zu ermöglichen. Genau unterhalb dieser Stelle am Aufliegerheck befindet sich auch der Anschluss zur Befüllung des Fahrzeugs am Tanklager. Für den Notfall lässt sich unterhalb der Frontstoßstange des Henschel der Notzug für die eingebaute Feuerlöschanlage betätigen. Alles in allem eine funktionsfähige Einheit.

Das Düsenzeitalter sorgt auch für eine Erweiterung der Typenpalette. Im April 1964 beginnt bei der Lufthansa die Ära des Europa-Jets – von nun an ist auch die Boeing B727 im Lufthansa-Dienst und bedient die Europa- und Nahoststrecken. Vier Jahre später hat dann der City-Jet Premiere, als die Boeing B737 die Kurzstrecken für das Düsenzeitalter ebnet. Noch mehr Passagiere können ab 1970 mit der Boeing B747, dem neuen Großraumjet, zu Interkontinentalflügen starten. Jetzt muss der Jumbo mit über 190.000 Litern aufgetankt werden – jedes Mal eine Herausforderung für die Tankmannschaften. Als Ergebnis dieser Entwicklung liefert Strüver zunächst die Flugfeldtankwagen Gigant und später Mammut aus. Mit der Baureihe Mobby Dick gehen dann 65.000 Liter vom Airport-Tanklager zum Flugzeug, eine weitere Version macht sogar 80.000 Liter mobil. Bei den großen zivilen Airports geht es zur Verbesserung der zeitlichen Abläufe und der Wirtschaftlichkeit vornehmlich um die Volu-

Ellinghaus konstruiert im westfälischen Beckum Hydrantenfahrzeuge, aber auch unterschiedliche Tankwagengrößen für den Flughafenbetrieb. Der wachsende innereuropäische Flugverkehr soll mit der Lufthansa-Bestellung von 21 Boeing 737 im Frühjahr 1965 noch befeuert werden – wenig später dominiert der noch junge Kurzstreckenflieger aus Seattle für lange Zeit den Luftraum über Europa.

Mit dem Henschel F 261 S zieht der Elllinghaus-Auflieger immerhin schon über 60.000 Liter Flugkraftstoff zum Flugzeug – damals ein neuer Rekord. Um dem Bodenpersonal das Handling an den Tragflächen zu erleichtern, ist auf dem Heck ein schnell begehbares Podest aufgebaut.

mensmaximierung, um dessen Erreichung sich die Hersteller einen Wettbewerb liefern. So kann Strüver für den Einsatz auf Flughäfen zur Mitte der Sechzigerjahre ein Fahrzeug mit 86.000 Litern Fassungsvolumen vermelden. Strüver setzt weiterhin erfolgreich auf die Doppelkeilform, die ein schnelles und restloses Entleeren des Tanks möglich macht. In den Wettbewerb um das attraktive exportorientierte Geschäft mit Flughafentankfahrzeugen haben sich in den Sechzigerjahren auch Ellinghausen aus Beckum und Esterer aus Helsa eingeschaltet. Inzwischen sind die Anforderungen noch weiter spezifiziert worden. Wegen der Unterflügelbetankung fordern die Mineralölgesellschaften – allen voran Esso und BP – flache Fahrzeuge, die nicht mit den Tragflächen der großen Düsenjets von Boeing 707 bis 747 in Konflikt geraten. So stellt Ellinghaus einen Flugfeldtankauflieger vor, der heckseitig eine Plattform erhält, über die das Tankwagenpersonal das Ankuppeln der Schläuche mühelos vollziehen kann.

Nach Einschätzung des Schwelmer Eisenwerks werden zum Ende der Sechzigerjahre die Anforderungen der Tankwagenbauer ein weiteres Mal herausfordernder. Vor allem die in regelmäßigen Abständen neu hinzukommenden Flugzeugmuster sollen noch einmal Schwung in die Konstruktionsbüros der Hersteller bringen. Nachdem auf den großen Airports in Deutschland und Europa die Boeing B747 für die Langstrecke bereits zum Alltagsbild gehört, kommt zu Beginn der Siebzigerjahre noch die DC-10 hinzu. Lange Zeit soll der dreistrahlige Jet nach dem Jumbo das zweithäufigste und zweitschwerste Großraumflugzeug auf bundesdeutschen Airports sein. Für den Airservice von Esso, BP und Shell bedeutet das konsequenterweise die Bereitstellung maximaler Kero-

Für die Aufgaben der Regional-Airports schickt Ellinghaus den Mercedes-Benz LP 323 ins Rennen. Der kompakte Tankwagen reicht 1961 aus, um mit der eigenen Pumpe auf dem Vorfeld sämtliche Kleinflugzeuge bedienen zu können.

sinmengen, die ans Flugzeug herangeführt werden müssen. Die Experten aus Schwelm merken zusätzlich an, dass die Sicherheitsbestimmungen beim Betanken immer strenger würden. Erschwerend komme hinzu, dass Betankungszeiten der Flugzeuge im Interesse des wirtschaftlichen Umlaufs immer kürzer würden. Schwelm, aber auch Strüver, Ellinghaus und Esterer sind gefordert, die Pumpenaggregate auf eine höhere Abgabeleistung hin zu entwickeln, weil man mit dem Erreichen von Tankkapazitäten von 85.000 Litern eine Obergrenze erreicht hat. Schwelm lässt dazu eine Pumpengeneration Premiere feiern, deren Abgabearmatur mit einer Leistung von 2 x 1.200 l/min arbeitet. Während in der Bundesrepublik in den Siebzigerjahren nur der Frankfurter Flughafen auf ein Hydrantensystem setzt und damit die Zahl von Tankfahrzeugen reduziert, sind es vor allem skandinavische Airports, die das Auftanken per Dispenser ermöglichen, sozusagen Hydrantenfahrzeuge, die als Flugkraftstoffmittler zwischen Rohrnetz und Flugzeugtank ihren Einsatz finden. Auf Basis der Fahrgestelle von Hanomag Markant, Tempo Matador oder Borgward B 2500 und später dann Mercedes-Benz L 710 werden die Dispenser vor allem an internationale Airports in Europa, aber auch außerhalb verkauft. Dass die Flugfeldtankfahrzeuge »made in Germany« bis heute einen guten Ruf genießen, liegt auch ihrer Robustheit. Tankauflieger aus den Sechzigerjahren sind in vielen Teilen der Welt noch drei Jahrzehnte später im Einsatz. Eine Revision macht es möglich. Weil der Tank selbst meist unver-

Wenn große Mengen erforderlich werden, kann das Gespann mit dem Unimog 406 Unterstützung leisten. Der Tankauflieger ist kurzerhand zum Anhänger umgebaut worden, eine Zulassung für den öffentlichen Straßenverkehr benötigt er auf dem Flughafenvorfeld nicht.

Strüver in Hamburg kann auch im internationalen Geschäft mit den Flughäfen punkten. In den Sechzigerjahren werden in Groß Borstel Dutzende der großvolumigen Flugfeldtankfahrzeuge gebaut und ausgeliefert. Sie werden vornehmlich von Mercedes-Benz Pullman gezogen. Das Bauprinzip, den Pumpen- und Armaturenschrank hinter der Kabine zu platzieren, hat sich bei allen Herstellern schnell durchgesetzt. Die Größe des Aufbaus macht deutlich, welch leistungsfähige Aggregate sich hinter dem lackierten Blech verbergen.

wüstlich ist, werden die Aggregate beim Hersteller grundüberholt oder zur Leistungssteigerung ausgetauscht. Außerdem kommt das Flugfeldtankfahrzeug nach der Revision mit einem neuen Fahrgestell zurück.

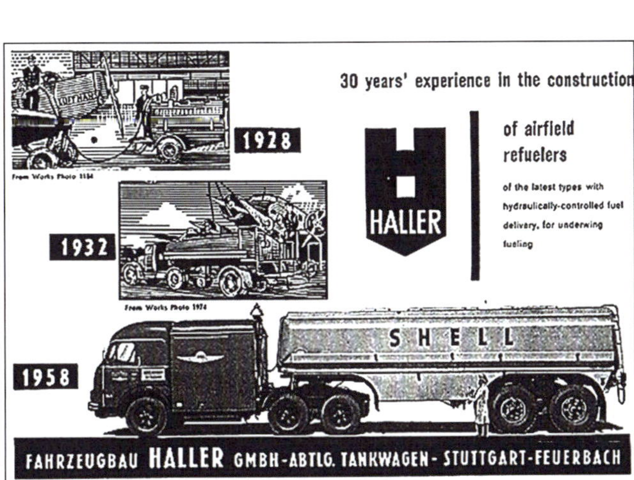

Internationale Haller-Werbung von 1958.

Der »Flugtankwart« erhält bei BP Air eine eigene Fibel, um das notwendige Fachwissen ständig abrufbar zu haben.

AIR BP

FLUGTANKWART FIBEL

HERAUSGEGEBEN VON DER BP BENZIN UND PETROLEUM AKTIENGESELLSCHAFT

HAMBURG 1962

VERKEHRS-
ZEICHEN
GASOLIN
DEUTSCHE GASOLIN-NITAG AG
GASOLIN
MOTANOL
Super
GASOLIN
GASOLIN
MOTANOL
MOTORENÖL
GASOLIN

MARKENBOTSCHAFTER IM WIRTSCHAFTSWUNDER

Die Liebe zum Gasolin-Tanker lässt keinen Tausch zu

Die einen kämpfen am Schreibtisch, die anderen in der Werkstatt. Beides muss sein. Die Aufbauarbeit, die schon vor der Währungsreform 1948 beginnt, macht den Einsatz aller verfügbaren Gasolin-Mitarbeiter am westfälischen Regionalsitz in Dortmund notwendig. So geht es gleich nach dem Krieg in der Dortmunder Niederlassung der Gasolin AG am Heiligen Weg vornehmlich administrativ zu. Von dort aus verwaltet die noch junge, aber aus Vorkriegsjahren markterfahrene Kraftstoffmarke ganz Westfalen – sozusagen von Münster bis Siegen. Das Rheinland hingegen liegt in der Obhut der Niederlassung in Köln, die bereits in einem schmucken Hochhaus am Hansaring 97 residiert. Von hier aus treiben die Vertriebsleute von Gasolin die Expansion voran, suchen nach Standorten und Betreibern in ihrer Region und schaffen vertragssichere Bezugspunkte. Noch bis zu Beginn der Fünfzigerjahre haben die britischen Alliierten ein gewichtiges Wörtchen bei der Kraftstoffversorgung mitzureden. Alles geht über den Tisch der örtlichen Kommandeure. Und dennoch kann die Gasolin AG nach vorn denken und arbeiten. Ihr Vorteil: Es kann auf ein ungeheuer dichtes Netz von Leuna-Standorten aus Vorkriegsjahren zurückgegriffen werden. Freilich sind es dort oft nur Gehwegpumpen, die vormals als Zusatzgeschäft der Drogerie, Apotheke oder der Fahrradwerkstatt dienten, mancherorts präsentieren sich aber auch durchaus vorzeigbare Tankstationen, die vor den Vernichtungen des Krieges bewahrt werden konnten. Ihre bauliche Substanz lässt schnell die Entscheidung reifen, dass hier die Gasolin-Zukunft mitgestaltet werden kann. Mit jedem Jahr wächst der Handlungsbedarf. Nicht nur für Gasolin. Die wachsende Motorisierung treibt die Mineralölgesellschaften im Ballungszentrum Ruhrgebiet vor sich her. Überall steigt der Bedarf an Benzin, vor allem als dann die ersten Motorradbesitzer zum Auto wechseln, sind Messerschmitt

Hallo Tankwart! Gasolin hat nach Kriegsende den schwierigsten Wiederaufbau aller Mineralölgesellschaften hinter sich zu bringen. Der bis dahin wichtige Produktionsstandort Leuna ist an die russische Besatzungsmacht gefallen, von der neuen Zentrale in Hannover muss das Netz der Bundesrepublik neu aufgebaut werden. Schon Ende der Fünfzigerjahre präsentieren sich die Tankstellen und die Fahrzeugflotte in frischen Farben – aus der Marke Leuna ist jetzt Gasolin geworden.

Ein Tankwagen macht Spaß! Der Sprössling des Händlers ist sichtbar stolz auf den neuen Mercedes-Benz, der damals vielerorts über einen flexibel nutzbaren Aufsetztank verfügt.

Nicht der Indianerschmuck
prahlend-gekünstelter Fachsprache,
nicht die Maske
chemo-technischer Geheimnisse,
sondern das einfache Lob,
mit guter Ware Sie gut zu bedienen,
ziert unseren TANKFIX !
GASOLIN
MOTANOL
GASOLIN

Der typische Gasolin-Tankzug der Fünfzigerjahre: Strüver in Hamburg hat das Fahrerhaus verlängert, denn gleich hinter der Sitzbank des Fahrers befindet sich der Kannenschrank. Dort werden die bestellten Ölmengen in Dosen oder größeren Kanistereinheiten deponiert. Die Fahrer händigen die bestellte Ware dann während der Tagestour aus.

Kabinenroller oder BMW Isetta für die meisten die erste finanzierbare Wahl. Borgward Isabella, Opel Kapitän oder Mercedes-Benz bleiben für sie im ersten Nachkriegsjahrzehnt vorerst ein Traum. Und dennoch: Sprit muss her, wenn der Tank zur Neige geht!

Das Reisen wird indes zum Lieblingsthema von frisch Verliebten und jungen Ehepaaren gleichermaßen. Wohl wissend, dass sich Letzteren gern auch die Schwiegereltern auf der Rückbank hinzugesellen. Zwischen Vordersitzen und Rückbank gibt es keinen Generationskonflikt. Sie wollen gemeinsam vom Ruhrgebiet an den Möhnesee, an die Weser oder den Rhein. Gasolin macht dank seiner Werbung mit dem bunt und munter agierenden »Tankfix« den unverzichtbaren Tankwart zur vertrauensvollen Persönlichkeit, zur Institution für Service und Mobilität. Dabei unterstützt das zugehörige Outfit, natürlich im gestrengen Auftritt der Marke. Die Schirmmütze komplettiert – ganz gleich ob beim Tankwart oder Tankwagenfahrer – das Image einer fast hoheitlichen Aufgabe. Das stets silberglänzend polierte Gasolin-Logo blitzt auf der Spitze der hellgrauen Schirmmütze, die mit feiner, hellroter Biese für jene Zeit ziemlich edel wirkt. Das Signal des Trägers erreicht sein Gegenüber mit unmissverständlicher Kraft: Dieser Mann hat was zu sagen, dieser Mann steht für Gasolin! Und im Umkehrschluss stärkt die Schirmmütze ganz von allein das Selbstbewusstsein ihres Trägers. Mehr noch: Stolz schwingt mit, wenn der Tankwagenfahrer zur dienstlichen Kopfbedeckung greift, ehe er die Fahrertür öffnet. Das erfährt auch Horst Paulmann. 17 Jahre ist er gerade alt, will Autoschlosser werden, als er seinen Lehrvertrag bei der Dortmunder Niederlassung der Gasolin AG unterschreibt. Angefangen hat Paulmann dort 1951 im Dortmunder Norden an der Braunschweiger Straße. Von dort geht es dann nach Schüren zur Zeche Freier Vogel. Die Zeche hat damals gerade mit der Kohlenförderung aufgehört. Allenthalben sortieren sich in Dortmund Wirtschaft und Gesellschaft neu, die Kriegszeit liegt damals erst wenige Jahre zurück – überall sind die Wunden der Zerstörung spürbar. Gerade im Revier. In die Zechenwerkstätten zieht dann die Gasolin AG ein. Lkw-Werkstatt, die Autoreparatur und

Schon zu Beginn der Sechzigerjahre wird der Vertrieb des Motoröls vom Kraftstoff getrennt, um die Transporteffizienz zu optimieren. Der MAN-Hauber stellt eine serienmäßige Zugmaschine dar, die die Beschaffungskosten wegen des Verzichts auf frühere Karosseriearbeiten deutlich senkt.

Beschaulichkeit an den Großtankstellen der Gasolin AG: Zwischen Flensburg und Garmisch entsteht in den Fünfziger- und Sechzigerjahren ein einheitliches Tankstellennetz – der Klingelknopf für die Tankstelle aus Vorkriegszeiten darf auch später nicht fehlen.

auch die Tankstellenmontagewerkstatt mit Ersatzteillager finden hier ihr gemeinsames Domizil. Die Lage erweist sich schon damals als günstig, unweit der Ost-West-Magistrale, des Ruhrschnellwegs, und wenige Kilometer von der Nord-Süd-Autobahn A 1 sollen die Tankwagen und Werkstattfahrzeuge rasch in alle Himmelsrichtungen fahren können. Organisatorisch, das erkennt der junge Dortmunder schnell, sind es zwei verschiedene Organisationseinheiten. »Eine große Halle mit Toren erstreckt sich auf der gesamten Länge, dort werden damals die Tankwagen repariert, auf der anderen Seite residieren die Tankstellenmonteure«, erzählt Paulmann. Gemeint sind jene Trupps, auf die es in den nachfolgenden Jahren ankommen soll. Sie treiben die physische Netzexpansion nach vorn, sorgen dafür, dass die alten Tankstellenstandorte nach den beseitigten Kriegsspuren wieder auf Vordermann gebracht werden und neue Großtankstellen abends im gleißenden Licht der Neonröhren erstrahlen können. »Anfangs gibt es noch keine Bullis, sondern ausnahmslos größere Montagekraftwagen – die sogenannten MKW. Die kamen regelmäßig zur Wartung bei uns vorbei und wurden dort auch gewaschen, damit der rot-weiße Gasolin-Lack strahlen konnte.« Stationiert sind die MKW damals dort, wo die Truppführer arbeiten: zu Hause. Und von dort brechen sie dann auf nach Münster, Soest oder Siegen. Paulmann: »Die sind nur abends auf den Hof gefahren, um sich Ersatzteile für die Tanksäulen zu holen.« Die Opel Blitz der ersten Gasolin-Nachkriegsära besitzen einen vorbildlichen Ruf. Immerhin sind die Typen der ersten Stunde allesamt noch kriegserprobt, Verlässlichkeit inklusive. Einige entstammen während der Anfangszeit sogar noch den Wehrmachtsbeständen und erhalten für den Tankstellendienst lediglich einen begehbaren Werkstattkoffer. Bis zum Ende der Fünfzigerjahre folgen die neuen Rüsselsheimer Langhauber und auch die ersten Hanomag L28. Die Werkstattkoffer verfügen weiterhin über das gleiche fahrbare Werkstattmobiliar und die Ersatzteile, um die neuen Tanksäulen des Schwelmer Eisenwerks, von Salzkotten oder Scheidt & Bachmann aus Rheydt sachgerecht zu warten und betriebsbereit zu machen. Bewegung herrscht auf dem Werkstattgelände von Gasolin in Schüren ständig – »rege Betriebsamkeit« beschreibt es treffend. Horst Paulmann konzentriert sich auf das Treiben in seiner Werkstatt, wo es allein um die Tankwagen geht. Einer nach dem anderen kommt in den Fünfzigerjahren zur Auslieferung. Es läuft gut bei Gasolin!

Die dreiachsige Pausbacke transportierte 10.000 Liter und verfügt über den anfangs noch heckseitigen Armaturenschrank. Mit nachträglich angebauter Schleppachse können so 22-Tonnen-Fahrgestelle genutzt werden.

Werbung muss sein! Gasolin setzt den Tankwagen auch als beliebtes Werbemittel ein. Kunden können den Opel Blitz als Spielzeug-Tankauflieger auch für ihre Sprösslinge nutzen.

Allein in der Innenstadt von Dortmund gibt es 1954 sieben Tankstationen, die die Marke Gasolin unübersehbar machen. Es sind wichtige Knotenpunkte, die die Dortmunder Niederlassung mit Bedacht gewählt hat. Unverzichtbar der Kreuzungsbereich von Westfalendamm und Märkischer Straße. Der Ruhrschnellweg gilt als wichtigste Schlagader des Reviers, dort passieren jeden Tag viele Tausend Autos den Kreuzungsbereich. Eine weitere Tankstation gibt es an der Hohen Straße. Denn südlich vom Rheinlanddamm führt die B 54 den Verkehr in

Die Zukunft fährt und fliegt in eine gemeinsame Richtung – ein Bild, das Bände spricht. Die Lufthansa hat 1955 die Super Constellation (»Super Connie«) in Dienst gestellt, ehe das Düsenzeitalter begann. Währenddessen suggeriert der Gasolin-Tankzug die Bereitschaft zur alsbaldigen Bodenversorgung. Tatsächlich ist die Gasolin AG für die nationale Flugbetankung bedeutungslos.

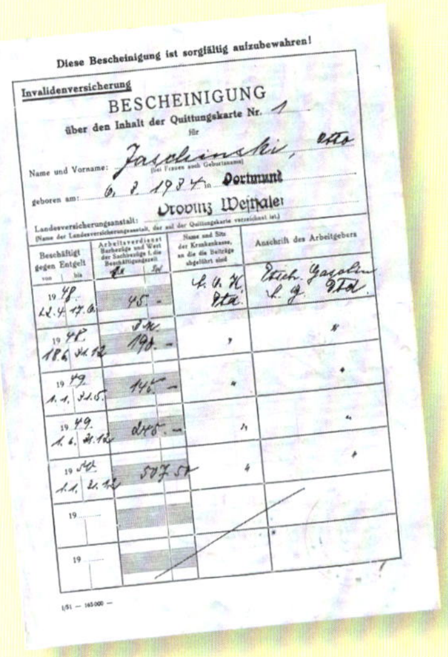

Diese Bescheinigung ist sorgfältig aufzubewahren!

Invalidenversicherung

BESCHEINIGUNG

über den Inhalt der Quittungskarte Nr. 1

für

Name und Vorname: Jaschinski, Otto (bei Frauen auch Geburtsname)

geboren am: 6. 3. 1934 in Dortmund

Landesversicherungsanstalt: Provinz Westfalen (Name der Landesversicherungsanstalt, der auf der Quittungskarte verzeichnet ist)

Beschäftigt gegen Entgelt von / bis	Arbeitsverdienst Barbezüge und Wert der Sachbezüge f. die Beschäftigungszeit	Name und Sitz der Krankenkasse, an die die Beiträge abgeführt sind	Anschrift des Arbeitgebers
1948 22.4.–17.6.	45.–		
1948 18.6.–31.12.	190.–		
1949 1.1.–31.5.	145.–		
1949	245.–		
1950	507.50		
19			
19			

Eine eingeschworene Truppe am Dortmunder Gasolin-Standort: Horst Paulmann – inmitten seiner Kollegen – beginnt dort noch vor der Währungsreform seine Lehre und ist dann bis 1961 als Tankwagenfahrer für die Versorgung von Sauer- und Siegerland verantwortlich. Gasolin stützt sich in der Bundesrepublik auf neun Niederlassungen.

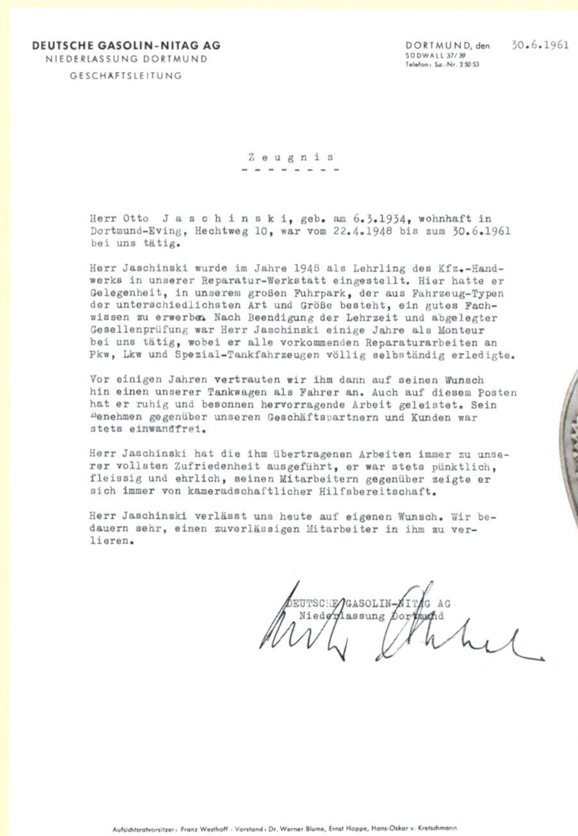

DEUTSCHE GASOLIN-NITAG AG
NIEDERLASSUNG DORTMUND
GESCHÄFTSLEITUNG

DORTMUND, den 30.6.1961
SÜDWALL 37/39
Telefon: Sa.-Nr. 25053

Z e u g n i s

Herr Otto J a s c h i n s k i, geb. am 6.3.1934, wohnhaft in Dortmund-Eving, Hechtweg 10, war vom 22.4.1948 bis zum 30.6.1961 bei uns tätig.

Herr Jaschinski wurde im Jahre 1948 als Lehrling des Kfz.-Handwerks in unserer Reparatur-Werkstatt eingestellt. Hier hatte er Gelegenheit, in unserem großen Fuhrpark, der aus Fahrzeug-Typen der unterschiedlichsten Art und Größe besteht, ein gutes Fachwissen zu erwerben. Nach Beendigung der Lehrzeit und abgelegter Gesellenprüfung war Herr Jaschinski einige Jahre als Monteur bei uns tätig, wobei er alle vorkommenden Reparaturarbeiten an Pkw, Lkw und Spezial-Tankfahrzeugen völlig selbständig erledigte.

Vor einigen Jahren vertrauten wir ihm dann auf seinen Wunsch hin einen unserer Tankwagen als Fahrer an. Auch auf diesem Posten hat er ruhig und besonnen hervorragende Arbeit geleistet. Sein Benehmen gegenüber unseren Geschäftspartnern und Kunden war stets einwandfrei.

Herr Jaschinski hat die ihm übertragenen Arbeiten immer zu unserer vollsten Zufriedenheit ausgeführt, er war stets pünktlich, fleissig und ehrlich, seinen Mitarbeitern gegenüber zeigte er sich immer von kameradschaftlicher Hilfsbereitschaft.

Herr Jaschinski verlässt uns heute auf eigenen Wunsch. Wir bedauern sehr, einen zuverlässigen Mitarbeiter in ihm zu verlieren.

DEUTSCHE GASOLIN-NITAG AG
Niederlassung Dortmund

Aufsichtsratvorsitzer: Franz Westhoff · Vorstand: Dr. Werner Blume, Ernst Hoppe, Hans-Oskar v. Kretschmann

die wichtigen Vororte, wo die Industrie pulsiert. Auch im Kreuzungsbereich von Wittekind-Straße und Lindemannstraße findet sich eine Gasolin-Station, ebenso wie am Neuen Graben oder am innerstädtischen Burgwall. Nördlich des Hauptbahnhofs öffnet zusätzlich eine Tankstation an der Steinstraße. Und nach Norden hin ist am Heiligen Weg, dort wo sich unweit die westfälische Gasolin-Verwaltung befindet, ebenfalls eine Dependance.

Die ersten Krupp in den rot-weißen Gasolin-Farben sind Hingucker, ganz gleich wo sie auftauchen. Der rote Lack der Zugmaschinen glänzt, der stahlpolierte Tank der ersten Aufliegergeneration kann seine noch junge Dienstzeit nicht verhehlen. Die spiegelnde Sonne, das fällt seinerzeit auf, blendet den Betrachter. Frisch gedengeltes Kotflügelblech und elegante runde Formen künden vom Zeitgeist jener Jahre, den die Karosseriebauer im Tankwagengeschäft längst für sich entdeckt und interpretiert haben. Zwar macht das Gasolin-Markenzeichen auf den Fahrerhaustüren unmissverständlich deutlich, welche Kraftstoffmarke hier unterwegs ist, doch die rot-schwarzen Gasolin-Lettern entlang des Tanks toppen den Markenauftritt. Sattelzüge sind in den Fünfzigerjahren im westfälischen Straßenbild eher die Ausnahme. Die Verkehrspolitik hadert noch mit dem richtigen Weg, die rasant ansteigende Zahl von Pkw und Lkw zu steuern. Der effizienten Beladung von Lkw-Gespannen und Sattelzügen gilt bereits damals allseitige Aufmerksamkeit. Um die 18.000 Liter fassen die ersten einachsigen Auflieger, die in Schwelm gefertigt und auch dort an die Fahrer von Gasolin übergeben werden. Ihre Heimat soll fortan der Dortmunder Hafen sein – Startplatz für die Tagestouren und Abstellort fürs Wochenende zugleich. Dort entsteht in den Wiederaufbaujahren die Tankstraße, jener Abholweg, den in den folgenden Jahrzehnten Tausende von Tankwagen ansteuern sollen. Hier stehen das Gasolin-Tanklager und die Füllstationen, an denen die Lkw-Züge ihre Kraftstoffladung für die nächste Lieferung aufnehmen. Binnenschiffe sorgen für eine verlässliche Versorgung.

Es ist der Nähe zum Revier und zur Essener Heimat von Krupp geschuldet, dass sich auch der Westfalensitz von Gasolin bei Krupp bedient. Kriegsbedingt muss Krupp bis 1951 unter dem Namen der Südwerke seine Lkw in Kulmbach bauen lassen, erst mit dem Krupp Titan kehrt die Produktion nach Essen zurück. Die mächtig lange Haube gibt dem Titan seinen ganz eigenen Charakter. Nachdem er bereits auf dem Pariser Salon vorgestellt worden ist, wird er auf Anhieb zum Kraftprotz der Landstraße – gerade richtig als Zugmaschine für Tankauflieger. Als stärkster Lkw läuft der Krupp Titan 1950 zunächst mit 190 PS, ein Jahr später dann mit 210 PS vom Band und leistet Gasolin dankbare Transportdienste in den beginnenden Wirtschaftswunderjahren. Die markante Haube prägt sein Gesicht, nicht zuletzt weil sie dem populären Opel Kapitän jener Jahre nachempfunden ist. Unvergessen bleibt Paulmann auch das Motorgeräusch: Der volumige Zweitakter mit 8.724 cm^3 erinnert ihn und jeden in der Werkstatt dank des sprechend-nagelnden »Kropp-Kropp-Kropp« an den namensgebenden Lkw-Hersteller. Zwischendurch beschafft Gasolin auch kleine Zugmaschinen vom Typ Mustang. Eines allerdings ist beiden gemein: Ihnen und ihren Tankwagenfahrern obliegt es über Jahre hinweg, von Dortmund aus in immer gleichen Touren die Tankstellen zu beliefern.

Und die Krupps müssen leiden. Weniger dann, wenn sie ins flache Münsterland gesteuert werden, als vielmehr auf jenen Tagestouren, die übers märkische Lüdenscheid ins Sauerland oder über Hagen ins Siegerland führen.

Ein mächtiger Hauber! Der Mercedes-Benz L 6600 steht abfahrbereit auf dem Hof von Daimler-Benz. Aufwendige Karosseriearbeiten an Tank und Fahrerhaus waren notwendig, um den Tankwagen alltagsgerecht fertigzustellen. Angesichts der kleinen Tankgröße bedarf es nur eines schmalen Kannenschranks im hinteren Teil der Kabine.

Als expansivster Wettbewerber in den Wiederaufbaujahren erweist sich die Esso AG. Vom Sitz in Hamburg aus werden nach der Währungsreform die zerstörten oder vernachlässigten Standorte wiederaufgebaut oder modernisiert. 1951 bilanziert Esso bereits 4.200 betriebsbereite Tankstellen – viele Dutzend Tankwagen sind wieder Tag für Tag unterwegs.

Der noch junge Fuhrpark von Gasolin-Partner Oskar Burger in Trossingen: Mercedes-Lang- und -Kurzhauber gehören pflichtgemäß dazu. Zur Auslieferung schwört Burger auf Aufsetztanks.

Horst Paulmann: »Die Krupps erweisen sich damals als doch ziemlich reparaturanfällig. Und dazu mussten wir uns in der Lkw-Werkstatt seinerzeit auch um die Tankauflieger kümmern.« Blankschnauzer nennen Paulmann und seine Werkstattkollegen die Gasolin-Titanen jener Jahre. Die Motoren kennen er und seine Mitstreiter wie die eigene Blaumanntasche. Damit meint der Autoschlosser auch die Tücken des Sechszylinders. Wie um die Technik der Zugmaschinen kümmert sich die Dortmunder Tankerwerkstatt am östlichen Ruhrschnellweg auch um die Auflieger und darum, dass die gesamten Gespanne in optisch einwandfreiem Zustand auf die Strecken gehen. Was vom Schwelmer Eisenwerk Müller & Co. an Tankfahrzeugen ausgeliefert wird, genießt einen guten Ruf. Robuster Fahrzeugbau eben, der sich in der Lkw-Werkstatt gut warten und pflegen lässt. Das hatte man bei der Gasolin AG bereits in Vorkriegsjahren, als der Unternehmensname noch keine Marke war, verinnerlicht: Wie schon zu Zeiten der Leuna-Markenlettern soll auch die Nachfolgemarke Gasolin den Kunden an der Station blitzsauber empfangen. Tankwagen zählen dabei wie selbstverständlich zu den großen, auffälligen Imagebotschaftern im Revier. Und sie sollen es noch jahrzehntelang bleiben. In Dortmund selbst sind es gleich nach der Währungsreform vor allem die Mineralölmarken Gasolin, Esso, Aral und Shell, aber auch die Dortmunder Brauereien, die als zahlungsstark gelten und innerhalb kurzer Zeit ihre Fuhrparks auf den neuesten Stand bringen. Genauso wie Gasolin fährt die Dortmunder Actien-Brauerei Krupp. Es soll noch eine lange Zeit so bleiben, dass es gerade die Tankwagen und Brauerei-Lkw sind, die Farbe ins noch düstere, graue Straßenbild des Reviers bringen.

Apropos Farbe. Auf dem Gasolin-Werkstatthof in Dortmund-Schüren hat Lackierer Potthoff die wohlmeinende Eigenart, den gelittenen Armaturenschränken und den roten Karosserieflanken der unterbauten Tankauflieger immer wieder glanzvolle Frische zu geben. Mit üppig spendierter Silberbronze gestrichen, glänzt es dann hinter den Metalltüren wie neu. Nur einmal treibt Potthoff seinen Kollegen den Angstschweiß auf die Stirn, als er beim Streichen zu tief in den Armaturenschrank hineinkriecht. Dabei hatte ihn der Meister immer wieder gemahnt, »das Zeug nicht einzuatmen!« Es kommt, wie es kommen muss. Der Lackierer steht plötzlich mit schlotterndem Körper neben dem Tankwagen, kann sich kaum auf den Beinen halten und ist kurz davor, ohnmächtig zu werden. »Wir haben dann schnell Milch geholt, damit er wieder zu sich kommt«, erzählt Paulmann. Wenn die Krupp-Tanklaster auf dem Dortmunder Gasolin-Hof zur Wartung vorfahren, gestaltet sich das Prozedere immer gleich. Die Auflieger werden abgesattelt, und die Zugmaschinen fahren auf die Grube. Mal in der Halle, mal draußen. Unter freiem Himmel, versteht sich. Bei Wind und Wetter. Hebebühnen? Fehlanzeige! Die Sattelschlepper erweisen sich in vielerlei Hinsicht als wartungsintensiv. »Früher war ja alles mit Kardanwelle, und genau dort mussten die Gummizwischenstücke dann erneuert werden«, weiß Paulmann.

Otto Jaschinski, schon seit 1948 bei Gasolin beschäftigt und dort als Tankwagenfahrer unterwegs, erinnert sich noch gut an den Dortmunder Krupp Titan. Dort sind zu Produktionszeiten zwei miteinander kombinierte Büffelmotoren verbaut. Der Sechszylinder muss synchron arbeiten, weil dort zwei Dreierblocks verbunden sind. Genau das soll sich immer wieder als Alltagsproblem erweisen. Die Gasolin-Werkstatt jedenfalls erweist sich alsbald als typenkundig – sieben Mitarbeiter gehören zum Standort, zwei davon sind Lehrlinge. Einer davon ist Horst Paulmann, der auch seine Gesellenjahre als Autoschlosser bei Gasolin verbringen wird. Der nächste Standort betreut das Versorgungsgebiet des westlichen Reviers und sitzt in Essen. Weil sich das Vertriebsgebiet angesichts des Wachstums von Tankstellen immer mehr verdichtet

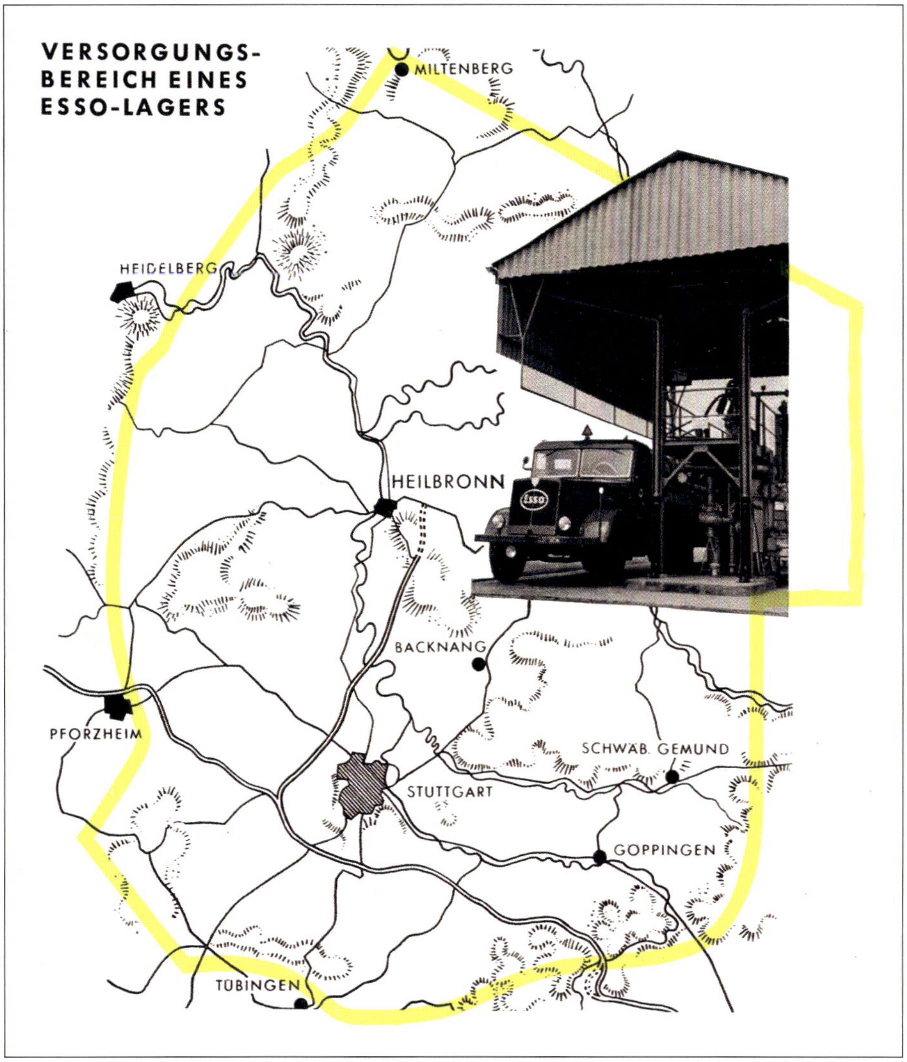

Zentralaufgabe: Für die Mineralölgesellschaften stellt sich in den Fünfzigerjahren immer wieder die gleiche Aufgabe. Es müssen Versorgungsbereiche mit funktionalem Zuschnitt geschaffen werden. Von einem zentralen Tanklager aus muss die Region beliefert werden. Erst als Regiestandort genutzt, werden die regionalen Niederlassungen in den Sechzigerjahren nach und nach an Mineralölhändler und Spediteure übergeben.

Auf den Verteilerverkehr kommt es an: Bei Walter Butschkau in Hamburg-Altona stehen die Opel Blitz und ein Borgward bereit, um den wachsenden Erfordernissen nach Mineralölerzeugnissen gerecht zu werden. Nicht allein die Auslieferung von Diesel für die Speditionen gehört dazu, sondern auch Öle und Fette für Industrie und Landwirtschaft sind Wachstumsfelder.

Zum Ende der Fünfzigerjahre geht es auf den Tankstellenhöfen turbulent zu. An der Avia-Station wird gerade das Öl angeliefert, der Mercedes-Benz-Kurzhauber steht bereit, um die ersten Haushalte, die über eine Ölheizung verfügen, zu versorgen.

hat, kommt es zeitweise zu Lieferengpässen. Vor allem dann, wenn wegen Wartungs- und Reparaturarbeiten plötzlich nicht genügend Auflieger zur Verfügung stehen. Otto Jaschinski gehört seinerzeit zu jenen Gasolin-Fahrern, die ihren Tanklaster als zweites Wohnzimmer begreifen. Das Armaturenbrett mit Tacho und der bescheidenen Schalterreihe stets geputzt, das dunkle Leder des Fahrersitzes und der zweisitzigen Bank nebenan immer tadellos poliert. Nur so pflegt Jaschinski seinen Krupp-Auflieger ins Wochenende zu schicken. Umso ärgerlicher die Rückkehr nach seinem Urlaub zu Beginn der Fünfzigerjahre. Denn in der Zwischenzeit hatte der Dortmunder Standort den Tankauflieger nach Essen ausgeliehen. Und im Tausch steht unverhofft ein ganz anderer Gasolin-Tankzug auf dem gewohnten Platz. Jaschinski ist dermaßen verärgert, als er sich hinters Steuer des auf den ersten Blick verhunzten Aufliegers setzt und nach Gelsenkirchen fährt, um sein angestammtes Gefährt zurückzuholen. Dort muss er erst mal mächtig auf den Putz hauen, ehe sich der Standortleiter erweichen lässt. Otto Jaschinski kann schließlich »seinen« Krupp zurück nach Dortmund steuern. So sieht Liebe zum Lkw in den Fünfzigerjahren aus.

Die Expansion bedeutet für die Autofahrer in den beginnenden Wirtschaftswunderjahren ein immer dichteres Netz an Tankstellen bei gleichzeitig härter werdendem Wettbewerb. Immer öfter stehen Aral, Shell, aber auch Rheinpreußen und Esso Newcomern wie Caltex gegenüber. Die leuchtenden Markenzeichen, die von den Tankstellenmasten in die Fahrbahnen hineinleuchten, werden immer mehr. Nicht nur in Westfalen, sondern in der gesamten Bundesrepublik. Bis zu Beginn der Siebzigerjahre soll das so weitergehen und der Mengenbedarf an Kraftstoff weiter wachsen. Das hat auch Folgen für das Tanklagernetz und den zugehörigen Fuhrpark. So baut Gasolin eine kleine Niederlassung im Siegerland auf, die dann werkstattseitig von Dortmund betreut wird. Der wichtigste Nutzen: Von dort aus können die Tankwagen auf überschaubarere Tagestouren starten, weil die Auflieger dezentral befüllt und auf den Weg geschickt werden. Für die Dortmunder Autoschlosser kommen alsbald Fahrten ins Siegerland hinzu, bei denen sie auf dem Rückweg die defekte Sattelzugmaschine im Schlepp haben. Dorthin, nach Weidenau an der Sieg, schickt der Dortmunder Gasolin-Fuhrparkleiter in der zweiten Hälfte der Fünfzigerjahre auch Otto Jaschinski. Weil dieser wegen der langen Wegstrecke nicht immer nach Hause fahren kann, richtet sich der Dortmunder sein Nachtlager auf einem Feldbett ein, untergebracht gleich neben dem Büro des Weidenauer Gasolin-Lagers, damals gute drei Fahrstunden von Dortmund entfernt. Bis zur baldigen Hochzeit nimmt er die wöchentliche Trennung von zu Hause in Kauf. Jeden Tag dreht er mit seinem Krupp Mustang die Runde durchs Siegerland. Als mindestens genauso wichtig wie der im Auflieger mitgebrachte Kraftstoff erweist sich das zugleich mitgelieferte Ölsortiment. Der Gebindeschrank, anfangs noch durchaus üblich, befindet sich direkt hinter der Kabine und wird von den Fahrzeugbauern durch eine Karosserieverlängerung integrativ angebaut. Der zusätzliche Stauraum kann meist von der Beifahrerseite beladen werden, sodass die bestellten Kartons mit Öldosen und Schmiermitteln während der wöchentlichen Tankstellenversorgung auf einen Streich mitgeliefert werden können. So ersparen sich die meisten Mineralölgesellschaften im ersten Aufbaujahrzehnt den zusätzlichen Speditionsversand der übrigen Ölprodukte. Einen weiteren Vorteil hat dieser direkte Lieferweg vom Standort zum Kunden ebenfalls: Durch das eigene Logistiknetz erweist sich der zeitliche Zugriff auf die Bestellmengen als denkbar kurz. Wenn es drauf ankommt, sogar über Nacht. Angesichts der wachsenden Nachfrage und des gerade in den Fünfzigerjahren einsetzenden Reiseverkehrs an Wochenenden gehen die Ölbestände an einzelnen Standorten manchmal schneller zur Neige, als es dem Tankstellenbetreiber lieb ist. Dann genügt ein Anruf, und der Tankwagen bringt während der Nachtbelieferung oder spätestens tags darauf die Öldosen gleich mit. Die Tanklaster-Chauffeure gelten als Markenbotschafter, sind aber auch ausgebuffte Kapitäne der Landstraße. Sie wissen ihre frühe Fernfahrerfreiheit sinnvoll zu nutzen. Wenn es sein muss, auch zum eigenen Familienvorteil. Damit die ins Siegerland abgeordneten Fahrer zumindest an den Wochenenden wieder heim nach Dortmund kommen können, fährt zwischenzeitlich ein Motorroller im Gebinderaum mit. Mit ihm düst Otto Jaschinski pünktlich nach Hause. Bis zur Heirat mit seiner Frau. Dann stimmt Gasolin bereitwillig der Familienzusammenführung zu und holt den Dortmunder Tankwagenfahrer wieder zurück in die Heimat.

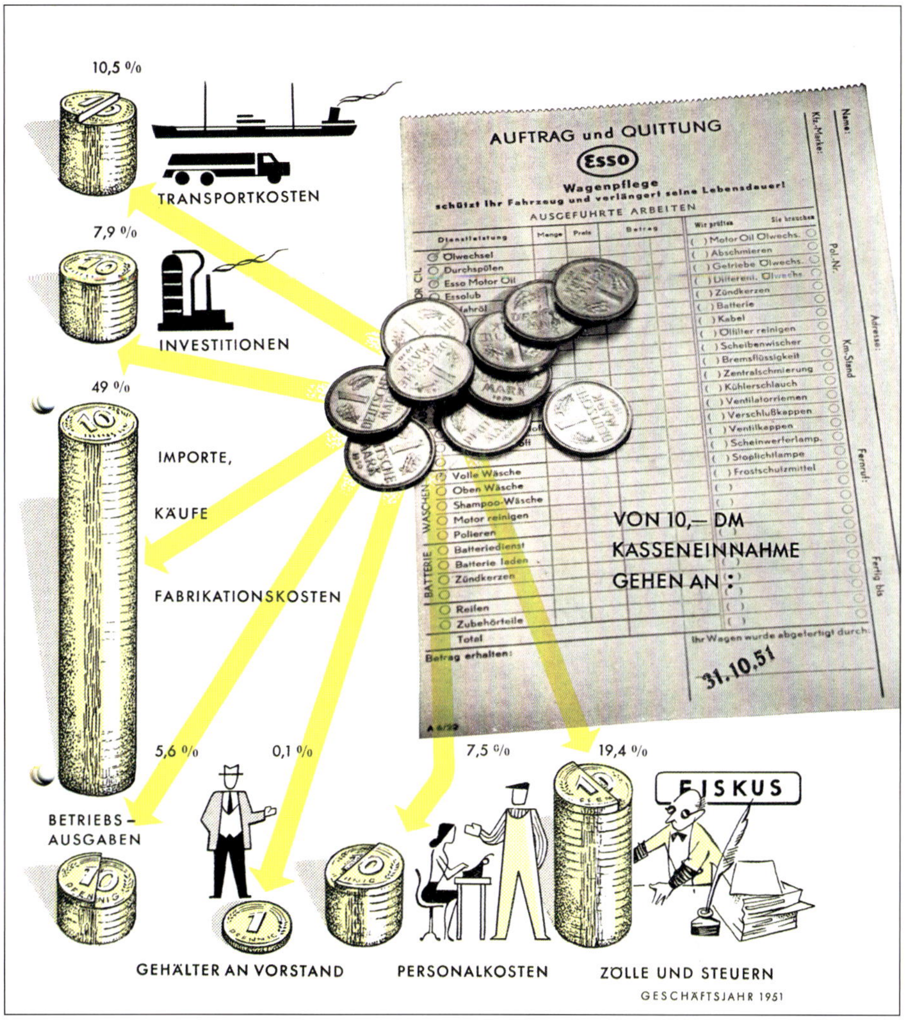

Es war schon immer so: Bereits 1951 kassiert der Fiskus ab. Immerhin 19,4 Prozent der Tankstellenumsätze gehen nach damaliger Esso-Berechnung als steuerliche Leistung an Vater Staat. Lediglich 10,5 Prozent sind für den Transport notwendig. Der Spritpreis liegt in jenem Jahr bei gerade mal 56 Pfennig.

Für ein wohliges Zuhause: Stationäre Ölöfen werden in den Sechzigerjahren zu Bestsellern, ehe sie peu à peu von der Zentralheizung ersetzt werden. Die Olsberger Hütte im Sauerland produziert Öfen, die auch gestalterisch gut in die zeitgenössischen Wohnzimmer passen. Der Mineralölhändler ist nicht selten auch der Vertriebspartner, weil er für die Haushalte erster Ansprechpartner wird, wenn es um die Umstellung von Kohle auf Öl geht.

WOHLSTAND DAHEIM SORGT FÜR EPOCHALE VERÄNDERUNG

Weg von der Kohle, hin zum Ölofen: So heizt man sich in den Sechzigern ein

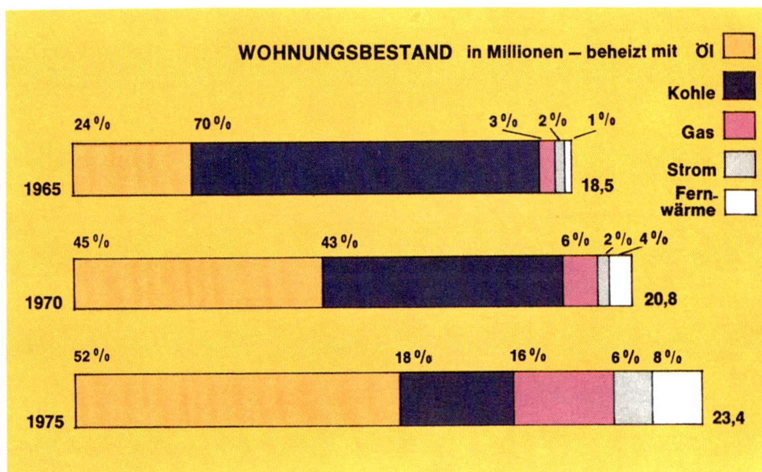

Auch nach der Ölkrise von 1973 heizen 52 Prozent der Wohnungsbesitzer in der Bundesrepublik ihr trautes Heim mit Heizöl. Innerhalb von nur zehn Jahren hatte sich die Nachfrage nach dem fossilen Brennstoff mehr als verdoppelt.

Zu Beginn der Fünfzigerjahre liegt der Heizölpreis bei gerade mal 22 Pfennig. In den Folgejahren schwankt er nur geringfügig nach oben und landet dann zum Ende des Jahrzehnts bei unwesentlich höheren 24 Pfennig. Tatsächlich hat sich die Kaufkraft der Haushalte in der Zwischenzeit deutlich nach oben bewegt, sodass der Heizölpreis unterm Strich attraktiver, in jedem Fall erschwinglicher geworden ist. Das soll sich in jenem Wirtschaftswunderjahrzehnt der Sechzigerjahre fortsetzen – allerdings mit der überraschenden Tendenz nach unten. Tatsächlich bewegt sich der Literpreis sogar unter die 20-Pfennig-Marke und landet 1969 bei 19 Pfennig. Die Siebzigerjahre sollen noch einmal mit einer Preissenkung beginnen, als der Markt zum Start ins neue Jahrzehnt gerade einmal 17 Pfennig verlangt. Dann mit der Ölkrise der Crash! 1973 steigt der Preis anfangs auf 23 Pfennig, schnellt im Folgejahr sogar auf 30 Pfennig hoch und erreicht 1979 einen Spitzenwert von 56 Pfennig. Die Ölkrise und die Unsicherheit an den internationalen Rohölmärkten haben deutliche Spuren hinterlassen. Nicht nur die Autofahrer spüren das, die Bundesregierung erzwingt – vorher für unvorstellbar gehalten – autofreie Sonntage! Und der legendär sorgenfreie Brennstoff, über dessen Ressourcen sich vor der Ölkrise niemand so recht Gedanken gemacht hat, gerät in einen kontroversen Blickwinkel. Von nun an zeigt die Tendenz nur noch steil nach oben, der Literpreis erreicht 1985 schwindelerregende 81 Pfennig, und damit einen volkswirtschaftlichen Siedepunkt. Erst danach entspannt

Dem Magirus-Rundhauber aus Ulm spendiert Stadler aus Neu-Ulm einen Tankaufbau, ehe das Fahrzeug nach München geht, um beim Brennstoffhändler Gustav Schneider die Nachfrage nach Heizöl zu bedienen.

Avia-Partner A. May in Schweinfurt geht bei der Fahrzeugbeschaffung mit einer Gesamtlösung vor, indem er den Borgward B 4500 sowohl für die Belieferung mit Heizöl als auch mit Kohlen und Briketts ausrüsten lässt. Die gleichzeitige Belieferung wird möglich, weil unterhalb der erhöhten Pritsche ein Tank mit heckseitiger Pumpe und Schlauchhaspel eingebaut ist.

sich die Lage wieder, sodass es zur Grenzöffnung eine Preisstellung bei 44 Pfennig gibt. Daran soll sich bis zur Jahrtausendwende nur unwesentlich etwas verändern.

Die späterhin atemberaubenden Veränderungen der Preiskurve kann in den Fünfzigerjahren niemand kommen sehen. Stattdessen steigt Heizöl in der Gunst der Wertschätzung genauso schnell wie der Wohlstand des beginnenden Wirtschaftswunders. Alle Marktbeteiligten stellen sich darauf ein und arbeiten an Lösungswegen für eine effiziente Distribution und Logistik. 1958 bringt die Deutsche Shell ein Programm auf den Weg, das sich vornehmlich an die traditionellen Brennstoffhändler im ganzen Land wendet. Sie alle sind potenzielle Kunden, um in der neuen Zeit für den Vertrieb von Heizöl zu sorgen. So räumt die Shell in Hamburg ihren jungen Partnern im Brennstoffhandel die Option ein, einen Aufsetztank zu erhalten, der ihnen auf Anhieb die Möglichkeit verschafft, ohne zusätzliche Investitionen in ein spezielles Tankfahrzeug das neue Geschäftsfeld zu erschließen. Die Wankelmütigkeit der Brennstoffhändler in den Fünfzigerjahren lässt sich gut nachvollziehen. Zumeist blicken die Betriebe auf eine Gründung in den Vorkriegsjahren zurück und sind seither auf Festbrennstoffe spezialisiert. Lose Ware von Kohlen und Briketts geht seit jeher vom Güterwaggon auf den Weg zum Verkaufshof, wird dort abgesackt, verladen und ausgeliefert. Das war einfach immer so!

Seit Beginn der Fünfzigerjahre wandelt sich das Geschäftsmodell der Brennstoffhändler spürbar – Heizöl erhält einen ungeheuren Auftrieb und erfährt spürbare Nachfrage bei Gewerbebetrieben und privaten Haushalten. Beide Seiten investieren in jenen Jahren kräftig, wollen ihre Geschäftsräume und Wohnungen mit Zentralfeuerungen oder eben auch stationären Ölöfen beheizen. Und noch etwas wird anders: Die harte Arbeit an der »Kohlenfront«, jeden Tage Dutzende der zentnerschweren Säcke schleppen und durch Schächte schütten zu müssen oder gleich in die treppentiefen Keller zu tragen, relativiert sich. Die Auslieferung von Öl geschieht staubfrei und ohne größere Kraftanstrengung. Es kündigt sich ein Wandel im Geschäft mit der unverlässlichen Energie an. Die Überlegungen der Kohlenhändler, die in ihren Orten und Bezirken über eine stabile Kundenklientel verfügen, sehen in jener Zeit immer wieder ähnlich aus. Die große Frage ist: Wie wichtig kann das Heizölgeschäft werden, und wird es womöglich zur Gefahr für den angestammten Verkauf von Festbrennstoffen?

Die Shell erleichtert die Entscheidung und baut mit ihrer Unterstützungsofferte die Distribution zwischen Flensburg und Garmisch deutlich aus. Der angebotene Aufsetztank verfügt über ein Volumen von 4.000 Litern und ist für die Gefahrenklasse A III vorgesehen – genau die richtige Größe und Konfiguration, die der Einstieg ins Heizölgeschäft verlangt. Shell plant einen großen Aufschlag und beauftragt gleich drei Hersteller mit der Lieferung der neuen Tankeinheiten. Bruno Kroll & Co. in Hamburg, die Fahrzeugfabrik F. Kiffe & Söhne in Münster, aber auch das Schwelmer Eisenwerk Müller & Co. in Schwelm übernehmen die Fertigung der identischen Aufsetztanks. Die Shell-Offerte erweist sich für die ansonsten auf feste

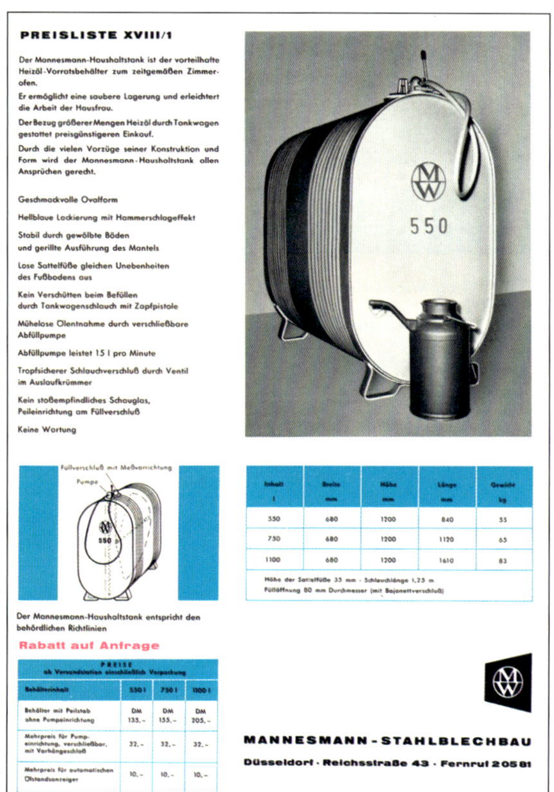
PREISLISTE XVIII/1

Der Mannesmann-Haushaltstank ist der vorteilhafte Heizöl-Vorratsbehälter zum zeitgemäßen Zimmerofen.

Er ermöglicht eine saubere Lagerung und erleichtert die Arbeit der Hausfrau.

Der Bezug größerer Mengen Heizöl durch Tankwagen gestattet preisgünstigeren Einkauf.

Durch die vielen Vorzüge seiner Konstruktion und Form wird der Mannesmann-Haushaltstank allen Ansprüchen gerecht.

Geschmackvolle Ovalform

Hellblaue Lackierung mit Hammerschlageffekt

Stabil durch gewölbte Böden und gerillte Ausführung des Mantels

Lose Sattelfüße gleichen Unebenheiten des Fußbodens aus

Kein Verschütten beim Befüllen durch Tankwagenschlauch mit Zapfpistole

Mühelose Ölentnahme durch verschließbare Abfüllpumpe

Abfüllpumpe leistet 15 l pro Minute

Tropfsicherer Schlauchverschluß durch Ventil im Auslaufkrümmer

Kein stoßempfindliches Schauglas, Peileinrichtung am Füllverschluß

Keine Wartung

Füllverschluß mit Meßvorrichtung

Pumpe

550

Inhalt l	Breite mm	Höhe mm	Länge mm	Gewicht kg
550	680	1200	840	55
750	680	1200	1120	65
1100	680	1200	1610	83

Höhe der Sattelfüße 35 mm · Schlauchlänge 1,25 m
Füllöffnung 80 mm Durchmesser (mit Bajonettverschluß)

Der Mannesmann-Haushaltstank entspricht den behördlichen Richtlinien

Rabatt auf Anfrage

PREISE ab Versandstation einschließlich Verpackung

Behälterinhalt	550 l	750 l	1100 l
Behälter mit Peilstab ohne Pumpeinrichtung	DM 135,–	DM 155,–	DM 205,–
Mehrpreis für Pumpeinrichtung, verschließbar, mit Vorhängeschloß	32,–	32,–	32,–
Mehrpreis für automatischen Ölstandsanzeiger	10,–	10,–	10,–

MANNESMANN-STAHLBLECHBAU

Düsseldorf · Reichsstraße 43 · Fernruf 20581

In den Sechzigerjahren funktionieren Tausende von Hausbesitzern ihre Keller in Lagerräume für Heizöl um. Anfangs stehen die Ölbehälter solitär und werden dann per Schlauch durchs Kellerfenster betankt. Später sind zusätzliche Sicherheitswannen vorgeschrieben, um überlaufendes Öl präventiv auffangen zu können, bevor es sich folgenschwer in der Kanalisation ergießt.

Der MAN-Kurzhauber findet in der Boomzeit der Heizölnachfrage regen Absatz. Als Verteilfahrzeug bietet sich der wendige Zweiachser geradezu an. Ganz nach Wunsch wurde der Armaturenschrank seitlich – oder wie von Haniel gewünscht – am Heck eingebaut. Das Fahrzeug der Straubinger Esso-Vertretung von Hans Hofmann verfügt über ein heckseitiges Plateau, um zusätzlich Heizöltanks oder anderes Stückgut transportieren zu können.

Brennstoffe spezialisierten Kohlenhändler als ein denkbar niederschwelliges Angebot – und ein verlockendes dazu. Denn gerade für die haushaltsüblichen Heizölmengen, die in der Tagesauslieferung zum Kunden gebracht werden müssen, reicht das Tankvolumen völlig aus. Und weil selten Bedarf an ganzwöchiger Heizölbelieferung besteht, lassen sich die variablen Tanks mit überschaubarem Aufwand einfach auf dem Hof absetzen. Für die schon gewachsenen Kohlenhändler stellt sich zuweilen schon die Frage, ob sie aufgrund ihrer Größe in einen eigenen Tank auf dem eigenen Hof investieren sollen oder aber die benötigte Heizölmenge in 4.000-Liter-Touren vom regionalen Shell-Tanklager abholen. Manche Unternehmer denken bereits weiter und nutzen die Gunst der Stunde. In den Nachkriegsjahren nimmt Paul Friedrich in Altdorf bei Nürnberg 1954 als erster Brennstoff- und Kohlehändler des Landkreises auch den Vertrieb von Heizöl auf, dem im Jahr 1956 der erste eigene Shell-Tankwagen und ein eigenes Tanklager in Altdorf folgen. Zwar hätte er eigentlich aus Vorkriegsjahren eine Geschäftsbeziehung zu BP gehabt, doch jetzt kommt er mit Shell ins Geschäft, weil man sich bereits aus einem anderen Liefergeschäft kennt. Bei Shell besteht ein großes Interesse, den Mineralölhändler an die Gesellschaft zu binden. So gibt es eine Finanzierung der Shell, die den Aufbau zweier Großtanks unweit des Bahnhofs ermöglicht, sozusagen als vorgeschobene Rampe. Paul Friedrich, der das Unternehmen 1912 gegründet hatte, war immer veränderungsbereit gewesen. Erst gehören Baustoffe, Kohle und Grobeisen zum Sortiment, alsbald kommen Haushaltswaren, Öfen und Herde hinzu. Doch die Fünfzigerjahre lassen durch den Aufbruch eine Veränderung entstehen. Entweder Tankwagen oder Aufsetztank – beides sind denkbare Möglichkeiten. Die letztere macht den Einstieg ins Heizölgeschäft ganz unabhängig von der Mengennachfrage leicht. Als das Shell-Angebot 1958 die Kohlenhändler erreicht, gibt es noch keine regulatorischen Einschränkungen für die Nutzung der flexiblen Aufsetztanks. Jedenfalls liefert die mobil nutzbare Tankeinheit den unterbauten Armaturenschrank mit eingebautem Durchflusszähler, der über eine eichbehördliche Messanlage verfügt, gleich mit. »Der Lkw-Tank ist Eigentum der Deutschen Shell AG. Sie legt größten Wert darauf, dass dieses in ihren Hausfarben gestrichene und mit ihrem Namen versehene Aggregat sich stets in einem einwandfreien, sauberen Zustand befindet«, heißt es in der technischen Beschreibung. Zusätzlich ist ein eingeklebter Hinweis erklärend angefügt, der die vorangegangenen Zeilen

Der Bau der ersten Verteilerfahrzeuge wird immer individueller und aufwendiger. Esterer in Helsa verbaut den Aufsetztank auf einer Pritschenkonstruktion, stattet den Tankwagen aber zusätzlich mit einem beifahrerseitigen Unterbau für die Armaturen aus.

in ihrer Aussagekraft noch stärkt: »Es dürfen auch keine Änderungen irgendwelcher Art vorgenommen werden. Die Deutsche Shell muss sich gegebenenfalls vorbehalten, den Lkw-Tank auf Kosten des Entleihers in den ursprünglichen Zustand zurückversetzen zu lassen.« Allein die Erfahrungen aus dem Alltag und der hemdsärmelige Umgang einzelner Händler mit den Tankeinheiten machen seinerzeit die klaren Worte notwendig. Denn in einigen Fällen hatten die strahlend gelben Aufsetztanks mit ihrem rotem Schriftzug »Shell Heizöl« eine Pflege vermissen lassen oder in Einzelfällen gleich eine Zweckentfremdung erfahren – angesichts einer klar formulierten Leihvereinbarung ein unhaltbarer Zustand.

Im Geschäftsbetrieb erweist sich der Aufsetztank in den Folgejahren als konstruktiver Glücksgriff – Hunderte werden von den Tankwagenherstellern gebaut, viele davon stellen Shell, aber auch Esso, Aral oder Gasolin bereit. Die mobile Einheit, die schlichtweg auf der Pritsche eines Mercedes-Benz L 3500, eines Hanomag L28 oder eines Borgward B3000 verlastet werden kann, verfügt über drei wesentliche Einheiten. Der Koffertank mit seinen Stützen überbaut den beifahrerseitigen Armaturenschrank, während es für den Betrieb auf der hinteren Pritsche ein Motorpumpenagregat gibt, das die Tankeinheit vom Lkw unabhängig betreiben lässt. Daneben wartet die Schlauchtrommel, zu deren Inbetriebnahme lediglich die heckseitige Bracke abgeklappt werden braucht. Das Handling ist denkbar einfach. So kann die Befüllung über den Dom von oben erfolgen oder aber mit der Eigenpumpe durchgeführt werden. Im ersten Fall braucht der Tankwagenfahrer lediglich den Schlauch, der vom Tanklager herangeführt wird, in den geöffneten Domdeckel hineinzuführen und ihn möglichst tief im Tankinneren zu platzieren. Auf diese Weise, so lautet die Shell-Empfehlung, »kann unnötiges Spritzen des Heizöls vermieden werden«. Damit die gewünschte Füllmenge erreicht wird, lässt sich der Tank bis zur Maximum-Marke, die im Dom angebracht ist, auffüllen. Bedarf es einer geringeren Menge deutlich unter den 4.000 Litern Gesamtvolumen, so muss der Tankwagenfahrer den Peilstab einsetzen, mit dem er freilich nur einen Anhaltswert, aber keine präzise Messung nach Eichvorschrift vornehmen kann. Allein durch die platzbedingt auf dem Fahrzeug entstehende leichte Schräglage können recht schnell Messfehler entstehen. Soll der Tank mit der Eigenpumpe befüllt werden, muss zur ersten Inbetriebnahme ein Auffüllen der Pumpe mit Heizöl erfolgen. Um die Verbindung des

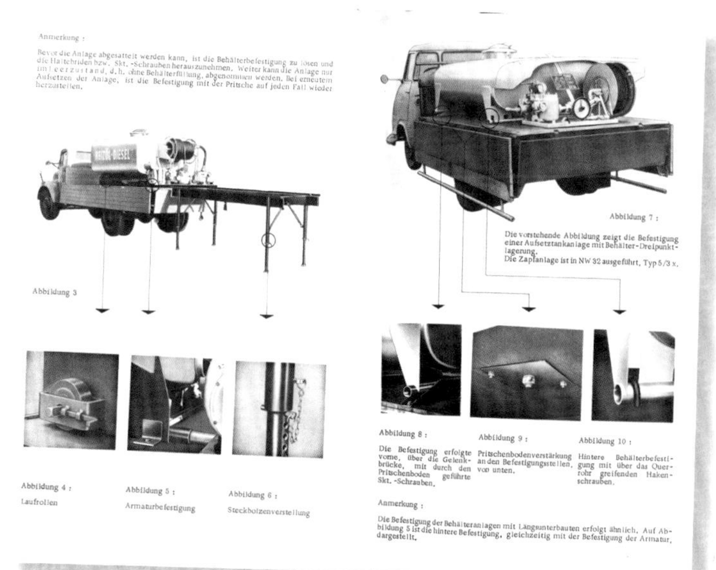

Anmerkung :

Bevor die Anlage abgesattelt werden kann, ist die Behälterbefestigung zu lösen und die Haltebriden bzw. Skt.-Schrauben herauszunehmen. Weiter kann die Anlage nur im Leerzustand, d.h. ohne Behälterfüllung, abgenommen werden. Bei erneutem Aufsetzen der Anlage, ist die Befestigung mit der Pritsche auf jeden Fall wieder herzustellen.

Abbildung 3

Abbildung 4 :
Laufrollen

Abbildung 5 :
Armaturbefestigung

Abbildung 6 :
Steckbolzenverstellung

Abbildung 7 :

Die vorstehende Abbildung zeigt die Befestigung einer Aufsetztankanlage mit Behälter-Dreipunktlagerung.
Die Zapfanlage ist in NW 32 ausgeführt, Typ 5/3 x.

Abbildung 8 :
Die Befestigung erfolgte vorne, über die Gelenkbrücke, mit durch den Pritschenboden geführte Skt.-Schrauben.

Abbildung 9 :
Pritschenbodenverstärkung an den Befestigungsstellen, von unten.

Abbildung 10 :
Hintere Behälterbefestigung mit über das Querrohr greifenden Hakenschrauben.

Anmerkung :

Die Befestigung der Behälteranlagen mit Längsunterbauten erfolgt ähnlich. Auf Abbildung 5 ist die hintere Befestigung, gleichzeitig mit der Befestigung der Armatur, dargestellt.

Diese präzise Bedienungsanleitung zum Ablasten des Aufsetztanks gibt das Schwelmer Eisenwerk Müller & Co. seinen Kunden mit an die Hand.

In den Farben der DEA ist dieser kompakte Aufliegerzug mit Mercedes-Benz-Zugmaschine unterwegs.

Stadler in Neu-Ulm baut zahlreiche Tankwagen-Gespanne für den Klöckner-Heizölhandel, der in der Bundesrepublik nahezu flächendeckend vertreten ist. Der Mercedes-Benz-Kurzhauber eignet sich, um auch das Heizöl aus dem Tankanhänger an den Kunden abzugeben. Das Duo kommt zumeist bei Industriebetrieben zum Einsatz.

Tanklagers mit dem Aufsetztank herzustellen, lässt sich der Schlauch seitlich im Armaturenschrank anschließen. Alles andere erledigt die eingeschaltete Pumpe. Der Tank ermöglicht die Abgabe mit immerhin fünf verschiedenen Optionen. So kann ein freier Auslauf ohne Pumpe und ohne Zähler erfolgen, sollte der gesamte Tankinhalt ausgeliefert werden. Weitere Varianten ergeben sich unter Nutzung des freien Auslaufs mit dem Zähler oder aber der Abgabe ohne Zähler und ohne Schlauchtrommel, was ein schnelles Ablassen des gesamten Heizöls beim Kunden ermöglicht. Zu guter Letzt besteht die Option, die Belieferung beim Kunden via Pumpe über Zähler mit oder ohne die eigene Schlauchtrommel zu erledigen. Die Abgabe an den Kunden über einen entsprechenden Anschluss des Haustanks kann bei einem Normanschluss beim Kunden über die Zapfpistole erfolgen. Der Handhebel der Zapfpistole lässt sich sofort öffnen und arretieren, sodass beim Einschalten der Pumpe das Heizöl durch den Schlauch geschickt wird. Besitzt der Kundentank keinen Normanschluss, wird die Zapfpistole in den Stutzen des Kundentanks geführt; der Tankwagenfahrer muss lediglich darauf achten, dass sich die Zapfpistole nicht unvorhergesehen wegbewegt. Bei der Abgabe von Heizöl über die Schlauchtrommel misst der Zähler nur die Menge, die aus der Zapfpistole austritt. Die im Schlauch verbleibende Heizölmenge erfährt dabei keine Messung und wird auch nicht im Kundentank entleert. So verfügt der Brennstoffhändler mit dem stählernen Shell-Aufsetztank über ein verlässliches und überdies noch geeichtes Vollschlauchsystem! Zwar ist die Technik der beauftragten Tankwagenhersteller robust, doch die Shell gibt die technischen Hinweise der drei Produzenten gern weiter und weist ihre Brennstoffhändler immer wieder darauf hin, dass gerade Tank, aber auch die Abgabe- und Messarmaturen sowie die Schlauchtrommel stets einer Pflege und Wartung bedürfen. So soll der Filtereinsatz durch mehrmaliges, kräftiges Eintauchen in Petroleum in regelmäßigen Abständen eine sinnvolle Reinigung erfahren, weil sich dadurch Schmutzteilchen lösen lassen. Tatsächlich erweisen sich eben diese Verschmutzungen als häufigste Ursache von Störungen beim Befüllen und der späteren Auslieferung. Meist erkennt es der Tankwagenfahrer daran, dass die Förderleistung der Pumpe sich nach und nach verringert. Beim Motorpumpenaggregat hat sich Shell für ei-

Multitalent: Für den klassischen Verteilerverkehr von Sackware, Ölfässern und Heizöl bestellt Klöckner den Ford FK 3500 bei Stadler in Neu-Ulm.

nen Fichtel & Sachs Stamo 280 mit Regler und Untersetzungsgetriebe entschieden – ein robuster Stationärmotor in Zweitaktermanier, versteht sich. Auch seine Handhabung ist denkbar einfach. Der Kraftstoffhahn am Tank wird geöffnet, anschließend der Vergaserhebel betätigt, und nach dem ersten Kraftstofftupfen kann der Anwurfgurt zur Beschleunigung des 1:25-Gemisches gezogen werden. Die angeschlossene Pumpe liefert Siemen & Hinsch (SIHI) aus St. Margarethen zu. 1920 gegründet, sorgen die innovativen Ideen der Gründer Otto Siemen und Johannes Hinsch auf dem Gebiet der selbstansaugenden Flüssigkeitspumpen für einen alltagsbewährten Standard.

Die Aufsetztanks gehören zum grundsätzlichen Learning jener Jahre – jeder Brennstoffhändler macht seine eigenen Erfahrungen. Mehr noch. Die Funktion und der Umgang mit dem Aufsetztank lässt vielerorts die Entscheidung reifen, früher oder später doch auf ein Tankfahrzeug umzusteigen. Der Arbeitsweise im Alltagsbetrieb ist ja bereits gelernt und der Umstieg einfach. Dass die Entscheidung für die Investition in ein Tankfahrzeug kommen wird, müssen die Brennstoffhändler schon bald erkennen. Die angestammten Brennstoffe werden nach dem Boom der Fünfzigerjahre schon in den Sechzigerjahren immer mehr an den Rand gedrängt. Dem Heizöl, das befinden die meisten Händler unisono, soll die Zukunft des Wirtschaftswunders gehören. Das Wachstum in der Nachfrage nach dem flüssigen Brennstoff wird allenthalben unübersehbar. Werden vom Gesamtwohnungsbestand in der Bundesrepublik 1965 noch 70 Prozent mit Kohle und schon 24 Prozent mit Öl befeuert, hat die Nachfrage nach Öl 1970 bereits 45 Prozent erreicht und damit den Anteil von Kohle mit 43

Bei Tankzügen für den Langstreckenverkehr, aber auch als die Nachfrage zur Haushaltsbelieferung größer wird, setzt Klöckner auf Magirus. Beschafft werden der Frontlenker Mercur 112/120FS mit Schmitz-Tankauflieger und der Rundhauber mit Pritsche und unterbautem Tank.

Mit dem beginnenden Wirtschaftswunder kommt auch die amerikanische Mineralölgesellschaft Conoco nach Deutschland. Der Mercedes-Benz L 1413 kann 8.000 Liter zum Kunden bringen.

Der Ford FK 4000-S zählt zu den Raritäten im Mineralölhandel. Nur zwei Jahre gebaut, führt er in Deutschland ein Schattendasein.

Für die Tankwagenbauer in Deutschland wird das Exportgeschäft in den Sechzigerjahren immer attraktiver, weil sich der gute Ruf der Fahrzeuge »made in Germany« herumgesprochen hat. Stadler liefert den Mercedes L 322 gleich dutzendweise nach Nigeria.

Prozent überholt. Bis nach der Ölkrise wächst der Anteil von Heizöl auf 52 Prozent, während die Bedeutung der Kohle auf 18 Prozent sinkt. Zugleich schnellt der Bedarf von Erdgas auf 16 Prozent in die Höhe. Gerade in den Sechzigerjahren sind es Tausende von Haushalten, die auf die Kohle- und Holzfeuerung in Küche und Wohnzimmer verzichten. Stattdessen erobern die Elektro-und Gasherde die Küchen, während in den Wohnstuben wohlige Wärme durch Ölöfen entsteht. Und auch in den Kellern vollzieht sich eine veränderte Lagerung. Nicht mehr der große Kohlenhaufen und noch größere Brikettstapel werden dort untergebracht, sondern Einzeltanks finden in oft atemberaubenden Transportaktionen den Weg in die Keller. So fertigen die Mannesmann-Werke über viele Jahre Tausende von Haushaltstanks, die mit einem Volumen von 550 bis 1.100 Litern für die Bedarfsdeckung sorgen können. Die Ölkanne entpuppt sich als neues Transportvehikel, während die blecherne Kohlenschütte immer mehr in Vergessenheit gerät. Regelmäßig pumpt der Haushaltsvorstand im Keller das Heizöl per Hand aus dem heimischen Vorratstank in die Kanne, um es von dort treppaufwärts zu befördern und im Wohnzimmer dem Ölofen zuzuführen.

Die Geschäftsentwicklung der Brennstoffhändler entwickelt sich in jenen Jahren in immer ähnlicher Weise – Tradition spielt eine große Rolle. 1889 hatten der Harburger Peter Zehrer und der Ostfriese Gedeus Petersen einen Kohlengroß- und Einzelhandel gegründet. Die aufgebaute Infrastruktur war von Anfang an hilfreich, denn das gepachtete Grundstück befand sich am Kaufhauskanal und hatte direkten Kontakt zu Hafen und Elbe. Schon 1911 ging das gepachtete Grundstück in das Eigentum der Firma über, und die ersten Kohlen Hamburgs wurden von Zehrer und Petersen auf dem Wasserweg aus Böhmen herangeschafft. Dann die neue Zeitrechnung: Nach dem Ableben der Inhaber und dem Ende des Zweiten Weltkriegs liegt auch Harburg in Schutt und Asche – ein neuer Anfang steht bevor. Auf dem angestammten Kohlenplatz hievt ein Dampfkran die Ladung auf die Transportmittel. Zu Beginn fahren die Mitarbeiter noch mit Pferdefuhrwerk zu den Kunden, nach der Währungsreform kommen die ersten Lkw hinzu. Dabei erfolgt die Kohleversorgung über einen eigenen Gleisanschluss – der Kohlenhof soll allen Veränderungen zum Trotz noch

Shell nennt die Heizölsparte »Thermoshell« und schafft damit eine eigene Marke und Geschäftseinheit. Als Agenturbetrieb fährt der Mercedes-Benz 1418 für Jehle und Wolf in Ravensburg zu den Kunden. Thermoshell sorgt auch für den ordnungsgemäßen Betrieb der Zentralheizungen von Unternehmen und Haushalten.

lange genutzt werden. 1955 erfolgt dann der Einstieg ins neue Brennstoffgeschäft. Zehrer und Petersen startet als erste Harburger Firma den Verkauf von BP-Heizöl. Mit insgesamt acht Lastwagen für den Kohlen- und Heizölhandel verschafft man sich im Umland einen guten Namen. Damit beginnt auch die Partnerschaft mit BP Deutschland, und einer fortwährenden Ausweitung des noch neuen Mineralölgeschäfts steht nichts mehr im Wege. Fortan liefert Zehrer und Petersen nicht nur Heizöl und Diesel, sondern auch Petroleum und Benzin wird via Tankwagen zum Kunden gebracht. Schmierstoffe für die Industrie und Landwirtschaft gehen derweil auch in kleineren Gebinden zu den Kunden. Kaum zu glauben, dass in den Fünfzigerjahren allein in Hamburg über 50 Brennstoffhändler um Kunden kämpfen.

Wie schnell sich der Anteil von Heizöl im Liefergeschäft verändert, hängt in den Fünfzigerjahren in entscheidendem Maße von der Kundenstruktur der traditionsreichen Kohlenhandlungen ab. Sie haben nach dem Zweiten Weltkrieg meist den ersten Generationswechsel hinter sich, oder die neue, zweite Generation steht ambitioniert in den Startlöchern, um den väterlichen Betrieb in die Zukunft zu führen. Es bleibt die Zeit der Orientierung, denn ohne Investitionen soll es auch für sie keine Existenzgarantie und schon gar kein Wachstum geben. Gerade für Betriebe, die in dieser Entwicklungsphase stecken, aber nicht verharren wollen, halten die Tankwagenhersteller von Strüver über Ellinghaus und Schwelm bis hin zu Aurepa, Stadler und Haller entsprechende Tankwagen bereit. Es sind anfangs die 3,5-Tonner, die eine sinnvolle Problemlösung bedeuten. Das Bauprinzip erweist sich als alltagskonform und denkbar praxistauglich. So schicken die ersten Heizölländer kombinierte Fahrzeuge an den Start, selbstverständlich stets auf dem vom Kunden gewünschten Fahrgestell. A. May Mineralöle in Schweinfurt setzt auf den Borgward B 4500. Der Aufbau ist so konzipiert, dass sich direkt auf dem Fahrgestell ein flacher Koffertank befindet, der seitlich verkleidet und von außen gar nicht erst als solcher erkennbar ist. Hinter der Heckklappe befinden sich sowohl Pumpe als auch Schlauchhaspel im schnellen Zugriff. Darüber steht eine ebene Pritschenfläche zur Verfügung, die genügend Platz für Kohlensäcke und Briketts bereithält. Gerade die Pritschenhöhe von etwa 1,40 Meter findet bei den Fahrern Gefallen, weil es die ideale Aufnahmehöhe ist, um die halbzentner schweren Kohlensäcke zu schultern. Die allseits übliche Tour zu den Kunden kann somit zweigleisig erfolgen – mehr Effizienz auf einem Weg, trotz zweier Brennstoffe. Stadler in Neu-Ulm baut diese kombinierten, vor allem wendigen Transporter gleich dutzendfach. Zu den Kunden gehört auch Klöckner-Heizöle, die sich mit über 40 Niederlassungen und Verkaufsbüros in der ganzen Bundesrepublik um den Heizölverkauf kümmern, anfangs aber selbstverständlich auch Festbrennstoffe ausliefern wollen. Darüber hinaus kümmern sich die Verkaufsabteilungen zwischen Lübeck

Der Mercedes-Benz L 1113 gehört zu den mittelschweren Fahrgestellen, die bei Heizölfahrzeugen gern genutzt werden.

Klein und wendig sollen sie sein: Die Frontlenker von Mercedes-Benz (o.) und Magirus (M.) verfügen zu Lasten des Tankvolumens über eine zusätzliche Ladefläche zwischen Fahrerhaus und Tankaufbau. Gleiches gilt auch für den Mercedes-Benz-Kurzhauber (u.).

und Rosenheim sowie zwischen Aachen und Kassel um die Belieferung von Industriekunden. Dort werden in den Fünfziger- und Sechzigerjahren die Kesselhäuser zu Hunderten umgestellt, um von nun an mit Heizöl befeuert zu werden. Die Tankwagenhersteller haben gerade in dieser Phase des Marktes alle Hände voll zu tun, weil es nahezu keine identischen Fahrzeugaufbauten gibt. Jeder Händler möchte seine Sonderwünsche berücksichtigt wissen. Der Wunschkatalog an die Verteilerfahrzeuge scheint nahezu unendlich zu sein. Ganz wichtig: Die größtmögliche Transportkapazität soll der Tank möglich machen. Als in den Sechzigerjahren der Markt endgültig die Entscheidung darüber gefällt hat, dass das Heizölgeschäft auf lange Zeit Entwicklungschancen besitzt, werden auch die bestellten Tankfahrzeuge größer. Nahezu alle Fahrgestelle zwischen 7,5 und zwölf Tonnen Gesamtgewicht sollen von nun an von Mercedes-Benz, Henschel, MAN oder Büssing bereitgestellt werden, um mit einem Tankaufbau für die Aufgaben ihrer Besitzer gerüstet zu sein. Zwischen 5.000 und 10.000 Liter sollen die Verteilerfahrzeuge aufnehmen können, um auf ihren Tagestouren die Kunden bedarfsgerecht zu beliefern. Es gibt dabei immer wieder Sonderwünsche, die noch an die erste Generation der kombinierten Fahrzeuge erinnern. In vielen Fällen wird zwischen Fahrerhaus und Tankaufbau noch eine Pritsche eingebaut, um dort zusätzliche Kanisterware zu befördern. In Einzelfällen gibt es auch Einzelkonstruktionen, die am Heck über einen bei Bedarf herausschiebbaren Lastenträger verfügen. Dort können im Einzelfall sogar Ölöfen mitgebracht werden. Viele Händler erkennen rechtzeitig, dass sie ihren Kunden in den Privathaushalten ganzheitliche Lösungen anbieten können. So entstehen nicht selten auf den Kohlenhöfen der Händler rudimentäre Ausstellungsräume, in denen sich die Kunden die unterschiedlichen Öfen anschauen und aussuchen können. Letztlich geht es um die gesamte Gestaltung der heimischen Feuerstätte.

In Wuppertal-Barmen hat die Firma Homberg in den Nachkriegsjahrzehnten ihren Sitz und sorgt für die Belieferung der Haushalte mit Mineralöl. Zwar gibt es auch Tankstellen in der Region, aber die Versorgung mit Heizöl garantieren die Verteilerfahrzeuge mit ihrer im Straßenbild wahrnehmbaren Alltagspräsenz. Der Mercedes-Benz L 408 wird als erster

Mobil steigt erst in den späten Sechzigerjahren ins Geschäft mit Heizöl ein und setzt einen Mercedes-Benz-Kurzhauber mit heckseitig angeflanschter Ladepritsche ein (o.). Klein, aber fein beliefert Georg Beer in Schwandorf mit dem Mercedes-Benz L 911 (M.) die Kunden. Kohlen und Brennholz, aber eben auch Heizöl gibt es beim Händler Stein in Bopfingen (u.), der den Mercedes-Benz L 808 einsetzt.

Düsseldorfer Transporter nach seiner Auslieferung aus dem rheinischen Transporter-Werk kurzerhand mit einem Aufsetztank bestückt, sodass der Lkw für die verlässliche Belieferung der privaten Haushalte geradezu prädestiniert ist. Mineralöl und Treibstoff werden damals vom Mineralölgroßhandel J. & A. Homberg geliefert, ein Name, der seinerzeit Autofahrern aus dem Siegerland, dem Bergischen Land und dem Ruhrgebiet ein Begriff ist. Es sind eben nicht immer die großen Namen, die auf den Leuchttransparenten der Tankstellen zu sehen sind, auch regionale Platzhirsche haben in jener Zeit ihre Existenzberechtigung. Neben seinem Sitz in Wuppertal-Barmen führt Homberg größere Niederlassungen in Siegen und Solingen. In diesen Städten und deren ländlichem Umland betreibt Homberg in den Fünfziger- und Sechzigerjahren ein eigenes Tankstellennetz. Anderswo heißen die regionalen Marken Rückwarth wie in Ostwestfalen oder Frisia wie in Niedersachsen. In Flensburg geht es ähnlich voran. Und wieder sind es traditionelle Wurzeln. Im Jahr 1904 hatte der Flensburger Kaufmann Ludwig Thomsen eine Gemischtwarenhandlung am Bäckerberg in Frörup. Es ist sozusagen die unternehmerische Keimzelle, die sogar bis Ende der Sechzigerjahre betrieben werden sollte. 1939 übernahm sein Sohn Julius das Geschäft und traf die weitreichende Entscheidung, einen Kohlenhandel anzugliedern. Auch in Flensburg ist in den Fünfzigerjahren der Trend allenthalben wahrnehmbar – eine regelrechte Sogbewegung beginnt. So werden bei Thomsen die Bestellungen von Kohlen und Briketts immer

Adolf Roth, der bereits in der Vorkriegszeit in den Diensten der Esso-Vorläuferin »Deutsch-Amerikanische Petroleumgesellschaft« gestanden hatte, entwickelt mithilfe seiner Söhne Helmut, Adolf und Dieter das aufstrebende Unternehmen bald zum regionalen Branchenführer, insbesondere als in den Fünfzigerjahren auch in der Bundesrepublik das leichte Heizöl den Wärmemarkt zu erobern beginnt.

weniger, stattdessen stellen die Kunden wie auch anderswo ihre Heizungen vermehrt von Kohle auf Öl um. Der Kohlenabsatz verliert langsam, aber sicher mehr und mehr an Bedeutung. 1974 dann die folgerichtige Konsequenz: Der erste Tankwagen wird angeschafft und das Geschäft durch den Handel mit Heizöl erweitert. Mit dem Generationswechsel 1978 übernehmen die drei Söhne Ludwig, Julius und Hermann Thomsen die Geschäfte. Bis 1988 befördert die blau-weiße Tankwagenflotte in Aral-Farben Heizöl und Diesel zu den Kunden. Mit Jahresbeginn 1989 übernimmt Thomson die Shell-Niederlassung in Flensburg (Kielseng) und wird zum Vertragspartner der Deutschen Shell AG. Ähnlich der Werdegang von Nusser Mineralöle am anderen Ende der Republik im bayerischen Straubing. Die Groß- und Einzelhandlung Nusser war 1895 vom Kaufmann Georg Nusser am Theresienplatz gegründet worden. Im angegliederten Geschäft gingen Mehl und Lebensmittel über den Ladentresen. 1931 hatte der Sohn Alois Nusser mit nur 22 Jahren erst das Geschäft und vier Jahre später das Grundstück des heutigen Stammsitzes in der Industriestraße übernommen. Alois Nusser setzt nach dem Zweiten Weltkrieg sogleich das fort, was er 1937 mit dem Handel von Mineralölen und dem Bau von Tankstellen begonnen hatte.

Verständlich, dass die Haushalte zugreifen: Das leichte Heizöl für Ölofen und Zentralheizung ist bequem im Handling und lange Zeit günstig im Preis. Das soll sich allerdings nach der Ölkrise 1973 schlagartig ändern.

Auf Kurs: 1966 übernimmt Dieter Roth in Gießen die Unternehmensleitung, und es wird kräftig expandiert – mit neuen Standorten und noch mehr Fahrzeugen. Esso hat inzwischen die Marke Esso Wärme-Service positioniert, die sich vornehmlich ums Heizölgeschäft kümmert.

Der Eintritt in die neue Zeit soll glücken. 1954 beginnt die bis 2003 andauernde Kooperation mit der DEA. Ein erster Mercedes-Benz L321 muss es richten – natürlich mit einem Aufsetztank. Ohnehin gilt der L321 mit seinen 110 PS und den präferierten Radständen von 3.200, 3.600 und 4.200 Millimetern als verlässlicher Brennstoff-Lastesel, der die Alltagsaufgaben im deutschen Brennstoffhandel mit Bravour meistert. An allen Rädern gibt es hydraulisch und mit Druckluftunterstützung betätigte Innenbacken-Trommelbremsen. Mit seinen zehn Tonnen meistert er auch die bayerischen Höhenstrecken. Nusser lässt auf der Pritsche zwischen Fahrerhaus und Tank bewusst genügend Platz, um seitlich gleich Ölfässer mitzutransportieren. Die Geschäfte laufen gut. Im Jahr 1961 wird in Zwiesel ein zweiter Nusser-Standort aufgebaut, um mehr Kapazitäten für den nordöstlichen Raum zur Verfügung stellen zu können.

Und dann gibt es nach dem Krieg auch die Neugründungen, die durch Expansion und Marktkonzentration wachsen können. Ein Jahr nach der Währungsreform gründet der Kaufmann Adolf Roth gemeinsam mit seiner Ehefrau Käthe am Gießener Güterbahnhof sein Mineralölhandelsgeschäft als Agentur und Vertriebspartner der Hamburger Esso AG. Es gehört damals zweifellos auch Mut dazu, so kurz nach der Währungsreform den Sprung ins kalte Wasser zu wagen und einen sicheren und verantwortungsvollen Arbeitsplatz gegen die berufliche Selbstständigkeit einzutauschen, zumal die Palette der Produkte, auf die man die Zukunft stützen kann, 1949 noch eng begrenzt ist. Schmierstoffe, Petroleum und Traktorentreibstofff – das ist das Einzige, was es damals zu verkaufen gibt. Den Komfort eines Unternehmers gibt es nicht. Eine unbeheizte Wellblechbude muss als Büro ausreichen. Dazu ein alter Holzschreibtisch und ein Stuhl, der keiner ist, sondern eine auf den Kopf gestellte Kiste. Der Alltag verläuft eher beschwerlich. Die Produkte müssen, um sie abzufüllen, mit der Hand gepumpt werden. Das Heizöl, das die Firma Roth 1953/1954 erst in überschaubaren Mengen verkauft, dann aber eine stürmische Entwicklung einleitet, soll maßgeblichen Anteil an der späteren Bedeutung der Firma haben. Adolf Roth, der bereits in der Vorkriegszeit in den Diensten der Esso-Vorläuferin »Deutsch-Amerikanische Petroleumgesellschaft« stand, entwickelt mit seinen Söhnen Helmut, Adolf und Dieter das aufstrebende Unternehmen zum Branchenführer – das Heizöl soll in den Sechzigerjahren den Wärmemarkt erobern. Als Gründersohn Dieter 1966 das Ruder übernimmt, formiert sich Roth Wärmeservice für die Nachfrage des Marktes: Die Sparten Heizungsbau- und -modernisierung, Wartung und Notdienst, Tankschutz, Sanitär und erneuerbare Energien kommen hinzu. Der Fuhrpark umfasst eine Flotte von über zehn Tankwagen, dazu noch VW Transporter, die alle in den Farben von Esso Wärme-Service unterwegs sind.

Erst Pullman-Fahrerhäuser, dann folgt zum Ende der Sechzigerjahre die kubische Baureihe von Mercedes-Benz. Die fünfachsigen Tankauflieger sollen später mit einem zulässigen Gesamtgewicht von 36 Tonnen unterwegs sein können. Der Arbeitsring Tankfahrzeughersteller (ART) hat den Einheitstankwagen mit 30.000 Litern in Leichtmetallbauweise vorangetrieben.

Omnipräsenz beweist Müller & Sinning viele Jahre im Rhein-Main-Gebiet. Kaum ein anderer Brennstoffhändler verfügt über einen solch facettenreichen und innovativen Fuhrpark. Am Frankfurter Kreuz fährt die mächtige Pausbacke zur Luftparade vorbei.

MÜLLER & SINNING MIT TRADITION UND INNOVATION

Rundum-Service für Industrie und Haushalte im Rhein-Main-Gebiet

Diese Firma zählt in den Wirtschaftswunderjahrzehnten zu den ganz Großen im Rhein-Main-Gebiet, wenn es um Brennstoffe geht. Jeder kennt Müller & Sinning. Auch weil sich manches, nur auf den ersten Blick kurioses Vehikel seinen Weg zum Kunden bahnt. Wer in den Fünfziger- und Sechzigerjahren in Frankfurt unterwegs ist, sieht immer irgendwo die dunkelgrünen Lastwagen mit den auffällig gelben Lettern und den gleichfarbig kontrastierenden Stoßstangen und Kühlergrills. Mit Fug und Recht darf Müller & Sinning von sich behaupten, über einen der wohl vielfältigsten Fuhrparks der Branche zu verfügen. Variantenreicher geht's kaum. Und innovativer schon mal gar nicht. Im Zeichen des dynamisch gezeichneten versalen M und S nimmt das Unternehmen die Herausforderung an, während des Wirtschaftswunders vom marktdominanten Kohlenhändler der Nachkriegsjahre zum Mineralölunternehmen der Nach-Ölkrise-Ära zu mutieren.

Dipl.-Ing. Fritz Dressel (l.) und Gert Dressel führen das Unternehmen mit Innovationskraft.

Dabei hatte alles sehr früh begonnen, aber eben wie eine typische Familiengeschichte, deren Entwicklung freilich niemand vorhersehen konnte. Nicht einmal die Gründer selbst. Denn die hoben das Unternehmen am 21. Juni 1891 aus Taufe – Willy Müller und Heinrich Sinning gaben bei dem Kohlenhändler als Inhaber den Ton an. Da Sinning ohne Nachkommen war, nahm er seinen Neffen Jean Brethauer ins Unternehmen und baute ihn schon früh zu seinem Nachfolger auf. Allianzen im Brennstoffgeschäft schmieden, um Vorteile gegenüber dem Wettbewerb zu haben – das hatte sich Brethauer gedacht, als er näher an die Quelle des Brennstoffs heranrücken wollte. Weil er sich Vorteile bei der Belieferung mit Braunkohle-Briketts versprach, nahm er bereits in den Zwanzigerjahren die Rheinische Braunkohle in Köln als Mehrheitsgesellschafter mit 51 Prozent auf, seither besaß die Familie immer nur den Minderheitsanteil von 49 Prozent, trotzdem führten in der nächsten Ge-

Stolz auf Tradition: Mit einem Lkw-Korso feiert Brennstofflieferant Müller & Sinning sein 60-jähriges Bestehen.

Schon in den Zwanzigerjahren gehört der Hanomag WD zu den motorisierten Zugpferden, um die Kohle aus dem Hafen in die Stadt zu bringen.

neration Fritz Dressel mit seinem Sohn Gert die Geschäfte vor Ort. Der Fuhrpark umfasste ursprünglich vorwiegend Pferdefuhrwerke, später dann Zugmaschinen mit Anhängern. Wenn sich dann so ein Zug in Richtung Taunus in Bewegung setzte, kam es immer wieder vor, dass die Anhänger einzeln den Berg hinaufgezogen werden mussten. Die Benz-Gaggenau-Zugmaschine war als Motorgefährt der ersten Stunde ein dankbares Zugpferd und wurde erst 1933 außer Betrieb genommen und durch die Lanz-Straßenzugmaschine ersetzt.

Das Geschäft in den Nachkriegsjahren funktioniert tadellos, bei den jährlichen Gesellschafterversammlungen können die Familiengesellschafter ebenso zufrieden sein wie die Rheinische Braunkohle. Obwohl es in Frankfurt und ringsherum Dutzende Kohlenhändler – darunter viele kleine, aber nur wenige große – gibt, kann Müller & Sinning seine Marktanteile vergrößern. Nur eines sollte sich nicht so ereignen wie es der Gründerneffe geplant hatte: Der angedachte Vorteil mit der bevorzugten Belieferung von Briketts sollte nicht eintreten. Stattdessen legt die Rheinische Braunkohle, sicher in guter Kaufmannsabsicht, großen Wert darauf, dass andere Großhändler die gleichen Konditionen wie die eigene Mehrheitsbeteiligung erhalten.

Fritz Dressel kommt eher durch einen glücklichen Zufall in den Frankfurter Betrieb, nämlich der Liebe wegen. Nachdem er ursprünglich als Schiffbauingenieur bei der Reederei Braunkohle in Köln Bandentladungsschiffe konstruiert hatte, hat er kurzerhand »in die Firma ein-

Der Kohlenhandel hat die härtesten Jobs zu vergeben. Müller & Sinning schickt einen »Wiege Kohlen-Kuli« auf den Weg zu den Haushalten. Am Heck wird ein schulterbarer Kuli befüllt, dabei zugleich gewogen und gezählt. Der Mitarbeiter macht sich dann in den Keller auf und kann mit einem einfachen Hebelgriff den Behälter sekundenschnell entleeren. Auf diese Weise entfällt das kraftzehrende Ablassen des Behälters. Aurepa aus Mannheim hat die Idee des Unternehmens umgesetzt.

geheiratet«. Seine Kenntnis bei der Bandentladung kommt ihm im Festbrennstoffgeschäft zugute, er konstruiert zunächst den Selbstentladeanhänger und später den Kohlen-Kuli.

Fritz Dressel weiß, dass der Kohlenhandel die härtesten Jobs zu vergeben hat. Müller & Sinning schickt den »Wiege Kohlen-Kuli« direkt zu den Kunden. Und die Verweildauer erweist sich als denkbar kurz, denn am Heck wird ein schulterbarer Kuli befüllt, dabei zugleich gewogen und gezählt. Der Mitarbeiter macht sich dann in den Keller auf und kann mit einem einfachen Hebelgriff den Behälter sekundenschnell entleeren. Auf diese Weise entfällt das kraftzehrende Ablassen des Behälters. Aurepa aus Mannheim hat die Idee aus der Erfinderfeder von Fritz Dressel umgesetzt. Der harte Einsatz beweist schließlich die Alltagstauglichkeit. Die Eigenkonstruktion trifft den Nerv einer ganzen Branche, die allerorts nach Arbeitserleichterung ruft. Der Kohlen-Kuli jedenfalls hat sie gebracht. Fritz Dressel erkennt frühzeitig die Chancen, den Kohlen-Kuli zum eigenen Geschäftsmodell zu machen. Kurzum wird der Mercedes-Benz L 325 16-fach miniaturisiert. Klein genug zum Mitnehmen, groß genug, um ihn als Vorführmodell bei Händlerkollegen vorzustellen. Alles, was der Kohlen-Kuli bei der Auslieferung bewerkstelligt, kann auch das Modell funktionsgerecht demonstrieren. Schließlich beschleunigen sich die Verkäufe von ganz allein - europaweit, versteht sich. Beim Verkauf des 100. Kohlen-Kulis »Lizenz Fritz Dressel« lässt sich Fritz Dressel nicht bitten. Er schenkt seiner Frau ein

Der Mercedes-Benz L 327 wird ebenfalls von Aurepa als »Kohlen-Kuli« gebaut und kann große Mengen des Brennstoffs fassen.

Klassiker für das Sackgeschäft: Der Hanomag Markant zieht einen Auflieger, der bereits als Getränkelaster bei Coca-Cola im Einsatz war.

Dieser Kohlen-Kuli wurde von Dieter Dressel, dem Enkel des Gründers und Konstrukteurs, originalgetreu restauriert und befindet sich als denkwürdige Reminiszenz an längst vergangene Jahrzehnte unverändert in Familienbesitz.

Gerade in der Rhein-Main-Metropole gehört das Thema »Richtiges Heizen« jahrzehntelang zu den vorrangigen Haushaltsinteressen. Müller & Sinning lässt einen Hanomag Markant mit Kofferaufbau zum Präsentationsfahrzeug umbauen, um den Menschen die beste Brennstofflösung näherzubringen.

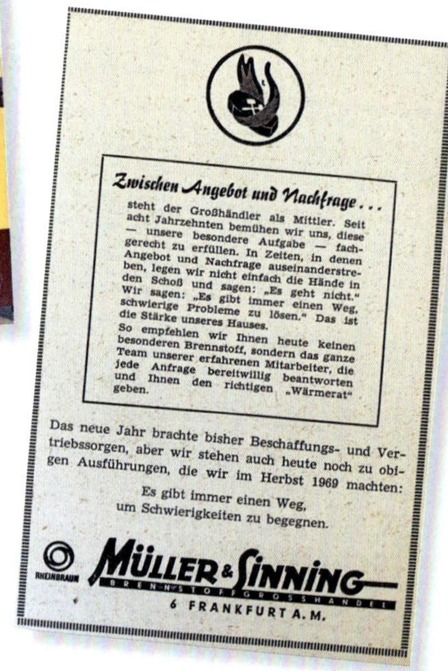

Zwischen Angebot und Nachfrage ...

steht der Großhändler als Mittler. Seit acht Jahrzehnten bemühen wir uns, diese — unsere besondere Aufgabe — fachgerecht zu erfüllen. In Zeiten, in denen Angebot und Nachfrage auseinanderstreben, legen wir nicht einfach die Hände in den Schoß und sagen: „Es geht nicht." Wir sagen: „Es gibt immer einen Weg, schwierige Probleme zu lösen." Das ist die Stärke unseres Hauses.
So empfehlen wir Ihnen heute keinen besonderen Brennstoff, sondern das ganze Team unserer erfahrenen Mitarbeiter, die jede Anfrage bereitwillig beantworten und Ihnen den richtigen „Wärmerat" geben.

Das neue Jahr brachte bisher Beschaffungs- und Vertriebssorgen, aber wir stehen auch heute noch zu obigen Ausführungen, die wir im Herbst 1969 machten:

Es gibt immer einen Weg,
um Schwierigkeiten zu begegnen.

RHEINBRAUN

MÜLLER & SINNING
BRENNSTOFFGROSSHANDEL
6 FRANKFURT A. M.

Mercedes-Benz 220 SE Ponton Cabriolet. Vom Erfinderglück soll auch die Ehefrau profitieren.

Müller & Sinning besitzt in den Nachkriegsjahrzehnten im Frankfurter Osthafen gleich zwei Großhandelslager – von hier aus wird in der Mainmetropole und im angrenzenden Taunus für warme Wohnstuben gesorgt. In der Eyssenstraße (Ruhrorter Werft), direkt hinter der Großmarkthalle, wird geladen. Nicht nur von Müller & Sinning. Daneben reiht sich ein Kohlelager ans nächste, die Gegend ist während der Woche schwarz vor Kohlenstaub. Der Umschlag vom Binnenschiff aufs Lager und von dort wieder auf die Lkw hinterlässt Spuren. Das ist eben die Industrietristesse, die im Schatten der Wirtschaftswunderjahre zwangsläufig dazugehört. Und was geschieht im Winter? Dann ist es genauso kohlenschwarz, bestenfalls grau gepudert. Ab und an brennt es im Osthafen natürlich auch mal. Das bei Kohlenstaub virulente Risiko der Selbstentzündung mit gefährlicher Verpuffung begleitet den Alltag dort jahrzehntelang. Das zweite Lager steht in der Franziusstraße (Mannheimer Werft) bereit, um für Nachschub zu sorgen. Beide Lager sind für den Umschlag großer Kohletonnagen vorbereitet und mit je zwei Kranbahnen und Portalkränen ausgerüstet, in der Franziusstraße können zusätzlich Bandschiffe entladen werden. Die Briketthalle dort verfügt sogar frühzeitig über ein komplettes Bandlade- und -fördersystem. Es soll eben keine unnötige Zeit verloren gehen – der Brennstoffhandel versteht sich seit jeher als saisonales Geschäft. Deshalb gelangen dort Kohle und Briketts über Förderbänder auf schnellstem Weg direkt aus dem Schiff über das Lager bis auf die Lkw. Sie warten vorn auf der Straße und können dort auch gleich gewogen werden. Perfekter geht es damals nicht, die Frankfurter Dependancen von Müller & Sinning sind seinerzeit so ziemlich das Modernste, was man sich in der Branche vorstellen kann. Kein Wunder also, dass sich oft Besuchsabordnungen des Kohlegroßhandelsverbands ankündigen, um die gesamte Anlage in Augenschein zu nehmen. Wohlwollendes Lob ist den Gastgebern jedes Mal sicher.

Das soll anfangs ausreichen: Mit einem Unimog 411 fährt Müller & Sinning in beschaulicher Geschwindigkeit zu jenen Kunden, die zu den ersten Heizölkonsumenten zählen. Mit einem Aufsetztank im Schlepp ist den noch überschaubaren Aufträgen der ersten Jahre genüge getan.

Gert Dressel, der als gelernter Großhandelskaufmann selbstverständlich in die Fußstapfen seiner Vaters tritt, hält mit der grundsätzlichen

Alltagsbewährt: Das Konstruktionsprinzip von Dipl.-Ing. Fritz Dressel bewährt sich täglich Dutzende Male. Der praxistauglich aufgebaute Econom kann die Kohlen mit einem Förderband aus der Mulde direkt in das Kellerfenster befördern – das geht schnell und bequem, rumpelt nur etwas. Der allererste Aufbau von Wagen 11 ist noch in der Werkstatt von Müller & Sinning in der Eyssenstraße in Eigenregie entstanden und gilt als Prototyp. Die anderen Fahrzeuge auf Econom-Fahrgestell hat der Hersteller in Berlin aufgebaut. Insgesamt werden einschließlich der Prototypen vier Stück gebaut. Das Econom-Fahrgestell mit den beiden gelenkten Vorderachsen erweist sich aber als zu schwach und »ungelenk« und damit letztendlich als ungeeignet.

Kompakt und schlagkräftig: Mit dem MAN-Aufliegerzug gelingt es Müller & Sinning, endlich auch größeres Heizölvolumen zu transportieren.

Winterschlußverkauf . . .

Bestandsaufnahme, gleichzeitig Überlegung für das Sommergeschäft. Das will geplant sein.

Der Winter hat seine Pflicht getan, der Nachholbedarf wird beträchtlich sein, die Voraussetzungen für ein lebhaftes Einkellerungsgeschäft sind gegeben, Engpässe werden auch wieder auftreten.

Wichtig erscheint uns für die kommende Saison eine fachliche Heizberatung und gezielte Bedarfslenkung. Mit allem Nachdruck möchten wir in erster Linie die vorhandenen und gut lieferbaren Brennstoffe empfehlen. Dann ist die Beschaffung denkbar einfach und sicher:

Wir inserieren — Sie lesen
Sie bestellen — wir liefern
pünktlich, zuverlässig und schnell

RHEINBRAUN

MÜLLER & SINNING
BRENNSTOFFGROSSHANDEL
6 FRANKFURT A. M.

Überzeugeng seines ganzen Berufsstands nicht hinterm Berg. »Kohle wird ja sicher immer gebraucht!«, lautet sein Credo. Und auch sein Sohn Dieter, der von Kindesbeinen an die Schulferien von Anfang bis Ende im Kohlehafen verbringt, will selbstverständlich Kohlenhändler werden. Keiner in der Branche mag sich in den Fünfzigerjahren vor Augen führen, dass das Kerngeschäft schon drei Jahrzehnte später auslaufen soll. Spätestens in den Achtzigerjahren sollen Kohle und Briketts nur noch zum Randgeschäft zählen – für die meisten wenig rentabel und völlig perspektivlos. Immerhin: Das Hausbrandgeschäft bedient Müller & Sinning in Frankfurt lange Zeit über zahlreiche Filialen und zeigt damit praktisch in jedem Stadtteil Präsenz. Mitten in der City, in der Jureitpassage, befindet sich sogar das vorzeigbare Stadtbüro, ein für damalige Verhältnisse elegantes Geschäft in bester Lage.

Gert Dressel erkennt den Wandel früh – Müller & Sinning wird zum Seismografen für den beginnenden Transformationsprozess einer ganzen Branche. Gerade in den Städten lässt die erst langsame, dann stürmische Nachfrage nach Ölöfen erahnen, dass über der ohnehin staubgeschwängerten Luft des Kohlehafens auch geschäftlich graue Wolken aufziehen. So macht Gert Dressel sein Unternehmen zum Mitgestalter eines Veränderungsprozesses, der unumkehrbar sein soll. Es folgt

Die gute Zusammenarbeit mit Stadler in Neu-Ulm nehmen die Tankwagen-Karosseriebauer zum Anlass, den Hanomag Markant als Kombgefährt für den Transport von Heizöl und festen Brennstoffen auf den Fachausstellungen zu präsentieren.

zunächst eine Umstellung des Hausbrands auf Heizöl, später auf leitungsgebundene Energien wie Strom und Gas. So steigt auch Müller & Sinning ebenso ins Platz- wie ins Einzelhandelsgeschäft mit Heizöl ein. Weil in den Anfangsjahren die Nachfrage nach Heizöl denkbar überschaubar ist, zieht ein Unimog 411 einen Anhänger mit Aufsetztank zum Kunden. Eile ist nicht geboten, würde mit der Gaggenauer Zugmaschine auch nicht funktionieren. Ein Haushalt nach dem anderen wird abgearbeitet. Weil sich das Ofengeschäft in den Sechzigerjahren gut anlässt, als man der Einfachheit halber den Kohleofen gegen einen Ölofen umtauscht, nutzt Müller & Sinning die Gunst der Stunde und nimmt gleich eine Vielzahl von Ölöfen unterschiedlicher Größen ins neue Verkaufsprogramm auf. Die Beratungskompetenz kommt nicht von ungefähr, denn das Frankfurter Unternehmen fährt damals bereits mit einem Hanomag mit Schaufensterkoffer zur Ofenberatung durch hessische Land. Mitarbeiter Horst Postel macht sich bei der Wohnungsbelieferung rasch einen guten Namen. Er bringt mit seinem VW T1 das Heizöl gleich kanisterweise vorbei und erntet an den Wohnungstüren, die tagsüber vornehmlich die Damen des Hauses öffnen, stets Dank und Anerkennung. Sein Motto »Postel weiß, was Hausfrauen wünschen!« gilt bei den Mitarbeitern als legendär. Findig, wie man bei Müller & Sinning stets agiert, weiß man auch Rat, als sich die Haushalte nach der Hausbrandumstellung von Kohle auf Heizöl erst an den neuen Geruch gewöhnen müssen. Weil nach dem Befüllen des Ölofens oftmals die ganze Wohnung penetrant nach Heizöl stinkt, halten Horst Postel und seine Kollegen Abhilfe bereit. »Heizöl grün« heißt damals der Zusatz, der dem Heizöl zugegeben wird und einen »angenehmen Tannenduft« verbreitet. Oder zumindest das, was die Nase dafür hält.

Mit dem Hanomag Kurier fährt erstmals ein von Stadler in Neu-Ulm gebauter Kombi-Transporter in Frankfurt vor. Oben beladen die Fahrer die Pritsche mit Kohlen und Briketts, kleinen Kellertanks und Kanistern, und im »Bauch« darunter schlummert das lieferfertige Heizöl. Vor Ort muss lediglich der großräumig zugeschnittene Armaturenschrank geöffnet werden, sodass der Druckschlauch direkt von der Haspel in den Tankkeller gezogen werden kann. So richtig groß geht das Heizölgeschäft mit dem gebrauchten Milchtankwagen von

Für den Verteilerverkehr setzt Müller & Sinning – anders als die Branche – frühzeitig auf Frontlenker wie den Mercedes-Benz LP 321.

Die »kleine Pausbacke« eignet sich ideal für die engen Siedlungen der Frankfurter Vorstadt. Der MAN-Frontlenker passt in jede Hofeinfahrt.

Und natürlich das »Toastbrot« von Mercedes-Benz: Die kubische Generation soll sich mit dem LP 1517 und dem LP 809 als Leichtgewicht bewähren.

Der zweiachsige LP 1517 fährt als »Nummer 13« für Müller & Sinning. Beim Tag der offenen Tür strahlt der frisch gewaschene Hängerzug die Besucher an.

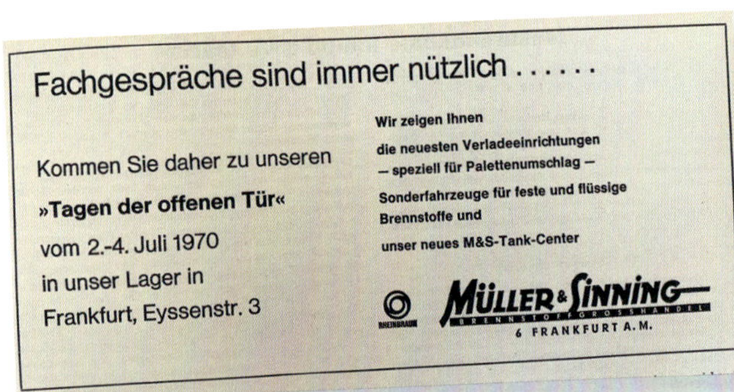

Fachgespräche sind immer nützlich ......

Kommen Sie daher zu unseren
»Tagen der offenen Tür«
vom 2.-4. Juli 1970
in unser Lager in
Frankfurt, Eyssenstr. 3

Wir zeigen Ihnen
die neuesten Verladeeinrichtungen
– speziell für Palettenumschlag –
Sonderfahrzeuge für feste und flüssige Brennstoffe und
unser neues M&S-Tank-Center

MÜLLER & SINNING
6 FRANKFURT A. M.

der Moha los. Den Faun mit mächtigem Edelstahlaufbau nennen sie bei Müller & Sinning vom ersten Tag an »Tina Onassis«, frei nach der einstigen Tankerflotte des griechisch-argentinischen Reeders Aristoteles Onassis, der diese namentlich seiner Tochter widmete. Der »Gebrauchtwagen-Deal« mit der Moha kommt nicht von ungefähr, denn die Molkerei hat seinerzeit ihren Hauptsitz im Frankfurter Osthafen. Daher kommt auch der Name Moha, der die Molkereigenossenschaft Osthafen kürzelt.

Ein Tankauflieger von Stadler in Neu-Ulm mit 17.000 Litern kommt alsbald hinzu und erhält dafür eine MAN-Kurzhauber-Zugmaschine. Sie ersetzt schließlich den altgedienten Henschel HS 100. Die Tankwagenflotte vergrößert sich ständig. Ursprünglich agiert Müller & Sinning markenungebunden, später gibt es einen zeitweiligen Liefervertrag mit BP, dann mit Chevron. Und als die Rheinische Braunkohle die »Union Kraftstoffwerke Wesseling« (UK) übernimmt, steht erneut ein Partnerwechsel an. Weil diese wiederum an die DEA verkauft werden, wechseln zwischendurch Beschriftungen und Farben. Die Frankfurter Neu-Mineralölhändler von Müller & Sinning bedienen sich der großen Hersteller, die alle im Radius von gut und gern 150 Kilometern erreichbar sind. So bauen Aurepa (Mannheim), Stadler (Neu-Ulm),

Die neue Generation von Mercedes-Benz: Der LP 2232 wird von Esterer karossiert. Mehr Kraft und mehr Transportvolumen sollen fortan den Takt angeben.

Esterer (Helsa bei Kassel) und Rohr (Aschaffenburg) die unterschiedlichen Tankfahrzeuge – von Solofahrzeugen von 7,5 Tonnen bis hin zu Aufliegern für den Zubringerverkehr.

Ergänzend zum Mineralölgeschäft läuft als weitere Haushaltsalternative das Propangasgeschäft in Flaschen und per Tankwagen gut an. Für dieses Geschäft, aber auch für den Vertrieb von Schmierölen, kommen in der Eyssenstraße noch zwei Hallen hinzu. Eine davon soll später für den »Notvorrat der Bundesregierung« eingesetzt und für die Einlagerung von Getreide verwendet werden. Der Grund liegt auf der Hand: Die Lagerflächen für die Kohle werden nach und nach umgewidmet. Sogar die US-Streitkräfte aus Frankfurt und Umgebung, die ihre Kohle lange Zeit aus den USA importierten, verzichten auf einen Brennstoffumschlag über das Lager von Müller & Sinning. Der Strukturwandel erreicht spätestens mit Beginn der Achtzigerjahre auch das Osthafengebiet. Die dort lange Zeit angestammten Händler mit so wohlklingenden Namen wie Klöckner, Nirmaier oder Raab Karcher geben ihre Flächen auf, Baustoff- und Schrotthändler übernehmen die Lager im Hafen. Das Lager von Müller & Sinning zählt zu den letzten und markiert eine Ära, die vor allem ein Stück Frankfurter Wirtschaftswundergeschichte mitgeschrieben hat. Es ist eines der letzten, wenn nicht das letzte Lager in Frankfurt, wo man noch Kohle bekommen kann. Nachdem Dieter Dressel die Familienanteile 1990 verkauft hat, wird der Festbrennstoffhandel nach und nach eingestellt, das Heizölgeschäft der DEA übernimmt die Shell. Die Farben von Müller & Sinning sind damit für immer erloschen.

Die Achtzigerjahre haben begonnen: Die meisten der jetzt eingesetzten Tankzüge befördern Heizölvolumina jenseits der 10.000 Liter.

Esterer baut auch den Auflieger für den DAF 2800 Turbo Intercooling. Müller & Sinning fährt zu Beginn der Achtzigerjahre für die Marke Chevron.

STATT VIELFALT IN DER DDR STANDARDISIERUNG BEI MINOL

Damit Trabbi und Wartburg den Weg zur Ostsee finden

Der H6 aus Werdau, später dann der S 4000, zählt lange Jahre zu den Standardfahrzeugen in der gesamten DDR. Die Tankwagen sind bis in die Achtzigerjahre hinein im Einsatz.

Die Treibstoffversorgung muss nach Kriegsende in der Sowjetzone und späteren DDR neu gedacht werden. Nachdem der Industriegigant I.G. Farben, unter dessen Dach im Dritten Reich die Unternehmensaktivitäten der Leuna-Werke mit dem gleichnamigen Tankstellennetz gebündelt waren, zerschlagen worden ist und sich im Westen die Gasolin AG mit gleichlautender Kraftstoffmarke neu finden muss, ergibt sich auch in der sowjetischen Besatzungszone dringender Handlungsbedarf. 1946 startet die Deutsch-Russische Naphta-AG, die als DERUNAPHT aus Vorkriegsjahren bekannt ist. Drei Jahre später formiert sich die Deutsche Kraftstoff- und Mineralölzentrale (DKMZ), die später in die Deutsche Handelszentrale (DHZ) umgewandelt wird. Beide gründen am 1. Januar 1956 das VEB Kombinat Minol, das damit ganz im sozialistischen Sinne eine Monopolstellung innehat. Von der Berliner Zentrale im Minolhaus am Alexanderplatz erhält die junge DDR eine neue Infrastruktur für alle Arten der Kraftstoffversorgung. Dabei können sich die Verantwortlichen auf ein teilweise noch verfügbares Netz von Tanklagern aus den Dreißigerjahren ebenso stützen wie auf die erhalten gebliebenen Tankstationen – von Leuna und Shell bis hin zum Benzol-Verband und Olex BP. Allerdings gehören die Marken, Verträge und etwaige Eigentumsansprüche der großen Mineralölhersteller aus Vorkriegsjahren der Vergangenheit an – die Karten werden in der sozialistischen DDR neu gemischt. Es soll nur noch einen Kraftstoffhersteller geben, alle Stationen hissen fortan die Flagge der Minol und werden von einer republikweiten Tankwagenflotte beliefert. Und die befindet sich Ende der Fünfzigerjahre in einem eher bedauernswerten Zustand. Vornehmlich Kriegsfahrzeuge stehen bereit, die notdürftig fahrbereit gemacht werden. Vom Marshallplan der West-Alliierten und der wirtschaftlichen Initialzündung des Westens will man im Osten nichts wissen. So läuft die Versorgung eher schleppend an. Tatsächlich mangelt es nicht am Willen, die neuen Bezirke möglichst schnell mit leistungsfähigen Tanklagern und einem ebenso zeitgemäßen Fuhrpark auszurüsten. Doch die Ressourcen in allen Bereichen erweisen sich einfach als zu schwach. Da findet die Initiative des Minol-Tanklagers in Weißensee bei der 1. Mai-Demonstration 1956 medialen Widerhall. Die Männer der Werkstatt fahren nicht nur mit einer Flotte neuer IFA H3A vor, sondern haben auch ein altes, aufgehübschtes Fahrgestell zum Führungsfahrzeug erkoren. Es besteht in allen Teilen der DDR Handlungsbedarf.

Im Dezember 1958 erhält Oskar Scharf vom VEB-Minol-Tanklager Potsdam einen weitreichenden Auftrag, der Bedeutung für die ganze DDR besitzt: Er soll im Auftrag der Staatlichen Plankommission der DDR den ersten Großtankwagen auf dem Territorium der Republik testen. Oskar Scharf erledigt

Die Planwirtschaft in schönen Farben: So sieht es der Minol-Zeichner den legendären H6. Premiere feiert der DDR-Lkw auf der Leipziger Frühjahrsmesse 1951. Zwischen 1952 und 1959 läuft er dann im VEB Kraftfahrzeugwerk »Ernst Grube« Werdau, das zum Industrieverband Fahrzeugbau (IFA) gehör, vom Band.

Für die schöngeistige Karosserie mit geschwungenen Kotflügeln und Tankverkleidungen ist in der DDR kaum Platz. Die Planwirtschaft verordnet dem Sonderfahrzeugbau selbstverständliche Ressourceneinsparungen, wo es eben geht. So sind die Tankwagen von Beginn an auf Nutzwert getrimmt.

seinen Auftrag gewissenhaft und zur Zufriedenheit des Auftraggebers. Am 2. Januar 1959 wird der Kraftfahrer dafür mit einer Prämie in Höhe von 150 Mark ausgezeichnet. Äußerlich sind die Tankfahrzeuge auf Basis des S 4000 und S 4000-1 in dieser Zeit kaum vom Vorgänger H3A, der zwischen 1951 und 1958 gebaut wird, zu unterscheiden. Und tatsächlich sind Entwicklung und Produktion fließend. Mit leistungsgesteigerten Motoren erreichen die Lkw-Bauer die Vier-Tonnen-Nutzlast, was auch der ersten serienreifen Tankwagengeneration zugutekommt. Als »Sonderwunsch 7«, kurz »SW 7«, kann das Standardtankfahrzeug zwischen 1958 und 1967 bestellt und abgeholt werden. Der Bedarf wächst mit der Zunahme der Motorisierung – das Auto ist in nur wenigen Jahren drüben wie hüben des Deutschen liebstes Kind geworden. So wird in jenen Jahren das Tankstellennetz in allen Bezirken der DDR weiter ausgebaut, das Spektrum der Größenordnung reicht von der Zwei-Säulen-Tankinsel bis hin zur repräsentativen Minol-Großtankstelle, gern als sozialistische Errungenschaft zur Verbesserung der Infrastruktur proklamiert. Der S 4000-1 findet alsbald weite Verbreitung, später kommt dann auch ein Tanksattelzug zum Einsatz, der vom S 4000-1 mit kurzem Fahrgestell gezogen wird. Der zugehörige Tankaufbau der frühen Generation besteht überwiegend aus Aluminium. Und tatsächlich soll der »SW 7« eine ähnlich lange Verweildauer besitzen wie der »Sonderwunsch 5«, der als Löschfahrzeug in den Feuerwehrhäusern der DDR steht. Weil die Warteliste für Neufahrzeuge nicht nur beim Trabant und Wartburg lang ist, sondern die volkseigenen Betriebe genauso unter mangelnden Produktionskapazitäten zu leiden haben, machen die Minol-Werkstätten an den Tanklagern in den Bezirken aus der Not eine Tugend. Um die Fahrzeuge länger nutzbar zu machen, haben die Fahrzeugschlosser in eigener Sache eine ganze Reihe von Aktualisierungsmaßnahmen in ihrem Portfolio – manchmal mit Finesse, manchmal eher aus der Materialknappheit geboren. Jeden-

Über die gesamten Bezirke der DDR hat die Minol-Organisation Tanklager verteilt und errichtet, von denen aus die Minol-Tankwagen in die Städte und Gemeinden unterwegs sind. Autokraftstoff gilt in der DDR als hohes, manchmal auch rares Gut.

falls geht es immer darum, ein Tankfahrzeug möglichst lange fahrbereit zu halten. So wird späterhin beim S 4000 der leistungsstärkere Motor des W50 eingebaut, sodass die erste Tankwagengeneration auch noch bis in die Siebziger- und Achtzigerjahre hinein im Einsatz sein kann. Zuweilen erhalten die S 4000 auch W50-Achsen, um bei vollem Tank für die beträchtliche Achslast im Verteilerverkehr gerüstet zu sein. Der aufgebaute Aluminiumkessel stammt damals aus dem VEB Apparate- und Chemieanlagenbau (ACA) Reinsdorf bei Wittenberg, wird aber anfangs auch von der noch privat geführten Firma Pampe in Halle bereitgestellt. Die Aufbauten erfreuen sich großer Robustheit, während verständlicherweise Fahrwerk und Lkw-Karosserie schnelleren Reparatur- und Nachholbedarf besitzen. Dennoch bleibt ein ausrangiertes Tankfahrzeug selbst nach zwei Jahrzehnten nicht ungenutzt. Einige werden in den Minol-Werkstätten als hilfreiche Ersatzteilträger ausgeweidet, um altgediente Fahrzeuge dienstbereit zu halten. Andere finden als Tankwagen bei den landwirtschaftlichen Produktionsgenossenschaften (LPG) ein zweites Leben.

Schlicht, aber robust: Im Armaturenschrank des Tankaufliegers geht es übersichtlich zu. Weil es keinen Wettbewerb gibt, kann Minol bei der Modernisierung seiner Fahrzeugflotte auch keine innovativen Neuheiten erwarten.

Der S6 aus Werdau mit seinen aufgestockten 150 PS soll Ende der Fünfzigerjahre als Zugmaschine den ersten Versuch des Fahrzeugbaus der DDR darstellen, einem Großtankwagen auf die Räder zu verhelfen. Zu Hilfe kommt Walter Hunger, der sich im sächsischen Frankenberg innerhalb weniger Jahre aus der Keimzelle einer alten Schmiede zum Experten für hydraulische Lkw-Kippanlagen profiliert hat. Es entstehen Neukonstruktionen wie der erste Acht-Tonnen-Anhänger mit Bremsluftkippwerk, und ein Drei-Tonnen-Lkw wird erstmals mit motorhydraulischer Kippvorrichtung ausgestattet. Auf der Leipziger Messe 1954 präsentiert Walter Hunger neben drei Hunger-Kippern einen 40-Tonnen-Tiefladeanhänger. Nun also der Großtankwagen Gigant, der auf einem Hunger-Fahrzeugrahmen entsteht und mit einem Kessel aus Reinsdorf vom VEB Apparate- und Chemieanlagenbau (ACA) komplettiert wird. Alles andere soll sinnfällige Karosseriearbeit der Hunger-Fahrzeugbauer sein, denn die Flanken sind – anders als in der DDR gewohnt – flächig verkleidet. Mehr als ein Dutzend der Auflieger sollen die Minol-Versorgung in Gang bringen. Doch die drohende Sozialisierung der Privatbetriebe treibt Walter Hunger mit seiner Familie und einigen Mitarbeitern zur Flucht in den Westen. Zurück im Osten bleiben Werke in Frankenberg, Chemnitz und Leipzig mit mehr als 1.000 Mitarbeitern. Die Gigant-Auflieger laufen bis zu Beginn der Achtzigerjahre und werden zumeist von Skoda 706 RTS mit 160-PS-Maschine abgelöst.

Ähnlich schwierig entwickelt sich die Kraftstoffversorgung im DDR-Luftverkehr. Der Flugbetrieb und die zugehörige Kraftstoffversorgung soll bis Ende der Fünfzigerjahre außerhalb der Minol-Aktivitäten liegen, nachdem die sowjetischen Luftstreitkräfte schon 1946 nach Schönefeld umgezogen sind und ein Jahr später im SMAD-Befehl Nummer 93 den Aufbau eines zivilen Flughafens unweit von Berlin ankündigen. Die sowjetischen Militärs, die in Schönefeld das alleinige Befehlsrecht haben,

Der Prototyp des ersten Straßentankwagens geht zur Testfahrt auf die Strecke. Von der Gründung bis zum Niedergang der DDR ist der Bedarf an Tankfahrzeugen dauerhaft groß und kann über lange Strecken nur unzureichend gedeckt werden.

Immer das gleiche Bild: An den Minol-Stationen – Ende der Siebzigerjahre sind es über 1.300 in der gesamten DDR – stauen sich die Trabant, Wartburg und Lada. In Premnitz herrscht an diesem Tag im Sommer 1979 Hochbetrieb.

brauchen Kraftstoff ebenso dringend wie die unverzichtbaren Tankfahrzeuge. Dabei setzen sie auf die 1952 in Produktion gegangene Sattelzugmaschine JaAZ-210D, die mit ihrem Zweitakt-Diesel und einer auf 200 PS erhöhten Leistung bis 1958 gebaut und fortan die herangeschafften Tankauflieger ziehen wird. Sie wird danach vom Nachfolger JaAZ-221 und ein Jahr später vom legendären KrAZ-221 abgelöst, als die Produktion vom russischen Automobilwerk Jaroslawl an der Wolga ins 1.200 Kilometer entfernte Krementschuk im Herzen der Ukraine verlegt wird. Sowjetische Militärbeschaffung wirkt sich damals eben bis in die DDR aus. Im Schlepp hat die mächtige Zugmaschine den Tanksattelauflieger TS-16, der eigens für dieses Gespann konstruiert und in den Fünfzigerjahren in der Sowjetunion in über 380 Einheiten gebaut wird. So finden sich die großen Gespanne unweigerlich auf dem Flughafenvorfeld von Berlin-Schönefeld, aber auch auf anderen Militärflughäfen der sowjetischen Besatzungsmächte wieder. Der Standardauflieger – gebaut bei Zhdanovsky – besitzt auf zwei Dritteln des Aufliegerrahmens einen elliptischen Stahltank, während der heckseitige Armaturenschrank samt Pumpe einen auffälligen Überstand zeigt. In zwei Kammern befinden sich 7.500 und 8.500 Liter Kraftstoff, die im Heck autark arbeitende Maschine betreibt zwei Kreiselpumpen. Flügeltüren machen dem militärischen Tankpersonal dennoch das Leben leicht und sorgen jahrelang für die Treibstoffversorgung sowohl der Zivilmaschinen als auch der Regierungsflieger, die allesamt in Schönefeld Station machen. Am 3. Oktober 1959 landet in Berlin-Schönefeld erstmals ein Düsenpassagierflugzeug der SAS vom Typ Caravelle – das neue Zeitalter beginnt auch in der DDR. Als dann der Flughafen 1961 in die Gruppe 1 der ICAO eingestuft wird, müssen die Verantwortlichen schnellstens die internationalen Vorgaben erfüllen. Einher geht ein Beschluss der DDR-Führung von 1960, einen Generalplan zur Erweiterung des Flugplatzes zum »Zentralflughafen Berlin-Schönefeld« zu entwickeln. Die Minol Aero-Service muss andere Wege gehen, um die internationalen Vorschriften beim Betanken der Düsenjets zu erfüllen, weil die Fahrzeuge aus eigenen Beständen nicht mehr ausreichen. Die Schwelmer Eisenwerke »aus dem Westen« erhalten den ersten Auftrag, eine überschaubare Tranche von Flugfeldtankwagen zu liefern, deren Tanksattelschlepper von MAN-Pausbacken und von Daimler-BenzKurzhauber-Fahrgestellen mit Pumpenaufbau gezogen werden. Damit stellt Minol im internationalen Flugverkehr von jetzt auf gleich den notwendigen Status quo her, wenn auch mit harter Valuta bezahlt. Die Präsenz der westdeutschen Tankwagenbauer von Schwelm, Strüver und Haller auf den Leipziger Frühjahrs- und Herbstmessen soll sich auszahlen. Folgeaufträge gehen zum

Der G5, wegen seiner Geländegängigkeit vornehmlich für die NVA entwickelt und beschafft, wird in Werdau gebaut und verfügt über gleiche Baugruppen wie der H6. Mit dem Tankaufbau wird der G5 sowohl von der NVA als auch von Minol beschafft, um auf den Flughäfen der DDR Unterstützung zu leisten.

Ende der Sechzigerjahre nach Hamburg, als Strüver Tanksattelzüge mit MAN-26.240-Zugfahrzeug und 21.000 Litern Volumen liefert. Für den Einsatz auf Flughäfen kommen zusätzlich Großtankfahrzeuge mit 60.000 Litern hinzu, die vom MAN 26.320 gezogen werden. Bis in die Achtzigerjahre hinein wachsen die Fluggastzahlen, denn dort landen Passagierflugzeuge der Fluggesellschaften Interflug, Balkan Air und Aeroflot. Flugzeugtypen, angefangen von der Tupolew TU 134A und der Iljuschin IL 18 der Interflug bis hin zur Tupolew TU 154 der Balkan Air und der Iljuschin 62 der Aeroflot müssen von den westdeutschen Tankfahrzeugen nach internationalen Regeln strenger Verlässlichkeit oft im 24-Stunden-Betrieb mit Kraftstoff versorgt werden. Den Mitarbeitern von Minol Aero-Service gelingt dies.

Minol verfügt 1967 neben seiner Zentrale in Berlin, von wo aus die Hauptstadtgeschäfte, aber auch der Bezirk Frankfurt an der Oder verwaltet werden, über fünf Regionalzentralen. Die Filiale in Dresden an der Bremer Straße ist für den eigenen Bezirk und den Nachbarbezirk Karl-Marx-Stadt verantwortlich. Erfurt verantwortet das Verkaufsgebiet Erfurt, Gera und Suhl, während von Halle an der Saale zusätzlich zum eigenen Bezirk auch der Nachbarbezirk Leipzig betreut wird. Die Filiale in Magdeburg ist allein für den eigenen Bezirk zuständig, während Potsdam vom Standort in Babelsberg aus zusätzlich zu Potsdam selbst auch den Bezirk Cottbus verwaltet. Außerdem gibt es eine weitere Minol-Verwaltung in Rostock für die Nordbezirke Schwerin und Neubrandenburg. Während die Fünfziger- und Sechzigerjahre bei Minol weitgehend von der Präsenz des S 4000-1 mit 3.000-Liter-Tankaufbau und Ölschrank, aber auch von der Aufliegerversion mit 9.035 Litern geprägt werden, findet der geländegängige G5 aus Werdau mit seinen 4.000 Litern sowohl Verwendung bei Minol als auch bei der NVA. Zwischendurch kann Minol über den Rat für gegenseitige Wirtschaftshilfe (RGW) auch ungarische Tankzüge vom Typ Csepel D450N beschaffen. Die Zugmaschinen, die in überschaubarer Stückzahl den Weg in die DDR finden, bewegen sich mit 95 PS auf dem zu Beginn der Sechzigerjahre üblichen Kraftniveau einer Tankwagenflotte. Erst die Folgegeneration des Csepel D705 bringt 145 PS mit. In der Zugmaschine bauen die Lkw-Bauer von Csepel eine Selbstsaugpumpe ein, die über einen an

In ihren Anfängen entwickelt sich die Minol-Organisation denkbar schwerfällig. In der russischen Besatzungszone herrscht nach Kriegsende lange Zeit Mangelwirtschaft. Dennoch wird mit einer eigenen Bau- und Serviceeinheit das Tankstellennetz rasch aufgebaut. Schon 1955 gibt es über 1.500 Stationen, deren Netz in den Folgejahrzehnten jedoch wie in der Bundesrepublik gestrafft werden soll.

Mit dem Barkas B 1000 gehen die Servicetechniker in den Bezirken auf Wartungstour. Denn mit langen Ausfällen machen sich die Tankstationen bei den Kunden unbeliebt. Das will man vermeiden.

Auch in der Allradversion gibt es den W50. IFA bietet den Tankwagen mit 4.800 Litern Fassungsvermögen auch auf den Exportmärkten der DDR an.

den vierten Gang des Getriebes geschalteten Nebenantrieb direkt vom Motor angetrieben wird. Ein Schalter in der Kabine genügt, um das Aggregat in Betrieb zu setzen. Ungewöhnlich wirkt damals die selbsttragende Konstruktion der nebeneinanderliegenden Doppelbehälter – sozusagen zwei Kessel, die sich über die gesamte Aufliegerlänge von vorn nach hinten erstrecken. In der Mitte erhalten die Tanks im Innern eine Trennwand in Querrichtung, sodass der Auflieger für den Zweikammer-Transport geeignet ist. Insgesamt kann der Auflieger »P 705 3« 16.000 Liter tanken.

Der Csepel D707.03 wird von den Ungarn auch als Single-Tankwagen mit 8.000 Litern angeboten, findet bei Minol aber keine große Gegenliebe. Zwischendurch kommen lediglich noch die im russischen Minsk gebauten MAS TS-500 zur vereinzelten Verwendung. Gerade im Verteilerverkehr macht sich der IFA W50 nach seiner Vorstellung am Produktionsstandort Ludwigslust einen guten und verlässlichen Namen. Als W50 L/S zieht er mit seinen 125 PS den 1968 vorgestellten Tankauflieger HLS 100.45 und bringt damit 12.000 Liter vom Tanklager zum Ziel. Zweifellos zählt der W50 bis zum Ende der DDR zu den starken Säulen im Minol-Fuhrpark, weil er im Hinblick auf Wartung und Reparatur eine größtmögliche Fahrbereitschaft gewährleisten kann. Die Menschen in der DDR verlassen sich darauf, dass die Minol-Zapfpistolen auch dann nicht versiegen, wenn im Sommer die Urlaubsströme vom Norden in den Thüringer Wald und vom Süden in Richtung Ostsee einsetzen. Doch schon in den Siebzigerjahren deuten sich im Alltagsbetrieb immer wieder Engpässe an. Wenn die Versorgung mal stockt, hängt der Minol-Tankwart kurzerhand das Hinweisschild »Wegen technischer Probleme geschlossen« raus.

Die Notwendigkeit auf Flughäfen, innerhalb kurzer Zeit große Mengen Kraftstoff bereitzustellen, stellt Minol bei der inländischen Fahrzeugbeschaffung vor eine schier unlösbare Aufgabe. So werden für die großen Airports in Schönefeld oder Erfurt anfangs Flugfeldtankwagen mit Mercedes-Benz-Kurzhauber von Schwelm bestellt, später liefert Strüver die neue Generation mit den MAN-Zugmaschinen 26.240 DF und 26.320 (Foto). Damit wird ad hoc der internationale Standard erreicht und dauerhaft sichergestellt.

Als umso vielversprechender wird die Vorstellung einer neuen Tankaufliegergeneration, die als CN 22 im Frühsommer 1974 vom Kraftfahrzeugtechnischen Amt der DDR (KTA) die Allgemeine Betriebserlaubnis bekommt. Beschafft werden Dutzende Exemplare im Rahmen des Austauschs von Wirtschaftsgütern im Rat für gegenseitige Wirtschaftshilfe (RGW). Der Auflieger mit einem nutzbaren Volumen von 22.440 Litern besteht aus einem selbsttragenden Stahltank, dessen fünf Kammern in Kofferform über einen Oberflächenschutz mit Epoxidbeschichtung verfügen. Die Pumpengruppe mit unterm Tank liegendem Armaturenschrank verfügt über eine selbstansaugende vierstufige Kreiselpumpe mit einer Leistung von 1.200 l/min. Angetrieben wird sie von einem Skoda-Super-Octavia-Motor. Während in der Tschechoslowakei die Tankauflieger, die bei Východoslovenské strojárne in Košice gebaut werden, nur vom staatlichen Mineralölkonzern Benzina genutzt werden, aktualisiert die Nationale Volksarmee (NVA) ihre Bestände und erhält bis zum Ende der Siebzigerjahre über 20 der Tankauflieger. Mit den bewährten Zugmaschinen 138, 148 und 815 von Tatra finden sie den Weg in die NVA-Kasernen. Minol lässt die CN-22-Tankauflieger hingegen von allen verfügbaren Zugmaschinen ziehen. Skoda, Liaz, Volvo F88 und F89 sowie F10 und F12, der MAN-Lizenzbau Roman sowie MAZ-Zugmaschinen der 5000er- und 6000er-Reihe nehmen den CN 22 in Schlepp.

Für den Heizöltransport fertigt die Hermey Maschinen- und Apparatebau Ballenstedt 1981 den Heizöltransportauflieger HTS 11 D, der mit zwei Achsen und einer Länge von 7,10 Metern immerhin zehn Tonnen zuladen kann. Vorgesehen ist er für den IFA W50 LS.

Mit diesem Foto wirbt IFA für den W50 in der Kraftstoffversorgung. Die Minol-Tankstelle an der Prenzlauer Allee gilt wie viele Einrichtungen in der »Hauptstadt der DDR« als Vorzeigebetrieb.

Der HTS 11 D aus Harzer Produktion verfügt ausnahmslos über einen Behälterauflieger, der für den Transport von Heizöl der Gefahrenklasse A III vorgesehen ist. Der isolierte, runde Behälter ist in zwei Kammern unterteilt, die bei Bedarf durch eine Rohrleitung miteinander verbunden werden können. Über einen Klappverschluss am offenen Dom erfolgt die Befüllung, während die Entleerung über Druckluft gehandhabt wird. Vom gleichen Hersteller kommt der Bitumentransportauflieger BTS 11, der als Behälterauflieger mit zwei Achsen über einen selbsttragenden, isolierten Kessel verfügt. Eingespannte Prallbleche minimieren die Schwalleigenschaften, und eine indirekte Heizung schafft die notwendige Viskosität, um die temperaturabhängige Weiterverarbeitung zu gewährleisten. Die Befüllung mit Bitumen erfolgt über den offenen Dom und über einen Rohrstutzen via Kreiskolbenpumpe. Die Entleerung hingegen geschieht mit Druckluftunterstützung über einen Rohrstutzen am Kesselende. Das zulässige Gesamtgewicht beträgt 16,49 Tonnen, die Zuladung liegt bei 10,15 Tonnen.

Dass es mit dem Tankwagenfuhrpark und der Kraftstoffversorgung in der DDR ein Jahr vor der Wende nicht zum Besten steht, macht ein geheimes Papier deutlich, das dem Ministerrat der DDR mit Willi Stoph, Werner Krolikowski und dem Planwirtschaftsverantwortlichen Günter Mittag, aber auch dem Minister für Chemische Industrie Günther Wyschofsky und Gerhard Schürer als Vorsitzendem der Staatlichen Plankommission im Spätsommer 1988 zur Kenntnis gereicht wird. Ebenfalls informiert das Dokument zugleich verschiedene Hauptabteilungen des Ministeriums für Staatssicherheit. Vielsagend ist schon der Titel der »Information Nr. 416/88«, die »über einige beachtenswerte Probleme im Zusammenhang

Der G5 aus Werdau sorgt am Erfurter Flughafen für die verlässliche Versorgung der startenden Linienmaschinen.

mit der Gewährleistung der Versorgungssicherheit mit Vergaser- und Dieselkraftstoffen durch das VEB Kombinat Minol« berichtet. Die damals streng geheime Bestandsaufnahme – heute beim Bundesbeauftragten für die Stasi-Unterlagen und damit im Bundesarchiv dokumentiert – ist eine schonungslose Abrechnung mit einer offenkundig jahrzehntelangen Fehlentwicklung in der Kraftstoffversorgung, die letztlich die mangelnde Wirtschaftskraft der DDR beweist und damit einen gefährlichen Investitionsstau aufdeckt. Die Situationsanalyse wirkt auch deshalb so alarmierend, weil sie nach eigenem Bekunden »mit den zuständigen Kontroll- und Überwachungsorganen, den staatlichen Leitern sowie mit dem Ministerium des Innern bedeutsame Vorkommnisse (u. a. Brand, Grundwasserverunreinigungen durch Leckagen an Tanklagern und Rohrleitungen) in Tanklagern für Vergaser- und Dieselkraftstoffe des VEB Kombinat Minol untersucht« habe. Dabei sei es auch »um die Einhaltung der einschlägigen Rechtsvorschriften und betrieblichen Weisungen des damaligen DDR-weiten Großkombinates zur Gewährleistung eines betriebssicheren Zustandes gegangen«. Das Ergebnis des Berichts aus dem Spätsommer 1988 fällt in weiten Teilen vernichtend aus – es darf ohne Zweifel als hilferufendes Alarmsignal an die Verantwortlichen gewertet werden. Denn was in der Organisation – der Ost-Berliner Minol-Zentrale und den Tanklagern in den Bezirken – längst offenkundig und letztlich für jeden Tankwagenfahrer im Alltagsbetrieb spürbar ist, gibt es nun schwarz auf weiß: »Im Ergebnis der Überprüfungen ist festzustellen, dass eine Anzahl von Tanklagern und weitere dazugehörende Grundfonds, insbesondere die Tankkraftfahrzeuge sowie

Bis zum Abriss vor der Neugestaltung des Berliner Alexanderplatzes steht das Minol-Haus an exponierter Stelle in der »Hauptstadt der DDR«. Von dort aus werden bis dahin die Geschäfte in den Bezirken gesteuert.

Treue wird beim VEB Kombinat Minol gewürdigt. Für 40-jährige Treue wird eine Ehrenmedaille überreicht.

Tankstellen nicht mehr den Mindestanforderungen an ein sicheres Betriebsregime entsprechen. Der allgemeine anlagentechnische Zustand stellt teilweise eine akute Gefährdung der in unmittelbarer Nähe wohnenden Bevölkerung, angrenzender Wohngebiete, für Industrieanlagen und für Verkehrsverbindungen dar.« Deutlicher geht es nicht.

Für den Rennsport in der DDR zeigt Minol Flagge mit einer provisorischen Tanksäule, die durch einen Tankauflieger versorgt wird.

In dem Bericht wird explizit die Aufgabe der Minol-Organisation detailreich beschrieben. Danach sei der Marktmonopolist »für die Versorgung der Volkswirtschaft der DDR und der Bevölkerung mit Kraft- und Schmierstoffen, Heizöl, Flottenmassut, Flugturbinentreibstoff, Flüssiggas sowie mit kraftfahrzeugspezifischen Hilfsstoffe und Autokosmetik« verantwortlich. Insgesamt verfügt das VEB Kombinat Minol kurz vor Ende der DDR über 131 Tanklager mit einer Gesamtkapazität von 585.000 Kubikmetern, acht Flüssiggastanklager und vier Flugtanklager. Das Tankstellennetz umfasse überdies insgesamt 1.281 Tankstellen, darunter 529 volkseigene sowie 752 Minol-Vertragstankstellen. Zur Versorgung des Minol-Tankstellennetzes und »von Eigenversorgungsanlagen gesellschaftlicher Bedarfsträger« sollen damals 720 Tankkraftfahrzeuge und 155 Nkw im Einsatz sein. Die Umsatzleistung des VEB Kombinat Minol erreiche 1988, so heißt es in der Bestandsaufnahme weiter, einen Umfang in Höhe von etwa 6,4 Millionen Tonnen, davon etwa 2,8 Millionen Tonnen Dieselkraftstoff und 2,6 Millionen Tonnen Vergaserkraftstoff. Alles mit einem Wertumfang von etwa zwölf Milliarden Mark der DDR, davon etwa fünf Milliarden für die Versorgung der Bevölkerung – »allein die Umsatzsteigerung 1988 gegenüber dem Vergleichszeitraum des Vorjahres für den Bevölkerungsbedarf beträgt bisher 12 %«. Keine Frage, auch der Kraftstoffbedarf und die Mobilitätswünsche der DDR-Bevölkerung sind in den Achtzigerjahren erkennbar gewachsen und machen per se eine Reaktion der Minol-Organisation erforderlich. Die Gefährdungen an den untersuchten Anlagen und Ausrüstungen seien vielfältig. Zuerst ist die Rede von »starken Korrosionserscheinungen an im Erdreich befindlichen Tankbehältern und Rohrleitungen aufgrund von Alterungserscheinungen.« Sicherheitstechnisch seien die Technologien überdies veraltetet. Als genauso katastrophal und bedrohlich wird der desolate Brandschutz dargestellt. Geringe Sicherheitsabstände, unzureichende Zufahrtswege für Feuerwehrfahrzeuge, aber auch der technische Zustand der Absperrarmaturen und Pumpstationen

Weil ständiger Mangel herrscht, wird auch der ungarische Csepel D705 in kleinen Stückzahlen für die logistische Aufrechterhaltung der Minol-Infrastruktur in Dienst gestellt.

Das Ende einer Flucht mit einem Volvo-Tankauflieger: Am 21. November 1983 versuchen ein 29-jähriger Kraftfahrer des VEB Kombinat Minol und ein 15-jähriger Lehrling aus dem VEB Wohnungskombinat aus Magdeburg mit einem Tankfahrzeug den DDR-Grenzübergang Marienborn in Richtung Helmstedt zu durchbrechen. Kurz vor der Grenze prallt er gegen eine speziell für Durchbrüche installiert, letzte Kfz-Rollsperre. Die beiden DDR-Bürger werden bei ihrer anschließenden Flucht zu Fuß mit Schüssen gestoppt und verletzt festgenommen.

5.300 Liter Öl geschultert – so geht der kompakte Straßentankwagen auf IFA-W50-Fahrgestell auf Tour.

in den Tanklagern entspreche ebenso wenig den Anforderungen wie der Status vieler Tankstellen. Der Arbeitsplatz der Tankwagenfahrer, so viel steht 1988 fest, ist in der DDR gefährlicher als manche wahrhaben möchten.

Kurzum: Nach dem Bericht werden damals insgesamt 57 Minol-Tanklager als gefährdet eingestuft. Nur durch 471 erteilte Auflagen könne der Betrieb überhaupt sichergestellt werden. Damit seien allein durch diese Einschränkungen insgesamt 14 Prozent der Tanklagerkapazität des gesamten Kombinats betroffen. Als Sofortmaßnahme wird noch 1988 die Schließung des Dresdner Tanklagers an der Bremer Straße (Baujahr 1924) für das Folgejahr angekündigt. Schon gleich nach der Berichterstattung soll in der Industriestraße in Magdeburg der Betriebsstopp des Tanklagers (Baujahr 1938) vorgenommen werden, zumal dieses ohnehin »nur noch zu 40 % befüllbar« sei. Die Tanklager in Gera am Bärenweg (Baujahr 1930) und in Erfurt an der Paul-Schäfer-Straße (Baujahr 1928) sollen, so die Ankündigung, ebenfalls alsbald dichtgemacht werden.

In diesem Vor-Wendejahr, das berichten Zeitzeugen übereinstimmend, hat sich ohnehin eine »Endzeitstimmung« breitgemacht. Auch bei der Minol draußen an den Stationen, auch bei den Tankwagenfahrern. Der Fuhrpark mit den 720 Fahrzeugen besitzt einen Altersdurchschnitt von weit über 15 Jahren. Lediglich wenige Fahrzeuge können noch in den Achtzigerjahren beschafft werden – oft sind es Volvo oder Tatra aus dem Ausland, sofern nicht neue Zugmaschinen oder Fahrgestelle des IFA W50 bereitgestellt werden können. Ausfälle gibt es regelmäßig, gefährliche Zwischenfälle immer häufiger. So wird von einer folgenreichen Havarie am 22. August 1988 im Minol-Tanklager in Gera berichtet. In der Abfüllhalle für Diesel- und Vergaserkraftstoffe sorgt seinerzeit ein

Der Straßentankwagen mit einachsigem Auflieger kann immerhin schon 9.000 Liter Motoröl fassen.

Großbrand dafür, dass die Anlagen zum Entleeren der Kesselwaggons und zum Beladen der Tankkraftfahrzeuge vollständig vernichtet werden. Offenbar habe die »Zündung eines explosiven Benzin-Gas-Luft-Gemisches« ein Schadensfeuer entfacht. Das brisante Gas sei zuvor durch schadhaftes Mauerwerk der Abfüllhalle in einen außerhalb der Halle installierten Elektroschrank eingedrungen und habe dann nach elektrischer Funkenzündung zur Explosion geführt. Zum Zeitpunkt des Brandausbruchs lagern in den elf Tankbehältern rund 244.000 Tonnen Diesel- und Vergaserkraftstoff; angrenzend an das Brandobjekt liegt das Propangaslager. Und das alles in unmittelbarer Nähe eines Wohngebietes und eines Trinkwassereinzugsgebiets.

Wer bei Minol beschäftigt ist, genießt ein gutes Ansehen. Kein Wunder, dass der Tankwagenfahrer hinterm Lenkrad angesichts der kostbaren Fracht gute Laune hat. Das Auto gilt auch in der DDR als liebstes Hobby und Statussymbol.

Aber wie konnte es zu einer solch dramatischen Zuspitzung der Versorgungslage mit Gefahren für Leib und Leben vieler Minol-Mitarbeiter und schlimmstenfalls unbeteiligter Menschen kommen? Zwar hatte es schon 1969 eine Beschlussfassung des Ministerrats der DDR zur Erneuerung der Infrastruktur gegeben. Von der angestrebten Erneuerung des Tanklagernetzes erreicht Minol allerdings lediglich eine Erfüllungsquote von gerade mal einem Drittel. Die Planwirtschaft hat versagt, wie es ohnehin viele DDR-Bürger hinter vorgehaltener Hand sagen. Die rund 100 vorgesehenen Tanklagerschließungen müssen bis 1987 allein schon deshalb aufgeschoben werden, weil die staatlichen Mittel für Neuinvestitionen schlichtweg fehlen. Gleiches gilt kurz vor Ende der DDR für den Tankwagenfuhrpark. Mensch und Gerät müssen leiden, obwohl man längst am Rande des Machbaren angekommen ist.

Mangelnde Ressourcen und Flickschusterei bei den technischen Anlagen sorgen für deutlichen Mehraufwand in den technischen Abläufen und der Logistik. Im Zusammenhang mit der Stilllegung akut gefährdeter Tanklager und dem ständig steigenden Umsatzs im republikweiten Verantwortungsbereich der Minol haben sich für die Tankkraftfahrzeuge in allen Bezirken der DDR die Transportweiten und -leistungen seit 1982 um circa drei Millionen Kilometer jährlich erhöht. »Der Tankfahrzeugbestand ist jedoch wegen Überalterung, unzureichender Zuführung von Neufahrzeugen, ungenügender Bereitstellung von Ersatzteilen und Reparaturkapazitäten an der Grenze seiner technologischen Belastbarkeit angelangt«, heißt es 1988 wörtlich. Obwohl umfangreiche Instandsetzungsleistungen von 42 Minol-eigenen mobilen Werkstätten erfolgt seien und 50 Flüssiggas-Tanksattelauflieger sowie 30 Großraum-Tanksattelauflieger (33 m^3) neu beschafft worden seien, ändert sich die Situation nur wenig. Auch nicht, nachdem eine Generalüberholung von 130 Import-Tanksattelaufliegern und eine zusätzliche Generalüberholung von 30 Sattelzugmaschinen im Zeitraum von 1976 bis 1988 durchgeführt worden ist. Die Maßnahmen reichen damals nicht mehr aus, um die notwendige Stabilität im Bestand des Nutzkraftfahrzeugparks zu erreichen. Die Konsequenzen sind seinerzeit für die Fahrer von Trabant, Wartburg & Co. vielerorts spürbar. »Es kam infolge von Fahrzeugausfällen immer wieder zu zeitweiligen Tankstellenleerständen«, bestätigt der Bericht. Man habe durch Überstunden und den zusätzlichen Einsatz der ohnehin stark beanspruchten Tankkraftfahrzeuge versucht, die missliche Gesamtlage zu überbrücken. Mangelwirtschaft statt Planwirtschaft eben. Schlimmer noch ist die Situation für die Minol-Fahrer hinterm Steuer ihrer in die Jahre gekommenen Fahrzeuge. Die Krisenvorlage von 1988 macht deutlich, dass der technische Status quo der Minol-Lkw-Flotte längst den Anschluss an den internationalen Standard verloren hat. »Von besonderer Bedeutung ist dabei die Tatsache, dass sämtliche im Verantwortungsbereich des VEB Kombinates Minol im Einsatz befindlichen Tankkraftfahrzeuge mit Ausnahmegenehmigungen hinsichtlich der elektrischen Ausrüstungen (fernbedienbare NOT-AUS-Batterieschalter, nicht elektrisch innenisolierte Batteriekästen) und des nicht mehr den internationalen Vorschriften entsprechenden Bremssystems (international ist Zweikreisbremssystem vorgeschrieben) betrieben werden.«

Zwar werden umfangreiche Investitionsvorschläge gemacht, die die Situation bis weit in die Neunzigerjahre hinein verbessern sollen. Doch mit dem Fall der Mauer am 9. November 1989 soll sich das Blatt vollständig wenden. Minol verliert seine Eigenständigkeit in der neu gewonnenen Marktwirtschaft und geht in die Hände des französischen Staatskonzerns Elf Aquitain über. Die EG-Wettbewerbshüter haben 1992 keine Einwände gegen die Übernahme der ostdeutschen Minol durch ein Konsortium unter Führung des französischen Mineralölkonzerns, weil der Marktanteil von Elf und der Thyssen Handel Berlin GmbH mit der Übernahme des Raffineriebetriebs und des Tankstellennetzes von Minol in den neuen Bundesländern weit unter 50 Prozent liegen werde. Bereits zuvor werden Tankfahrzeuge – vom immer wieder neu aufgebauten G5 über den angestammten W50 bis hin zum robusten Tatra – reihenweise außer Betrieb genommen. Manche sollen noch ein zweites Leben in der Landwirtschaft oder im Baustellenbetrieb erhalten, die meisten jedoch werden verschrottet. Nur eine Handvoll davon soll erst ein gutes Jahrzehnt später als Klassiker der DDR-Fahrzeuggeschichte wieder zu automobilen Erinnerungsstücken werden.

ADALBERT WANDT ÜBERNIMMT 1960 DAS HANNOVERANER ESSO-TANKLAGER

Erst rollt die Kohle, dann das flüssige Gold

Als die Spedition Wandt den Esso-Fuhrpark in Hannover-Misburg 1960 übernimmt, ist der Büssing 8000 bereits ein Auslaufmodell. Der Hauber zählt zur »roten Flotte«, deren Stirn seit Kriegsende das stählerne Esso-Logo ziert.

Es soll die Stunde der Expansion sein, als Adalbert Wandt 1960 die wohlgemeinte Offerte erhält, das Esso-Lager in Hannover-Misburg zu übernehmen. Gerade mal 60 Kilometer vom Stammsitz an der Hansastraße in Braunschweig entfernt, stellt der Speditionsgründer damals die Weichen für das neue Jahrzehnt. Im Mineralölgeschäft stehen die Zeichen allerorts auf Wachstum – die Versorgung des regionalen Tankstellennetzes bedarf einer strafferen Organisation. Außerdem wächst die Nachfrage nach Heizöl für Haushalte und Industrie. Es ist wenig überraschend, dass Adalbert Wandt (1914–1983) in jenen Jahren auf seine Hausmarke Büssing setzt. Auch in Misburg steht die imposante Esso-Flotte 1960 im Zeichen von Büssing. Feuerrot, versteht sich, und mit einem breiten weißen Band mit blauen Markenlettern auf den Aufliegerflanken. Mit dabei zwei Büssing-Hauber aus den Fünfzigerjahren, deren markante Optik des 8000 S die Menschen in der Bundesrepublik kennen. Dieser Büssing zählt seinerzeit zu den Standardtankern von Esso mit gut und gern 20.000 Litern Sprit im Rücken. Daneben steht auf dem Betriebshof bereits die nächste Büssing-Generation des Commodore bereit, erst der haubenschmächtige LS 77, dann der imposant-kantige LS 11. Mit dem Aufbau der Tankwagenflotte zwischen Flensburg und Garmisch prangt auf der an Chromzierrat reichen Hauberstirn auch noch das stählerne Esso-Oval. In Misburg zeigt Adalbert Wandt mit dem Geschäftsjahr 1960 Flagge – Esso-Flagge! Rückblick: Es ist die typische Geschichte einer erfolgreichen Gründung, die hinter Adalbert Wandt liegt. Am 28. November 1914 im kleinen Dorf Gieboldehausen unweit von Duderstadt geboren, macht er sich von seinem elterlichen Bauernhof im Eichsfeld nach Köln auf, um das Brotbacken zu lernen. Er bringt es zum Bäckermeister, hat sogar die Chance, den Betrieb seines Onkels zu übernehmen. Doch der junge Adalbert will weiter. In Braunschweig soll er seinen Lebensanker werfen und im 1934 eröffneten Binnenhafen Beschäftigung finden. Er kennt die Stadt aus seinen Wehrdienstjahren und kann am Aufbau der neuen Speditionsdrehscheibe teilhaben. Arbeit gibt's wahrlich genug. Hafen und Mittellandkanal sorgen in der zweiten Hälfte der Dreißigerjahre für rege Verladeaktivität – hier ist Adalbert Wandt richtig. Und so entschließt er sich mit gerade mal 24 Jahren, Fuhrunternehmer zu werden. In jenen Jahren ist das längst keine Ausnahme, da der gewerbliche Güterverkehr zu prosperieren beginnt.

Kraftstoff und Brennstoff für den Wohlstand und das Wirtschaftswachstum: Der Büssing LS 11 F debütiert in den traditionellen Wandt-Farben und mit dem Namensschriftzug samt Schlagschatten.

Schon 1960 folgt Adalbert Wandt dem Ruf der Esso AG und übernimmt das Betriebsgelände in Hannover-Misburg. Der Wandel im Fuhrpark hat längst eingesetzt – die Jahre der roten Büssing-Hauber sind gezählt. Eigens dafür wird in Misburg am Wasserturm ein neues Betriebsgrundstück eingerichtet.

Seiteneinsteiger haben gute Chancen, doch ohne Gefährt kein Geschäft. Was ist zu tun? Manchmal gehört neben Mut eben auch Glück dazu, um die richtige Entscheidung zu treffen. Adalbert Wandt weiß anzupacken, ganz gleich ob im Hafen oder anderswo. Autos haben es ihm ohnehin angetan. Zwischendurch verdingt er sich als Autopfleger bei der Tankstelle unweit der Grundbesitzer-Bank. Viele Unternehmer fahren damals dorthin, um ihre Dienstkarosse waschen und polieren zu lassen. Dem Bankchef fällt der engagierte Adalbert auf, man kommt ins Gespräch. Und weil sich die Grundbesitzer- und Handelsbank, die 1941 zur Volksbank umfirmiert, um Existenzgründer kümmert, erhält der angehende Fuhrunternehmer einen Kredit. Sozusagen als Initialzündung zur Lkw-Beschaffung. Freilich nicht ohne die Sicherheit aus dem landwirtschaftlichen Betrieb der Eltern. Und es mag kaum überraschen, dass Adalbert Wandt angesichts der Bedeutung der Braunschweiger Lkw-Schmiede schon vorher mit Max Büssing – dem Sohn von Firmengründer Heinrich Büssing – ins Gespräch gekommen ist. Für die Lkw-Bauer ist es ein typisches Geschäft, als dann 1939 der erste Burglöwe vom Büssing-Band rollt. Mit drei Tonnen Zuladung ist der junge Braunschweiger Fuhrunternehmer bereit, sich die ersten Sporen auf den niedersächsischen Straßen zu verdienen. Immerhin wurde die Reichsautobahn um Braunschweig schon 1936 fertiggestellt. Weitere Teilstücke folgen alsbald, sodass es im Verteilerverkehr von Schüttgut aus dem Hafen am Mittellandkanal immer weiter in die Region geht. Die großen Infrastrukturprojekte schaffen Perspektiven – aber nicht immer mit positiven Vorzeichen. Zwar entwickelt sich das Fuhrgeschäft während der Kriegsjahre rege, doch die Unwägbarkeiten bleiben. Schon 1940 steht ein Lkw-Trio bei Wandt auf dem noch kleinen Betriebshof. Jetzt sind die ersten Fahrer beschäftigt und steuern die 4,5-Tonner zu den Kunden. Wieder helfen gute Verbindungen zu Büssing dabei, dass die beiden Lastwagen vom Typ 500 S dem Unternehmen zu noch mehr Schwung verhelfen. In den Wirren des Krieges übernimmt Gattin Gerda couragiert die Wandt'schen Betriebsaktivitäten – mit eigenem Führerschein, versteht sich. Dann der Neustart, für Wandt schon vor der 1948 Belebung bringenden Währungsreform. Adalbert Wandt bleibt Büssing treu: Das Speditionsgeschäft am Donnerburgweg in der Nordstadt, die Lkw-Schmiede an der Salzdahlumer Straße im Süden von Braunschweig – eine halbe Stunde Fahrzeit durch die Stadt bedeuten keine Entfernung, stärken vielmehr das Heimatgefühl. Früh gilt: Wer Büssing fährt,

Für den damaligen Kunden Esso wird 1962 das Corporate Design gewechselt – fortan fährt die »weiße Flotte« vom Hof. Wenn das Wochenende beginnt, stehen die Tankauflieger in Reih und Glied, um Montagmorgen wieder durchzustarten. Frisch gewaschen, versteht sich.

ist wer! »Ein Name wie Donnerhall«, sagt Adalberts Sohn Gerhard viele Jahre später und hat recht damit. Büssing zählt in den ersten beiden Nachkriegsjahrzehnten zu den leistungsfähigsten Lkw-Bauern der Wiederaufbaujahre. Die Frachtmengen, die die Lkw-Flotte inzwischen über die niedersächsischen Landesgrenzen hinaus befördert, sind denkbar vielfältig. Baustoffe wie Sand, Zement und Ziegel braucht das Land! Vornehmlich Schüttgut zur Bewältigung des Wiederaufbaus, aber auch vermehrte Stückgütermengen fordern die Spedition heraus. Die Firma Wandt ist zur Stelle. Und dann wächst zusehends der Bedarf an Brennstoffen. Kohle, Koks und Briketts für die Heizkessel der Betriebe und Ofenfeuerungen. Tonnenweise geht die Fracht jeden Tag vom Hafen und vom Braunkohlerevier bei Helmstedt aus auf den Weg. Ende derFünfzigerjahre gewinnen Heizöl und Diesel an Bedeutung – der Wohlstand und das Wirtschaftswachstum benötigen händeringend Energieträger. Jetzt findet auch der Büssing LS 11 F als erster Gefahrgut-Lkw den Weg in den Fuhrpark. Es ist ein imposanter Frontlenker mit komfortabler Fernverkehrskabine und einem zweiachsigen Tankauflieger. Seine Gestaltung kennt in Braunschweig schon damals jeder: Das dezente Blassgrün mit den gelben Wandt-Lettern und dem Tiefe gebenden Schlagschatten. Sämtliche Lkw, die auf den Firmenhof kommen, sollen fortan diese Lackierung erhalten. Bei Wandt ist man eben stolz auf das Geleistete und will den Familiennamen in einheitlichem Stil hochhalten. Übrigens bis heute. 1959 bezieht das Unternehmen endlich den neuen Standort an der Hansastraße in Hafensichtweite. Für die neun Hängerzüge mit Planen ist Platz genug und dazu noch reichlich Stellplätze für die Beschaffungsreserve. Nach dem Wachstum der Fünfzigerjahre wechselt die Esso AG die nationale Vertriebsstrategie, importiert und verarbeitet Rohöl für den bundesrepublikanischen Markt und verkauft weiterhin Kraftstoff und Heizöl. Doch für den Vertrieb suchen die deutschen Esso-Statthalter Vertriebspartner, die es können. Adalbert Wandt kann es. Die Offerte der Esso AG

Pause im Tanklager: Mit dem Büssing LS 77 im Lack der roten Esso-Ära geht die Hauberzeit auf dem Betriebsgelände in Misburg zu Ende. Danach beginnt die große Zeit der Frontlenker.

Im Braunschweiger Büssing-Prospekt gehören in den Fünfzigerjahren die Tankfahrzeuge zu den werkseitig herausgestellten Fahrzeuganwendungen.

Für Büssing und Wandt ein Glückstag: Gründer Adalbert Wandt nimmt die Schüssel für den 50. Büssing von seinem heimatlichen Lkw-Produzenten entgegen und setzt sich gleich selbst hinters Lenkrad des Esso-Tankzugs.

Mitte der Sechzigerjahre fährt der Büssing Commodore S 16-210 seine tägliche Tour zur Beschickung der Esso-Tanksäulen. Die Sattelzugmaschine verfügt über einen U-11-D-Unterflurmotor, der noch vor die Vorderachse gebaut ist. Das Bauprinzip soll sich nicht durchsetzen – sein optisch ungewöhnlicher Alltagsauftritt fällt dennoch auf.

Der letzte reinrassige Büssing im Zeichen des Löwen: Der BS 16 S versorgt als klassischer Tankauflieger die Esso-Abnehmer an Tankstellen und auf den Betriebshöfen von Firmen.

passt 1960 ins Konzept des Braunschweiger Spediteurs, der die Chancen der Zeit zu nutzen weiß. Adalbert und Gerda Wandt haben inzwischen fünf Kinder, und damit auch Verantwortung für die Großfamilie. Der soll es in den Folgejahren gut gehen, weil die Entscheidungen zur Expansion mit Augenmaß getroffen werden. Die eigene Tankstelle hat der Braunschweiger Spediteur ohnehin schon auf dem Gelände, sodass man sich mit Esso schnell einig wird. Im Jahresverlauf 1960 geht's im Mineralölgeschäft ans Eingemachte! Adalbert Wandt übernimmt von einem Tag auf den anderen die Verantwortung für die regionale Mineralöl- und Kraftstofflogistik der damals markenstarken Esso AG. Bestellabwicklung, Tourenplanung und neue Fahrer sorgen in Misburg für eine unternehmerische Herausforderung. Die legendäre rote Tankerflotte verfügt neben den Haubern auch über die ersten Frontlenker vom Typ LS 11 F. Mit der Übernahme wandert die komplette Regie zusätzlich auf den Schreibtisch von Adalbert Wandt. Der muss sich quasi ganz nebenbei auch um die Ersatzbeschaffungen der Tankzüge kümmern. Natürlich mit den Zugmaschinen von Büssing. So werden bis 1966 die alten Büssing-Hauber komplett aufs Altenteil geschoben, die neuen Frontlenker gewinnen an Kraft – und Frische. Denn in der Zwischenzeit hat Esso das Corporate Design umgestellt. Nicht mehr Rot regiert als Signalfarbe den Markenauftritt der Esso-Flotte. Stattdessen kündet der Tankwagen-Fuhrpark in weißem Lack von der Modernität der Wirtschaftswunderjahre. Letztlich soll der Auftritt zwar unübersehbar sein, die kreative Leistung der Esso-Werbefachleute dahinter aber eher mäßig ausfallen. Denn die Grundfarben sollen fortan lediglich umgekehrt werden. Aus Rot wird Weiß, aus dem weißen Streifen auf dem Tankauflieger wird ein roter – jetzt mit dem zentrierten Esso-Markenzeichen. Der blitzblanke Büssing Commodore LS 11 F brilliert zur IAA 1963 auf dem Messestand von Luther & Jordan. Die Karosseriebauer aus Braunschweig haben inzwischen beim Tankwagenbau ein gewaltiges Wörtchen mitzureden. Mit einem Großauftrag konnte Luther & Jordan zuvor bereits die noch junge Bundeswehr mit Tankwagen für die Liegenschaften von Heer, Luftwaffe und Marine ausrüsten. Außerdem gehören zwischenzeitlich zahlreiche Mineralölhändler zum festen Kundenstamm der Braunschweiger. Die Esso-Tanker von Wandt sind in dieser Zeit sozusagen allesamt »made in Braunschweig«. 1966 ist es ein Esso-Tankauflieger, den Büssing als 50. Lkw aus eigenem Haus an die Spedition Wandt überreicht. Worte des Dankes für die jahrzehntelange Treue kommen den Büssing-Verantwortlichen aus der Nachbarschaft leicht über die Lippen. Gleiches gilt auch für die Direktoren der örtlichen Volksbank, die an das Familienunternehmen vom ersten Tag an begleitet haben. Partnerschaft bedarf eben auch gegenseitiger Treue – und des nachhaltigen wirtschaftlichen Erfolgs. Beides gelingt dem Braunschweiger Unternehmen. Bis zum Ende der Sechzigerjahre wächst der gesamte Fuhrpark auf über 30 Lkw-Züge, in Misburg haben sich auch zwei Mercedes-Benz-Tanker hinzugesellt. Dafür gibt es einen guten Grund: Weil Büssing keine dreiachsigen Fahrgestelle für Kompakttankwagen baut, muss man von der Marke mit dem Löwen auf die Marke mit dem Stern ausweichen. Ein Kompromiss im Sinn des operativen Geschäfts. Später folgt dann noch die neueste und leider auch letzte Büssing-Generation. Der BS 16 S wird als jüngster, ebenfalls schneeweißer Tankauflieger in Dienst gestellt. Die Oberhand im täglichen Geschäft behält Adalbert Wandt selbst. Arbeitskräftemangel – in jenem Wirtschaftswunderjahrzehnt allgegenwärtig – macht den Unternehmen das Leben schwer. Kein Wunder, dass seine Söhne Adalbert und Gerhard zu Beginn der Siebzigerjahre bei Kühne+Nagel in Hannover zu Speditionskaufleuten ausgebildet werden und alsbald in das Unternehmen einsteigen. Tagsüber »K+N«, abends Esso-Belege sortieren und Rechnungen schreiben. Eine gute Vorbereitung auf den Einstieg ins elterliche Unternehmen. Erst Jahre später lassen die Braunschweiger den Tankwagenbetrieb auslaufen.

MITTELSTÄNDISCHE FAHRZEUGBAUER IM WANDEL

Tankaufbauten mit Liebe zum Detail, Ernüchterung durch Marktkonzentration

Die rauchenden Raffinerien im Hintergrund, am Einfallstor eine Ladung Eisenrohre und ein ankommender Tankzug – so kraftvoll und lebendig sieht der Zeichner von Mercedes-Benz in den Fünfzigerjahren das rasante Treiben der Industrie. Die wachsende Motorisierung ist allgegenwärtig.

In Drensteinfurt nennen ihn in den Fünfzigerjahren alle nur »Jöte«. Gerade Mitte 20, besitzt Josef Mussenbrock, Jahrgang 1928, schon einige Garagen zur Vermietung, dann auch eine Tankstelle. Er zählt zur Gründergeneration jener Jahre, die etwas unternehmen will, ohne gleich große Unternehmer sein zu wollen. Schritt fur Schritt geht es voran. Gleich neben der Tankstelle befindet sich ein Lager für Öle und Schmiermittel, die in jenen Jahren reichlich in der Landwirtschaft gebraucht werden. Warum nicht auch Heizöl ausfahren? Jöte hat den richtigen Riecher und kauft einen Opel Blitz und einen Tempo Matador, beide mit Aufsetztank, versteht sich. Damit sorgt er für den Einstieg ins Liefergeschäft. Erst später kommt ein Magirus-Eckhauber hinzu, andere folgen. Neue Tankstellen an den nahen Autobahnen A1 und A2 zählen zu Jötes Aktivitäten. Aus Mussenbrocks Betrieb wird ein respektables Unternehmen – ein münsterländischer Mittelständler, der schnell den Spitznamen »Ölbaron« weg hat. Es sind Männer wie Jöte oder Dieter Herkströter aus dem 55 Kilometer entfernten Gütersloh, die das junge Geschäft mit dem flüssigen Gold wittern. Von Kraftstoffen über Heizöl bis hin zu Ölen und Fetten für den Maschinenpark von Unternehmen und Bauernhöfen. Herkströter versteht sich nicht nur als Händler, sondern ist auch Tüftler. Er konzipiert 1958 die Idee, seinen Hamburger Tempo Matador mit einem Heizöl-tank auf der Pritsche zur multifunktionalen Transporteinheit für den »kleinen« Brennstoffhändler auszubauen. In der Bielefelder Vorstadt findet der Güterslohers kompetente Unterstützung. Dort, in Brackwede, hat sich inzwischen die Tank- und Apparatebaufirma Wilhelm Pentalsky einen guten Namen gemacht und unterstützt das innovative Projekt. Die Firma Vidal & Sohn, damals Hersteller der Tempo-Lieferwagen, erkennt die Gunst der Stunde und weiß sie zu nutzen. Kurzerhand wird der Eineinhalb-Tonner als Kleintankwagen ins offizielle Lieferprogramm übernommen. Gerade Vidal & Sohn sehen im beginnenden Wirtschaftswunder ihre Chance darin, Branchenlösungen anzubieten. Idealerweise schon ab Werk gleich einsatzbereit, in der Praxis dann alltagstauglich und verwenderfreundlich. Da trifft Dieter Herkströter ins Schwarze – und in Drensteinfurt unterschreibt Jöte den Kaufvertrag, um den »Klein-Tanker« für seine täglichen Liefertouren nutzen zu können. Auf dem Firmenhof von

Farblich geschickt gestaltete Aufliegerflanken, darüber die säuberlich lackierten Firmenschriftzüge und ein gebürsteter Stahltank, das macht den Tankauflieger mit der harmonisch lackierten Zugmaschine attraktiv.

Vidal & Sohn in Harburg steht Ende der Fünfzigerjahre regelmäßig ein Vorführfahrzeug. In dicken Lettern prangt der Typenschriftzug »Matador« auf den Flanken des Aufsetztanks. Wenn die Seitenbracke für die Fahrzeugpräsentation heruntergeklappt ist, wirbt der Transporter mit seinen Mehrzweck-Möglichkeiten: Heizöl und Diesel, aber auch andere Güter wie Kohlen können mit dem Tempo Matador auf die Strecke gebracht werden – in einer »Umbauzeit von 5 Minuten«, wie es auf dem Werbeplakat auf der Bracke zu lesen ist.

Bei Dieter Herkströter ist das Pilotfahrzeug jahrelang im Einsatz. Auf dem gelben Tank wirbt der rote Schriftzug für Shell-Heizöl, auf den Pritschenseiten steht sein Firmenname »Herkströter«. So fährt der Brennstoffhändler täglich durch Gütersloh. Tatsächlich soll sich die Konstruktion bewähren, weil sie denkbar einfach ist. Der Tank kann mit wenigen Handgriffen auf die Pritsche gesetzt und ganz ohne Werkzeug befestigt werden. Herkströter nutzt Schnelltrennkupplungen, um den Tankaufbau an den Pritschenösen abzuspannen und so zu sichern. Weil der Raum unter der Ladefläche ausreicht, kann dort der Armaturenschrank unterbaut werden. So lässt sich der Schlauch von der Beifahrerseite aus zu den Kellertanks ausrollen. Die gesamte Pumpen- und Anschlusstechnik liefert Wilhelm Pentalsky aus Brackwede zu. Der Pumpenantrieb erfolgt über den Fahrzeugnebenantrieb – ein Gashebel ist gleich hinter dem Beifahrersitz angebracht. Der anfänglich im Armaturenschrank untergebrachte Schlauch reicht alsbald im Alltag nicht mehr aus, Tempo bessert nach und stattet den Matador mit einer fahrerseitigen Schlauchhaspel aus. Jetzt sind sogar 30 Meter mühelos zu überbrücken. Als Vidal & Sohn den 48 PS starken Matador-Heizöltransporter 1959 in sein Programm übernimmt, liegt der Anschaffungspreis bei 13.000 DM. Um die Wirtschaftlichkeit des Fahrzeugs zu unterstreichen, wird eine detaillierte Kostenaufstellung mitgeliefert. Immerhin 125.000 Liter als »maximale Ablieferungsmenge an Kleinversorgungsstellen« liegen der Kalkulation zugrunde. Der angestellte Tankwagenfahrer

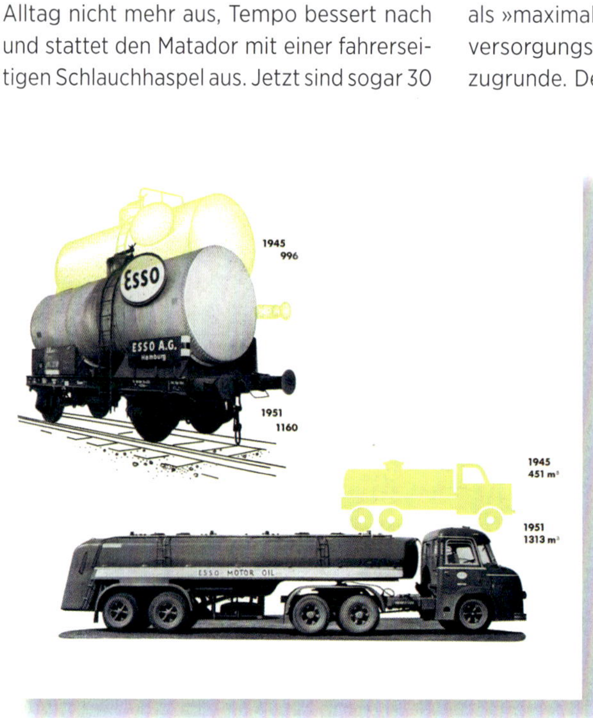

Mit Unterstützung und dem Rückenwind der westlichen Alliierten sorgt der amerikanische Esso-Konzern gleich nach Kriegsende dafür, dass die Kraftstoffversorgung im besiegten Deutschland wieder zu funktionieren beginnt. Innerhalb von nur sechs Jahren gelingt es, die Transportkapazitäten durch neue Tankfahrzeuge mit einem Volumen von anfangs 451 Kubikmetern auf 1.313 Kubikmeter nahezu zu verdreifachen. Der Tankwagenbestand liegt damit bereits bei knapp über 100 Fahrzeugen.

Der MAN F8 ist bei den süddeutschen Mineralölhändlern als erste Generation von Nachkriegszugmaschinen begehrt. Anders als in Vorkriegsjahren sorgt Defrol nun für einen eigenen Firmenauftritt mit individuell ansprechender Darstellung.

schlägt mit einem Monatslohn von 500 DM zu Buche. Damit ergibt sich eine Literbelastung von 88 Pfennig für die Heizölauslieferung – ein nun wirklich überschaubarer Wert. Und dennoch: Beim Nachfolgemodell Matador E geht der Harburger Transporterhersteller wieder den konventionellen Weg und bietet den 1.500-Liter-Aufsetztank wieder komplett mit verlastbarer Pumpe und Schlauchhaspel als Transporteinheit an. Damit verbessert sich nach Ablasten der Tankeinheit das Leergewicht zugunsten einer verbesserten Zuladung. Doch der »Klein-Tanker« aus Harburg – letztlich eine Insellösung von Vidal & Sohn – wird von großen Aufbauhersteller rechts und links überholt. Zu Beginn der Sechzigerjahre reichen 1.500 Liter Tankvolumen längst nicht mehr aus. Der Bedarf an Heizöl wächst von Jahr zu Jahr. Dazu kommen noch unzählige individuelle Anforderungen der Kunden an die Tankwagenhersteller – ganz gleich, ob klein oder groß. Gerade hier findet in jenen Jahren eine ungeheure Marktdynamik statt. Auf der einen Seite sind es die Mineralölhersteller, die sich mit ihrem ständig wachsenden Fuhrpark an den neuen Raffinerie- und regionalen Tanklagerstandorten den Durchgriff auf die Endverbraucher an den Tankstellen sichern wollen. Auf der anderen Seite formiert sich wie in allen Branchen jener Jahre die Wurzelbewegung des Zwischenhandels. Genau jene Mineralölhändler, wie Josef »Jöte« Mussenbrock aus Drensteinfurt oder Dieter Herkströter, streben in ein wachsendes Geschäftsfeld – sie haben mit ihrem Brennstoffhandel aufs richtige Pferd gesetzt.

Nach der Währungsreform herrscht lange Jahre Mangelwirtschaft. Alles wird benötigt, überall läuft der Wiederaufbau. Die Marktwirtschaft erweist sich als hilfreicher Beschleuniger, und das Mineralölgeschäft sichert dank funktionierender Kraftstoffversorgung wachsende Mobilität und wohlige Wärme überall dort, wo die neue Generation von Öfen und Heizungen mit Heizöl befeuert wird. Niemand weiß, wie lange das beginnende Wirtschaftswunder noch anhält und wann es seinen Zenit überschritten haben wird. Wenige Jahre nach Kriegsende finden Schwarzmaler ohnehin kein Gehör, man hat schlichtweg was Besseres zu tun, weil die Wirklichkeit wirtschaftliche Erfolgsgeschichten schreibt. Und dazu zählt auch der Fahrzeugbau, der mit seinen Spezialanforderungen an Flüssigtransporte reichlich Marktpotenzial erkennen lässt. Jeder Fahrzeugbauer, der sich in den Fünfzigerjahren dem Tankwagenbau widmet, ist im Wett-

Nicht nur Kohle und Öl zählen zu den nachgefragten Brennstoffen der Nachkriegsjahre, sondern auch Propangas. Zunächst vornehmlich in Gasflaschen ausgeliefert, steigt die Nachfrage der Haushalte für ihre Gasherde immer stärker an. Der Opel Blitz macht sich in Lüneburg auf zu seiner Liefertour.

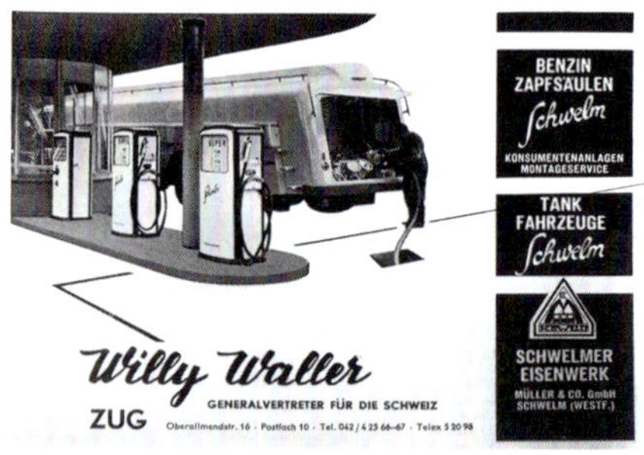

Marktwirtschaft kontra Planwirtschaft: Während in den Fünfziger- bis Achtzigerjahren in der Bundesrepublik zahlreiche Fahrzeugbauer die Nachfrage nach Tankfahrzeugen bedienen, setzt die DDR auf wenige spezialisierte Betriebe für Aufbauten und Anhänger.

Die Übersicht macht deutlich, wie facettenreich sich der Tankwagenbau in den Regionen der Bundesrepublik entwickelt. Meist werden die Fahrzeuge von Kunden aus einem Umkreis von 100 Kilometern bestellt – Heimatnähe bedeutet auch einen Vertriebsvorteil und für den Kunden einen guten Service.

bewerb willkommen. Denn es reicht für alle, und die wachsenden Produktionskapazitäten nehmen die Spannung aus dem Alltag. Allerdings liegen anfangs jene Hersteller in der Poleposition, die sich schon vor dem Krieg im Tankwagenbau profilieren konnten oder angesichts ihrer Fahrzeugbaukompetenz in den Fünfzigerjahren rasch in der Lage sind, ihre Produktion zu erweitern, um das neue, prosperierende Wachstumsfeld zu erschließen. Nicht allein Esso, Shell, BP und Aral können als große Platzhirsche den Markt unter sich aufteilen. Wie in allen Wachstumsmärkten droht der Angriff auch von außen. 1956 startet Fina in Deutschland bei null. Kein Mensch kennt das blau-rote Markenzeichen. Dahinter steht der internationale Mineralölkonzern Petrofina S.A. mit Sitz in Brüssel, der sich seit Langem in der gesamten Wertschöpfungskette des Mineralölgeschäfts tummelt. Mit Ölfeldern in Nord- und Mittelamerika sowie Afrika, einer Flotte neuer Tankschiffe und ebenso technologisch hochgerüsteten Raffinerien in Europa und den USA. Die Purfina Mineralölraffinerie in Duisburg baut inmitten des Reviers eine Großproduktion auf. Hinzu kommt die Ruhrbau Mineralölraffinerie in Mülheim an der Ruhr, die sich um Produkte jenseits des Kraftstoffgeschäfts kümmert und Asphalt und Bitumen vertreibt. In Zeiten des rasanten Straßenbaus ebenfalls ein auskömmliches Geschäft. Anfangs noch unter der Marke Purfina firmierend, wird diese später auf den Namen Fina gekürzt. Innerhalb der ersten zehn Jahre nach dem Eintritt in den deutschen Markt werden 1.002 Stationen im eigenen Markendesign für Präsenz entlang von Straßen und Autobahnen sorgen. Die roten Zugmaschinen mit den hellblauen Aufliegern und den roten Fina-Lettern mit weißer Outline machen die wachsende Konkurrenzsituation im Straßenbild deutlich. Die junge Marktwirtschaft sorgt auch für neue Anbieter – den Tankwagenbauern sollen die plötzlichen Bestellungen der Newcomer ganz recht sein. Immerhin beliefern die Fina-Tankfahrzeuge die renommierten Fluggesellschaften mit Düsentreibstoff, ebenso wie die noch junge Bundeswehr und die florierende Binnenschifffahrt. Gleich nach dem Markteintritt von Petrofina S.A. kommt 1956 noch William F. Bramstedt nach Deutschland und bläst zum Angriff. Der deutschstämmige Bramstedt – seit 1950 Präsident der California Texas Oil Company (Caltex) – macht unmissverständ-

Bei Esterer in Helsa nutzt man in den Fünfzigerjahren die Chance des neuen Marktes: Dipl.-Ing. Ulrich Esterer macht sich auf, um sein junges Unternehmen mit modernen Konstruktionen von Tankwagen und Tankanhängern umtriebig auf dem deutschen Markt zu positionieren.

Der ganze Stolz der Firma Oest: Der Freudenstädter Mineralölhändler fährt in den späten Fünfzigerjahren für Caltex. Der amerikanische Mineralölkonzern nimmt den deutschen Markt wegen seines Wachstums schon in den Fünfzigerjahren ins Visier und muss rasch handeln, um sich Marktanteile zu sichern. Der mächtige, feuerwehrrote Mercedes-Benz-Hauber mit dem Haller-Auflieger ist der ganze Stolz des Unternehmens. Das Fahrerhaus hat Haller in Feuerbach um ein Transportfach für das Ölsortiment erweitert, um die Kunden mit Kraftstoff und den verschiedenen Ölen gleichermaßen beliefern zu können.

Der Henschel HS 190 Bimot macht mit seiner bulligen, chromverzierten Haube viel her, als er auf der Internationalen Automobilausstellung 1951 präsentiert wird. Tatsächlich treiben zwei 95 PS starke Motoren Zugmaschine und Tankauflieger nach vorn. Auch Ellinghaus in Beckum hat den ersten Auftrag von Esso in der Tasche, um die 21.000-Liter-Auflieger für das neue Logistiknetz zu liefern.

lich klar, dass man das Feld nicht den anderen überlassen will. Das Mineralölgeschäft boomt weltweit – der deutsche Nachkriegsmarkt verspricht reichlich Wachstum und kristallklar kalkulierbaren Profit. Rund 22.000 Tankstellen – viele davon neu gebaut und optisch wie aus dem Ei gepellt – stehen 1955 bereits in den Städten, aber auch an Bundestraßen und Autobahnen. Tatsächlich nimmt man dem amerikanischen Marktmacher Caltex seinen selbst erklärten Expansionshunger ab – 4.000 weitere Stationen hält man für möglich. Die Maßlosigkeit in der Einschätzung der boomenden Automobilität scheint seinerzeit schier grenzenlos zu sein. Auf dem Gelände des Mönchhof-Gutes zwischen Raunheim und Kelsterbach errichtet Caltex Anfang der Sechzigerjahre unweit von Frankfurt, und damit inmitten der Bundesrepublik, eine eigene Raffinerie. Tiefrot erscheinen in der zweiten Hälfte der Fünfzigerjahre die ersten Tankzüge, die seitlich den weißen Caltex-Schriftzug und am Tankwagenheck das Markenlogo mit dem roten Stern tragen. Die Boomjahre, so viel steht außer Zweifel, werden lange Zeit für volle Auftragsbücher sorgen.

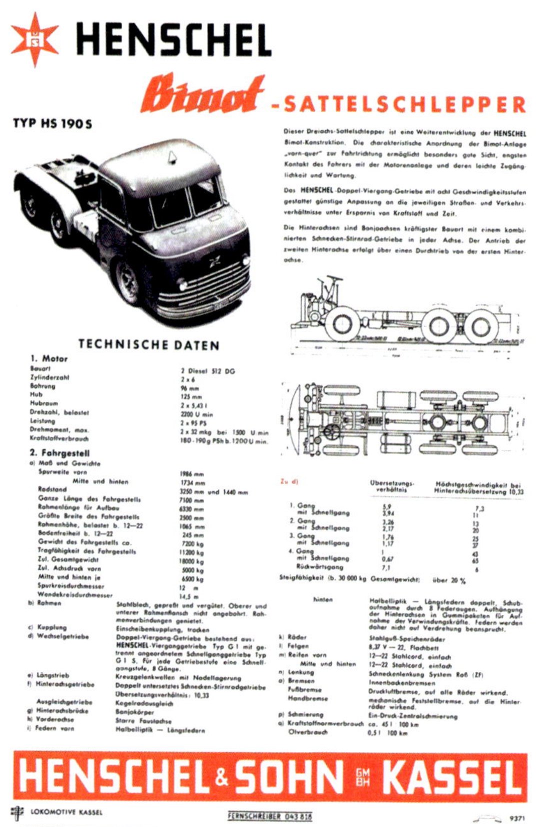

Genauso wie die Zahl der Akteure in der Produktion und im Vertrieb von Kraftstoff und Heizöl selbst dynamisch zulegt, entwickelt sich in den Fünfzigerjahren auch der Markt der Fahrzeugbauer. Im Norden gehört Ad. Strüver ganz früh dazu. Dipl.-Ing. Hans Strüver hatte in Vorkriegsjahren gleich nach Studiumende bei Klöckner-Humboldt-Deutz gearbeitet und unterhielt nach seiner Rückkehr nach Hamburg gute Beziehungen zu KHD. Sein Vater Adolph Strüver hatte schon 1893 ein Im- und Exporthaus gegründet – sozusagen die Keimzelle der Strüver KG, die unter der Ägide seines Sohnes Hans in den Dreißigerjahren auf dem Gelände des Petersenparks Fertigungshallen für die Tochterfirma Ad. Strüver Aggregatebau KG errichtete. Im Jahr 1939 begann dort zunächst die Produktion von Stromaggregaten unterschiedlicher Leistungsklassen – mit den luftgekühlten Dieselmotoren von KHD, versteht sich. Die Abteilung Aggregatebau in Groß Borstel profitierte vom Bauboom des Dritten Reichs und mutierte in Kriegszeiten schließlich zum Kerngeschäft der Strüver KG. Bei den Bombenangriffen auf Groß Borstel blieb das Strüver-Gelände unversehrt, sodass Hans Strüver gleich nach Kriegsende mit den robusten Stromaggregaten die schnelle Rückkehr in die zivile Produktion findet und eigens für die Mitarbeiter die Strüver-Siedlung baut – soziale Verantwortung wird großgeschrieben. Als Hans Strüver 1952 stirbt, übernehmen seine Frau und seine drei Söhne die Firma. Die Weichen für das neue Geschäftsfeld sind bereits

Aurepa in Mannheim beweist schon in den Fünfzigerjahren ein hohes Maß an Flexibilität, um im Wettbewerb zu punkten. Der Büssing Commodore LS 11/16 (o.) zieht Ende der Fünfzigerjahre immerhin schon 25.000 Liter Kraftstoff vom Esso-Tanklager zu den markeneigenen Stationen. Auch kleine Verteilerfahrzeuge wie der Mercedes-Benz-Kurzhauber, dessen Tank 7.200 Liter fasst, werden an den Kunden DEA geliefert (M.). Für dessen Mainzer Brennstoffhandel baut Aurepa auch einen Tankauflieger mit einem Fassungsvermögen von 22.000 Litern, der von einem Mercedes-Benz L 334 eskortiert wird (u.).

gestellt. Weil man schon 1949 die Produktion auf den Bau von Tankwagen ausgedehnt hat, darf man sich einer günstigen Marktentwicklung sicher sein. Von einer Spezialisierung beim Tankwagenbau ist man bei Strüver in den Fünfzigerjahren noch weit entfernt – der Markt heißt schlichtweg Tankwagen. Man liefert das, was gefragt ist. Und das an alle großen Mineralölgesellschaften im Land. Ganz gleich wie groß, ganz gleich wie lang. So zieht ein Henschel HS 120 einen 18.400 Liter fassenden Vier-Kammer-Sattelauflieger vom Hof, während ein noch imposanterer HS 140 S einen Drei-Kammer-Auflieger mit 15.000 Litern im Schlepp hat. Die mächtige Henschel-Zugmaschine haben die Strüver-Konstrukteure am Fahrerhaus durch einen Ölgebinderaum erweitert, sodass der Auftraggeber BP zu recht zufrieden ist. Auf diese Weise kann die Komplettbelieferung der BP-Tankstellen mit Kraftstoff und Öldosen erfolgen. Es sollen die großen Taktgeber des Mineralölmarkts sein, die auch die Tankwagenbauer groß machen. Zur Führungsphalanx zählt zweifellos die Esso AG, die gerade in den Fünfzigerjahren über die größten Fuhrparks im Lande verfügt. Alle großen Hersteller können an den Aufträgen der Hamburger Esso AG partizipieren – angesichts der Nähe zur Zentrale natürlich auch Strüver. So werden Tankauflieger mit integriertem Armaturenschrank am Heck und einem Volumen von 25.000 Litern gleich dutzendweise gebaut. Alle seinerzeit marktüblichen Zugmaschinen der hohen PS-Klassen nutzt Esso, darunter den MAN Typ 750 L 1 und den Büssing 7500 S. Für den internationalen Speditionsbetrieb bestellt Freyaldenhoven einen Fünf-Kammer-Sattelauflieger mit immerhin 27.000 Litern Volumen. Mit dem MAN 845 L1 in der Fernverkehrsausführung ziehen 145 PS den Strüver-Auflieger mit kraftvoller Leichtigkeit vom Aachener Firmensitz aus durch ganz Europa. Die Konstrukteure bei Strüver, die angesichts ihrer jahrelangen Konstruktionsroutine im Maschinenbau sinnfällige Lösungen auch in den neuen Unternehmenszweig der Tankwagen einbringen, stellen in jenen Jahren scheinbar alles mühelos auf die Räder. Die Fünfzigerjahre haben beschleunigende Wirkung für Ad. Strüver – auch im selbstbewussten Marktauftritt. Man weiß, was man kann, und ist zu recht stolz darauf. Dazu trägt auch das breite Angebot an Tankwagenlösungen bei. Sattelzüge mit selbsttragendem Tank aus Stahl oder bei Bedarf auch aus Leichtmetall gehören ebenso dazu wie Tankauflieger mit robustem Fahrgestell in Aluminiumausführung. Doch auch für den flexiblen Betrieb kleinerer Händler laufen zweiachsige Tankwagen mit 4.500 Litern Volumen für den Verteilerverkehr aus den Strüver-Produktionshallen. Fernab des Mineralölgeschäfts kümmern sich die Hamburger Fahrzeugbauer »ganz nebenbei« um die Lebensmittelbranche, die Fahrzeuge für den Transport von Tankbier, Milch und Speiseölen nachfragt.

In der Strüver-Produktion am Niendorfer Weg laufen die Arbeiten in den Fünfziger- und Sechzigerjahren genauso wie anderswo zu Hochform auf. Die Kapazitäten erreichen in den Fachabteilungen das Limit. In den Kon-

In neun Vertriebsregionen schafft die Gasolin AG funktionierende Logistikzentren, von deren Tanklagern aus die einachsigen Tankauflieger das Umland erobern. Die junge Marke hat nach dem Krieg ihren Platz auf den ehemaligen Leuna-Zapfsäulen gefunden. Mit der Hannoveraner Zentrale baut das Unternehmen ein völlig neues Liefernetz auf. Damals können die Autofahrer immerhin aus über 30 Marken auswählen.

1964 Im Tankwagen auf dem Weg zu 38.820 Tankstellen

Aral	6.200	*Agip*	280
Shell	5.250	*Boie*	260
Esso	5.220	*Rueckwarth*	250
BP	4.000	*Frisia*	225
DEA	3.500	*VK Opel*	180
Gasolin	3.200	*Deutsche Pam*	150
Avia	1.300	*Minera*	150
Caltex	1.200	*Varol*	130
Rheinpreussen	1.160	*Fanto*	125
Fina	800	*Eller Montan*	90
Stinnes Fanal	750	*Haltermann*	50
Total	750	*Homberg*	50
Sopi	450	*Rheinische/Amoco*	50
Merk	440	*SVG*	50
Montan-Union	360,	*Freie Tankstellen*	1.100
Westfalen	300	*Sonstige*	800

struktionsbüros arbeiten die technischen Zeichner am Gesamtentwurf eines jeden Auftrags, sorgen für die Quer- und Längsschnittzeichnungen und müssen überdies noch alle Einzelteile zeichnerisch darstellen. Wenn die Aufträge dann in der Arbeitsvorbereitung angekommen sind, gehen die Karosseriebauer ans Werk. Wie in einer Schneiderwerkstatt werden die großen Leichtmetallbahnen millimetergenau zugeschnitten, ehe sie in der Walze entsprechend in Form gebracht werden. Die Arbeit der Schweißer verlangt Können und Routine gleichermaßen, denn die Qualität des Tankfahrzeugs wird sich noch Jahre später über die Verlässlichkeit des Tanks und der Pumpe definieren. Alle Nähte müssen sauber, fest und selbstverständlich benzindicht geschweißt werden. Bei Strüver gibt es schon in den Fünfzigerjahren Mitarbeiter, die dieses Handwerk aus dem Effeff beherrschen – die Vorkriegserfahrung hat einen Technologievorsprung erzeugt. Im Innern der Tanks sorgen die eingebrachten Schwallwände dafür, dass im späteren Alltagsbetrieb die Fahrdynamik auch bei halb gefüllten Tanks nichts zu wünschen übrig lässt. Gerade das gefürchtete Aufschaukeln – die größte Unfallgefahr – soll minimiert werden. Vor allem die Herstellung der Kopfstücke mit ihren feinen Radien erfordert Augenmaß und Geschick, weil sie das harmonische Gesamtbild des Tanks ausmachen. Der komplette Tank fußt letztlich auf einem Rahmen, der aus gekannteten Blechen gebaut ist und dennoch die notwendige Festigkeit besitzt. Damit gewährleistet Strüver, dass alle Fahrwerkskräfte den dünnwandigen Tank vor unnötiger Beanspruchung schützen. Bei der Hochzeit von Tank und Rahmen montieren die Fahrzeugbauer die Einzelteile sicher auf dem Fahrgestell. Bei diesem Zusammenbau müssen Stahl- und Aluminiumteile elektrisch gegeneinander isoliert werden. Erst dann folgt der Anbau der Armaturen, deren Normausführung von den großen Mineralölfirmen gemeinsam entwickelt und definiert worden ist. Auf dem Gelände am Stadtrand von Hamburg ordnen sich die Fachabteilungen gebäudemäßig alle um die Rahmenschweißerei an, die auf der einen Seite an die Tankschweißerei und die Montagehalle angebunden ist. Auf der anderen Seite steht der Prüfstand, ohne dessen Durchlauf kein Fahrzeug den Hof verlässt. Dort werden die Peilstäbe geeicht, die Messgenauigkeit der Uhr im Armaturenschrank geprüft und sämtliche Funktionen unter den Bedingungen der Praxis kontrolliert. Der Prüfstand ist gewissermaßen eine moderne Tankstelle in Laborausführung, die das Füllen, die Abgabe und das Pumpen alltagskonform testet. Immer stärker geraten an der Wende zu den Sechzigerjahren der Leichtmetalltank auf Rahmenfahrgestell und der selbsttragende Leichtmetalltank in den Fokus der Konstrukteure. Beim ersten gibt es über sieben Prozent Nutzlastvorteile, beim zweiten sogar 15 Prozent. Allein die Überzeugungsarbeit muss Strüver noch gelingen, um den selbsttragenden Tankfahrzeugen zum Durchbruch zu verhelfen. Die Diskussion um den Widerstreit zwischen Wirtschaftlichkeit im Alltagsbetrieb und Robustheit der Tankfahrzeuge, die der Langlebigkeit und damit der Nutzungsdauer dient, hat zu Beginn der Sechzigerjahre längst begonnen. Immerhin müssen sich die Drei-Millimeter-Leichtmetallbleche gegen die bis dahin üblichen Fünf- bzw. Sechs-Millimeter-Bleche durchsetzen.

In den Fünfziger- und Sechzigerjahren wächst das Netz der Gasolin-Stationen überall in der Bundesrepublik schnell. Oft werden Vorkriegsstandorte der Marke Leuna genutzt, nachdem der namensgebende Produktionsort in der sowjetischen Besatzungszone jenseits der Grenze nicht mehr zur Verfügung steht.

Strüver geht zu Beginn der Sechzigerjahre in die Offensive. Mit dem Monotank-Konzept, dessen Namen man sich wohlweislich markenrechtlich schützen lässt, wird für einen vergrößerten Nutzlastfaktor geworben. Die Bauweise beruht auf der Weiterführung der bei Strüver angewandten selbsttragenden

Die mächtige Haubergeneration des Büssing LS 11/16 zieht in den Sechzigerjahren den 28.000-Liter-Shell-Auflieger von Kroll.

Leichtmetallkonstruktion. Nachdem sich der Wegfall des Fahrgestells bei Tankanhängern und Sattelaufliegern »in Hunderten von Fahrzeugen erfolgreich bewährt hat«, wie Strüver damals feststellt, hat man mit dem Monotank eine Bauweise geschaffen, die den Verzicht auf einen Chassisrahmen möglich macht. Damit wird überflüssig gewordenes Gewicht gespart. Bei den Monotank-Fahrzeugen sind die Hauptbestandteile des Motorfahrzeugs – also Motor mit Kühler, Getriebe und Fahrerhaus sowie die Vorder- und Hinterachse – sozusagen als Anbauten direkt mit dem Tank verbunden. Damit trägt der Tank als bauliche Schlüsseleinheit nicht nur den Kraftstoff, sondern übernimmt die zusätzlichen Aufgaben des verzichtbaren Chassis und des ansonsten üblichen Hilfsrahmens. Bei der Monotank-Generation führt das zu einer Gewichtseinsparung von immerhin einer halben Tonne – das Tankvolumen beim Benzintransport steigt auf 21.000 Liter. Außerdem argumentiert Strüver damit, dass man angesichts der verringerten Fahrzeuglänge und des kürzeren Radstands

Die Nachfrage nach Kraftstoff steigt in der Bundesrepublik stetig und erreicht 1970 erreichte mit über 45.000 Tankstellen endgültig ihren Höhepunkt. Wenige Jahre später sollen nach der Ölkrise die Autos sparsamer werden. Außerdem werden die Tankstellen größer, dafür schrumpft die Zahl der Standorte.

größere Beweglichkeit und Wendigkeit im Alltagsbetrieb erreicht. Bei dichtem Verkehr und der Belieferung von Tankstellen, so die Hamburger Tankwagenbauer damals, habe das angesichts oft enger Zufahrten gewichtige Vorzüge. Außerdem ermöglicht die Monotank-Bauweise, dass durch den Wegfall des Fahrgestellrahmens und die Anordnung der Achsen unmittelbar unter dem Tankbehälter, sich der Schwerpunkt weiter nach unten verlagert. Die verbesserte Stabilität mache sich in jedem Fall in den Kurven bemerkbar. Zur Auslieferung stellt Strüver die Triebköpfe des LP 1513 und LP 1517 von Mercedes-Benz sowie den Triebkopf des Henschel F 150 bereit – alle mit einem zulässigen Gesamtgewicht des Fahrzeugs von 22 Tonnen. Beim Monotank-Konzept werden seinerzeit nicht die handelsüblichen Doppel-Hinterachsaggregate mit gleicher Belastung beider Achsen gewählt. Vielmehr sorgt die erste Hinterachse für den Antrieb mit Differenzial und bringt das zulässige Gewicht von zehn Tonnen wirksam auf die Straße, während die zweite Hinterachse nur als Schleppachse mit geringerer Tragkraft dient. Beide Achsen sind von Ad. Strüver nach dem No-hop-Prinzip aufgehängt. Dessen Federkinematik haben die Konstrukteure eigens für das Baukonzept entwickelt. Durch die No-hop-Doppelachsanordnung versprechen die Hamburger Tankwagenbauer, dass ein Springen – besonders im Leerzustand – vermieden und beim Bremsen eine gute Auflage der Räder erreicht wird. Auf diese Weise können 21.000 Liter Tankvolumen erstmals auf drei statt der vorher üblichen vier Achsen transportiert werden. Alle großen Mineralölmarken wie Aral, Shell, Gasolin, aber auch Mobil, Caltex und BP setzen die Fahrzeuggeneration in den Sechzigerjahren ein. BP übernimmt dabei eine Vorreiterrolle, weil die Hamburger Zentrale die Pilotgeneration mit dem Namen Panther und dem Erstlingstriebkopf des Henschel 165 TI protegiert und damit das Konzept zur

Büssing hat einen guten Namen im Mineralölhandel – die Braunschweiger Lkw-Flotte gilt als verlässlich. So baut Kroll den Verteiler-Lkw OM 45 für den Mineralölhändler Schreiner, der die Farben der DEA hochhält. Büssing vertreibt den italienischen OM in Deutschland zur unteren Abrundung seines Programms.

Georg von Opel wagt in Frankfurt den Angriff auf die etablierten Mineralölkonzerne in der Bundesrepublik. Mit seinem Volks-Kraftstoff versucht er, als »Preisbrecher« den kostensensiblen Autofahrern entgegenzukommen. Dabei hilft auch eine eigene Tankerflotte, um die Stationen zu versorgen. Immerhin 180 Tankstellen nennt Georg von Opel in kurzer Zeit sein Eigen.

Die Wuppertaler Karosserieschmiede Eylert baut den geschlossenen Transportauflieger für die Gasolin AG. Das Gespann dient vor allem der Versorgung mit Ölen und Fetten, die in Industrie, Handwerk und Landwirtschaft benötigt werden.

Marktreife begleitet. Der Monotank-Debütant erreicht ein Tankvolumen von 14.600 Litern.

Der sich zur Mitte der Sechzigerjahre andeutende Kostendruck in der Mineralölwirtschaft und die Verringerung von Fahrzeugeinheiten im Tankwagengeschäft führt 1965 zum Schulterschluss – sozusagen eine Allianz der Großen im Zeichen der Vernunft. Es formiert sich der Arbeitsring Tankwagen (ART), dem sich Ad. Strüver im Norden, das Schwelmer Eisenwerk Müller & Co. und Anton Ellinghaus aus Beckum in der Mitte der Bundesrepublik sowie Fahrzeugbau Haller aus Stuttgart-Feuerbach im Südwesten anschließen. Sie wollen neue Standards im Tankwagenbau setzen, um letztlich Kostenoptimierungen zu erreichen. Zum Ende der Sechzigerjahre haben die Hamburger, die im Laufe der Zeit auch Vertriebsdependancen in Frankfurt, Köln und München unterhalten, später ergänzt durch die Außenstellen Hannover, Homburg/Saar, Bremen und Berlin, für ihr Marktengagement eine Vier-Typen-Strategie festgeschrieben. Als »Aufbau« laufen die üblichen Zweiachs-Verteilerfahrzeuge, als »Unitank« gehen vierachsige Tanksattelzüge mit mittlerem Tankvolumen auf die Strecke, als »Monotank« rollen die bekannten Einzelfahrzeuge in den Markt, und zu guter Letzt sorgen die fünfachsigen Tankauflieger unter dem Namen »Eurotank« für den Bedarf an großvolumigen Tanksattelzügen jenseits der 30.000 Liter.

Vertrieblich unabhängig davon entwickelt sich bei Ad. Strüver das weitreichende internationale Geschäft mit Tankfahrzeugen, die zum Ende der Sechzigerjahre schon Volumina bis zu 86.000 Liter übers Flugfeld befördern. Dabei wird auf die Doppelkeilform gesetzt, die ein schnelles und restloses Entleeren des Tanks ermöglicht. Mit Beginn der Siebzigerjahre verabschiedet sich Ad. Strüver aus dem kleinteiligen, nun mächtig wettbewerbsintensiven Tankwagengeschäft und konzentriert sich auf die Ausstattung von Flughäfen. Beeinträchtigt wird das geschäftliche Strüver-Engagement durch den schlagzeilenträchtigen Bau von Großaggregaten für Kernkraftwerke. In der Folge gibt es vor den Strüver-Werken zahlreiche Demonstrationen von Kernkraftgegnern. Zwischenzeitlich gerät das Unternehmen angesichts seiner Unterstützung von Militärprojekten der Nato und im Nahen Osten in den Fokus arabischer Terroristen. Noch vor dem Anschlag auf die israelischen Sportler bei den Olympischen Spielen 1972 in München, verübt die Gruppe »Schwarzer September« einen Sprengstoffanschlag auf eine der Fertigungshallen auf dem Strüver-Gelände. Doch die wirtschaftlichen Rahmenbedingungen machen dem Unternehmen und seiner

Verteilerfahrzeuge auf schwerem Fahrgestell baut Kroll für Esso. Die MAN Pausbacke war vor allem im Industriekundengeschäft unterwegs.

Struktur zu schaffen. 1976 übernimmt Klöckner-Humboldt-Deutz (KHD) die Mehrheit an der Strüver Aggregate KG und hält schließlich 94 Prozent der Anteile. Die Strüver-Tochter Ad. Strüver Airport Equipment GmbH ist noch bis 1993 mit dem Bau und der Wartung von Flugfeldtankwagen aktiv, muss dann aber Konkurs anmelden und geht zunächst in die Hamburger Hünert Fahrzeugbau über. Später übernimmt Karsten Kunz, einst in leitender Position bei Hünert, den Betrieb, der als Kar Kunz Aviation Refueling in Reinbek firmiert.

Bei den Schwelmer Eisenwerken läuft das Geschäft in den Sechzigerjahren rund. Gleich mehrere Tankfahrzeuge werden Woche für Woche übergeben. Vorher findet jeweils eine aufwendige Prüfung von Pumpen und technischen Anlagen statt – Qualität geht vor.

Bruno Kroll & Co. in Reinbek kämpft mit seinem Tankwagenbau schon früh um Aufträge, immerhin sitzt »der große« Ad. Strüver fast vor der Haustür. Doch im Geschäft mit Verteilerfahrzeugen gewinnt Kroll bei Brennstoffhändlern im Norden schnell an Kundennähe und einem verlässlichen Profil. Die Reinbeker kennen die Sorgen und Nöte ihrer Kundenklientel. Schon im Oktober 1969 veranstaltet der Verband der Hamburger Heizöl- und Kohlenhändler eine eigene Tankwagenausstellung, bei der über die gleichzeitig zweckmäßigste und wirtschaftlichste Fahrzeugausstattung gesprochen wird. Im Laufe der Diskussion kristallisiert sich der Vorschlag heraus, dass man ein sogenanntes Serien-Tankfahrzeug entwickeln solle. Zustimmung macht sich breit, nachdem die Goldgräberstimmung im Brennstoffhandel vorbei ist. Man ist auf dem Boden der Tatsachen angekommen und hat längst die Grenzen des Wachstums vor Augen. Überdies teilt sich mittlerweile der Zwischenhandel in der Bundesrepublik in zwei agile Lager auf. Auf der einen Seite agieren die kleinen selbstständigen Händler, die meist aus eigener Kraft oder mit einer Handvoll Mitarbeitern das Tagesgeschäft auf Augenhöhe mit dem Kunden bewerkstelligen, während sich auf der anderen Seite große Händler vom Schlag eines Raab Karcher, Winschermann oder der VEBA-Tochter Stromeyer für die höheren Weihen der Großkundenbelieferung empfohlen ha-ben. Als Ergebnis dieser verbandlichen, durchaus auf Kooperation setzenden Aussprache präsentiert die Firma Bruno Kroll & Co. aus Reinbek wenige Monate später den Prototyp eines Tankfahrzeugs, das die speziellen Anforderungen des Heizölhandels erfüllt. Die Serienproduktion kann schon zu Beginn 1970 anlaufen. Das auffällig hochbeinige Fahrzeug zeichnet sich durch eine besonders hohe

Siku in Lüdenscheid macht aus dem mächtigen Tankauflieger von Schwelm mit dem damals viel beachteten Volumen von 37.200 Litern ein Modell in 1:55, das sich rasch zum Bestseller entwickelt.

Nutzlast aus, sodass 12.000 Liter Heizöl ohne Überschreitung des zulässigen Fahrzeug-Gesamtgewichts transportiert werden können. Diese große Nutzlast, die einem Nutzlastfaktor von mehr als 63 Prozent entspricht, kann nur durch die Verwendung von Leichtmetall für die Aufbaukonstruktion erreicht werden. In diesem Zusammenhang wird in Fachkreisen seinerzeit die zentrale Frage heftig diskutiert, ob eine Standardisierung des Brennstoffhandel-Fuhrparks überhaupt sinnvoll und letztlich vorteilhaft ist. Es haben sich mehrere Gesichtspunkte herauskristallisiert, die dafürsprechen. Ganz vorn in der Argumentation rangiert der Vorteil, dass durch Serienfertigung ein günstigerer Preis zu erreichen ist, zumal sich eine rationellere Ersatzteillagerung anbietet, wenn eine betriebseigene Werkstatt vorhanden ist. Bei mehreren Fahrzeugen macht ein ständiger Fahrerwechsel keine Schwierigkeiten, weil der Tankwagenlenker immer ein gleichartiges Fahrzeug zu bedienen hat. Andererseits gibt es Bedenkenträger, die zu recht ins Feld führen, dass eine Standardisierung naturgemäß auf Sonderwünsche des einzelnen Betriebs keine Rücksicht nehmen kann. Sonderausführungen würden in jedem Fall den erwähnten Preisvorteil rasch wieder neutralisieren. Überdies gehen einige Brennstoffhändler davon aus, dass ein Standardfahrzeug nicht für alle Belieferungsaufgaben rationell einsetzbar ist. So herrscht Einigkeit darüber, dass man – Kostenvorteil hin oder her – zu guter Letzt immer wieder spezielle Ausführungen anschaffen muss. Das 12.000-Liter-Fahrzeug von Kroll verfügt über das Fahrgestell des Mercedes-Benz L 1513 mit der 130-PS-Maschine OM 352. Der Tankaufbau fasst 12.400 Liter Rauminhalt und erhält eine Leichtmetallkonstruktion. Kroll führt den Aufbau als Zwei-Kammer-Tank mit elastischer Tanklagerung mit Leichtmetalltraverse und einem Stahlhilfsrahmen aus, der direkt mit dem Chassis verschraubt ist. Die Domverkleidung verfügt

Fina betritt in den Fünfzigerjahren den deutschen Markt, um Marktanteile zu erobern. Bis 1964 tragen 800 Stationen die vier roten Lettern, die auch der farblich attraktive Magirus-Frontlenker präsentiert.

Für Caltex fahren nach dem expansiven Geschäftsaufbau zahlreiche Tankfahrzeuge. Sowohl im kleinmaschigen Verteilerverkehr (o.) als auch in der Beschaffungslogistik für die Tanklager waren Magirus-Deutz unterwegs (u.).

Die Tankauflieger sollen von Beginn an der ganze Stolz der Mineralölhändler sein. So gibt man sich bei der Farbauswahl durchaus kreativ, wie der Mercedes-Benz L 6600 beweist. Er ist mit 20.000 Litern für Heinz Transporte in Bruchsal unterwegs.

Der Mercedes-Benz befördert den Kraftstoff für die Marathon-Stationen, steht aber in Diensten von W. Prankl in München (o.). Für Schindle fährt ebenfalls ein Mercedes-Benz-Aufliegerzug, um im Auftrag von BP die Heizölversorgung zu sichern (u.). Beide Auflieger mit elliptischen Tanks baute Stadler in Neu-Ulm.

über eine Ablaufleitung, eine Aufstiegsleiter befindet sich am Heck. Der zugehörige Sicherheitslaufsteg ist rechtsseitig angeordnet und hält Zwischenroste in der Domwanne bereit. Mit an Bord gehört ein Feuerlöscher mit 12 Kilogramm Inhalt. Die Hinterradkotflügel sind mit einem Gummirand und Schmutzfängern ausgestattet. Darüber hinaus verfügt die Domarmatur über zwei Domdeckel sowie zwei Peilvorrichtungen und ebenso viele Belüftungsstutzen. Die Ablaufarmatur besitzt zwei hydraulisch betätigte Bodenventile sowie zwei Pumpenvorfilter mit herausnehmbaren Siebeinsätzen. Mit einer Leistung von 400 l/min arbeitet die per Gelenkwelle angetriebene Flügelzellenpumpe. Der kombinierte Gebinde- und Armaturenschrank unterhalb des Tanks verfügt über einen öldichten Boden sowie Innenbeleuchtung. Die Klappe ist mit Gasfedern leicht zu öffnen. Kroll inkludiert in den Standardpreis eine zweifarbige Lackie-

rung, die meist eine Separierung von Fahrerhaus und Fahrgestell auf der einen Seite und Tankaufbau auf der anderen Seite bedeutet.

Neben Ad. Strüver und Bruno Kroll versucht zu Beginn der Sechzigerjahre auch Cobolt-Fahrzeugbau in Hamburg an der Süderstraße, dem Markt der Tankfahrzeuge nutzbares Potenzial abzugewinnen. Eigentlich ist die Firma Bolte & Compart damals auf Silofahrzeuge spezialisiert, doch ihr Know-how um Behälterfahrzeuge macht den Hanseaten den Markteinstieg leicht. Ein- und zweiachsige Tankauflieger fertigt Cobolt vornehmlich für die Zwischenhändler der Mineralölwirtschaft. Das große Geschäft mit den Mineralölgesellschaften jedoch läuft an Cobolt weitgehend vorbei. Deren Auflieger mit Kofferform für die Gefahrenklasse A I fassen zwischen 13.000 und 15.000 Liter, wenn sie auf einem einachsigen Fahrgestell aufgebaut sind; die zweiachsigen Auflieger haben Platz für 24.000 Liter. Währenddessen sind die zylindrischen Formen dem Transport von Heizöl und Bitumen vorbehalten. Das Hamburger Fahrzeugbauunternehmen nutzt dabei Förderpumpen mit einer Minutenleistung von 400 bis 600 Litern und entspricht damit den Tankwagen- und Eichvorschriften. Das gilt selbstverständlich auch für einzelne Verteilerfahrzeuge, die mit einem Fassungsvolumen von 7.500 Litern gebaut werden. Zwar verwendet Cobolt vorzugsweise die Kofferform, der Schwerpunkt der Fahrzeuge bleibt aber entgegen der Marktentwicklung immer noch vergleichsweise hoch. Dafür lässt Bolte & Compart eine eigene Formensprache sprechen. Ihre Cobalt-Fahrzeugaufbauten sind erkennbar kubischer geformt, als es zu jener Zeit in der Branche üblich ist. Das wirkt modern und zugleich integrativ kompakt. Beim Single-Tankwagen werden die Flanken bis zum Tankbeginn noch kastenförmig karossiert, sodass sich die Motorfahrzeuge dem Stil der Auflieger angleichen.

In Niedersachsen machen in den Nachkriegsjahrzehnten zwei Hersteller in Sachen Tankwagenbau von sich reden. Die Braunschweiger Luther-Werke, die in Kriegszeiten Flugzeuge bauten, eignen sich das notwendige Spezialwissen an, um bis in die Sechzigerjahre hinein Tankfahrzeuge zu fertigen. Eigentlich tummeln sich Luther & Jordan, deren Gesellschafterfamilien frühe Namensgeber sind, in allen Fahrzeugbausparten, die dem Unternehmen in den Fünfzigerjahren Auslastung bringen können. Vom klassischen zweiachsigen

Landwirtschaftsanhänger über Pritschenaufbauten für die Lkw-Gespanne der Deutschen Bundesbahn bis hin zu Bussen, die im Auftrag der nahen Büssing-Werke entstehen und sogleich mit den damals üblichen Anhängern ausgestattet werden. Tankfahrzeuge kommen gerade recht und werden zeitgenössisch schmuckvoll karossiert. Die Luther-Werke bringen vor allem ellipsenförmige und zylindrische Tankfahrzeuge als schwere Lkw-Gespanne oder Tankauflieger auf die Straße. Der Blick auf den Behälter bleibt dem Betrachter in den ersten Produktionsjahren freilich verborgen, weil die Fahrzeuge vollständig umbaut werden – Streamline-Ästhetik »made in Braunschweig«. Erst die Sech-

Ellinghaus in Beckum liefert den 18.000 Liter fassenden Tankauflieger für die Esso AG. Drei Jahre nach der Währungsreform ergänzt der kraftvolle Kaelble aus Backnang die Tankwagenflotte. Ganz gleich, welcher Lkw-Hersteller die Zugfahrzeuge liefert, sie sind viele Jahre unterwegs. Die meisten fahren sogar im Zwei-Schicht-Betrieb. Unabhängig davon, dass ihnen die Mineralölgesellschaften eine gute Wartung angedeihen lassen, erweisen sich die Tankzüge als robust und werden immer wieder mit den damals üblichen Leistungsplaketten der Hersteller ausgezeichnet.

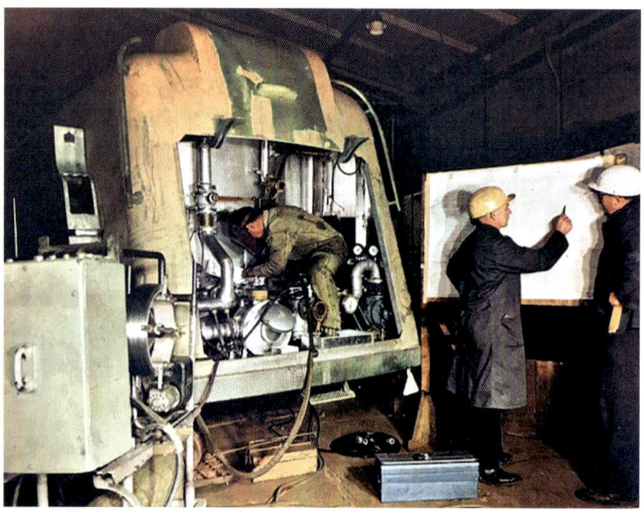

Kraftstoff und Heizöl für Berlin: Die Ost-West-Spedition in Helmstedt beschafft Büssings aus dem nahen Braunschweig, um den Westen der geteilten Stadt bedarfsgerecht zu versorgen (o.). Die Konstrukteure in den Betriebshallen der Eisenwerke in Schwelm haben alle Hände voll zu tun, um die Auftragsbücher in den sechziger Jahren abzuarbeiten. Jeder Tankwagen, ganz gleich welcher Größe, wird ausschließlich in wochenlanger Handarbeit gefertigt.

zigerjahre lassen bei den Luther-Werken ein Umschwenken auf die schlichte, funktionale Bauweise erkennen. Der Kundenkreis fokussiert sich in dieser Zeit schwerpunktmäßig auf Niedersachsen. Oder aber auf Stückzahlen versprechende Ausschreibungen von Bahn und Bund. So geht bei den Luther-Werken die Produktion der ersten Tankfahrzeuggeneration der jungen Bundeswehr ebenso an den Start wie bei der Niedersächsischen Waggonfabrik Joseph Graaff in Elze bei Hannover. Auch dort versucht man 1957 mit dem Tankwagenbau für die Bundeswehr die bis dahin erfolgte Spezialisierung im Bau von Waggons, Bussen und Straßenbahnen auszudehnen. Passend dazu bekommt der in der Fertigung von Kesselwagen für die Deutsche Bundesbahn erfahrene Hersteller ebenso wie die Luther-Werke den Zuschlag für die Lieferung der ersten Tankfahrzeugflotte. Es soll ein behäbiger Lkw-Gigant werden, denn mit dem Faun L 908/ATW bestimmt das Bundesverteidigungsministerium das Schwerlastfahrgestell, das von 1957 bis 1971 für Spezialaufgaben wie Schwertransporte und Abschleppwagen zur Verwendung kommt. Die Faun-Fahrgestelle, alle mit einem 170 PS starken Achtzylinder-Deutz-Motor ausgerüstet, ermöglichen der Flugfeldversion eine Zuladung von 12.000 Litern und der Straßenversion 15.000 Liter. Dazu verfügen sie über einen auf 4,99 Meter verlängerten Radstand. Zu Beginn der Sechzigerjahre ordert die Bundeswehr den deutlich flexibleren Magirus-Deutz 178 D 15 A, der als Flugfeldtankwagen mit 6.000 Litern Tankvolumen auf den Fliegerhorsten stationiert und vom Wettbewerber Ellinghaus in Beckum gefertigt wird. 1978 folgt die Ausstattung der Bundes-wehr mit der zweiten Tankfahrzeug-

Die Jungen sind begeistert: Auch Märklin kreiert zwei vorbildgerechte Tankauflieger, natürlich aus massivem Zinkdruckguss.

generation, jetzt auf Magirus-Deutz-Frontlenker-Fahrgestell. Diesmal kommt Bruno Kroll & Co. zum Zuge. Den Niedersachsen läuft der Tankwagenmarkt buchstäblich davon. Die Braunschweiger Luther-Werke und die Niedersächsische Waggonfabrik Joseph Graaff in Elze steigen schon in den Siebzigerjahren aus dem Tankfahrzeugbau aus.

Während Strüver längst eine gewichtige Rolle im Tankwagengeschäft eingenommen hat, läuft sich Dr.-Ing. Ulrich Esterer im hessischen Zonenrandgebiet erst warm. Schritt für Schritt, wie es sich für ein Familienunternehmen geziemt. Er hat die Gunst der Stunde genutzt und nach seiner vorherigen Beschäftigung in der Hamburger Esso-Zentrale im Sommer 1955 das Esso-Reparaturwerk in Helsa übernommen. Für die Zentrale hat dieses Werk wegen der Nähe zum Eisernen Vorhang an Bedeutung verloren, für den neuen Besitzer soll es im beschaulich gewordenen Zonenrandgebiet die große Chance sein. Der frischgebackene Inhaber möchte perspektivisch neue Tankfahrzeuge entwickeln und bauen. Dass die Mineralölwirtschaft zu dieser Zeit Wachstumsperspektiven verspricht, hat der technikversierte und promovierte Ingenieur zu seinen Hamburger Esso-Zeiten zur Genüge erfahren. Schon damals spielen Flexibilität, leichte Bedienbarkeit und Wirtschaftlichkeit eine große Rolle – die großen Mineralölgesellschaften zeigen sich versuchsfreudig. Esso selbst engagiert sich in den Fünfzigerjahren in der Entwicklung und gibt Projekten wie der Henschel-Bimot-Zugmaschine eine Chance. Es ist für Dr.-Ing. Ulrich Esterer ein glücklicher Zeitpunkt, weil der Markt prosperiert – die Nachfrage ist zum Ende der Fünfzigerjahre groß. Mit einer Anfangsbelegschaft von fast 40 Personen baut der Familienbetrieb zunächst Aufsetztanks und kann sich bei Reparaturaufträgen profilieren. Hinzu kommen Aufträge der Alliierten, die gutes Geld in die Kasse spülen. Der Chef macht sich früh Gedanken darüber, wie man den Kundennutzen erhöhen kann, letztlich auch, um als Neuling Marktkraft zu schöpfen. Schon wenige Jahre später geht es um Expansion, als man zu Beginn der Sechzigerjahre bereits über einen zweiten Betrieb in Eschwege verfügt und die Belegschaft auf 270 Mitarbeiter aufgestockt hat. Die ersten Serienprodukte sind seinerzeit immer noch stückzahlenreiche Aufsetztanks, die aus einem normalen Pritschen-Lkw einen

Eigens für dieses Anzeigenmotiv lässt das Schwelmer Eisenwerk Müller & Co. ein halbes Dutzend seiner soeben fertiggestellten Tankfahrzeuge auf die Autobahn bei Wuppertal rollen.

Auslieferungswagen für Benzin, Heizöl und Flüssigkeiten machen. Mit bordeigener Motorpumpe eignen sie sich sogar als mobile Tankstelle. Der vertriebsstrategische Ansatz bei Esterer erweist sich als breit angelegt, denn sowohl die Mineralölgesellschaften als auch viele kleine und mittelständische Brennstoffhändler stehen von Beginn an auf der Kundenliste. So profan der Aufsetztank als Produkt in jenen Jahren auch sein mag, er prägt den guten, soliden Ruf der nordhessischen Firma. Unter der Führung von Dr.-Ing. Ulrich Esterer gelingt es, schon 1963 zu den Großen der Branche aufzuschließen. Wenn es um die Entwicklung neuer Techniken geht, machen sich die Konstrukteure aus Helsa einen guten Namen. Den Erfolg, so ist man bei Esterer überzeugt, verdankt man neben der Kundennähe einer konsequenten Marktbeobachtung, der weitsichtigen Analyse und dem sicheren Instinkt für Trends. Von der ersten Stunde an versteht sich Esterer nicht »nur« als Lieferant von Tankwagen: Als Entwicklungspartner seiner Kunden erfährt er von Flensburg bis Passau ebenso Wertschätzung wie in der Schweiz; das Exportgeschäft entwickelt sich zum Wachstumsmotor. Aber nicht nur in der Produktentwicklung sieht sich Esterer den anderen voraus, auch in der Vertriebsarbeit geht man neue Wege. Als noch niemand von Dialogmarketing und Newsletter spricht, geben die nordhessischen Tankwagenbauer bereits ein regelmäßiges Rundschreiben mit Tipps und hilfreichen Informationen über Neuentwicklungen heraus. Und während sich anderswo »Service« nicht selten in der Lieferung frei Haus erschöpft, sind bei Esterer drei Servicewagen permanent unterwegs, um bundesweit Kunden zu betreuen. Der Kundendienst versteht sich als solcher im besten Wortsinn, überprüft Fahrzeuge und ist gern bereit, Kleinteile kostenlos zu ersetzen – in einem überhitzten Wachstumsmarkt keinesfalls selbstverständlich. Diese Erfahrungen goutieren die Kunden.

Es sind die Tugenden des Mittelstands, auf die Dr.-Ing. Ulrich Esterer seine Mannschaft einschwört. So können sich die Tankwagenbesitzer von Beginn an auf Esterer verlassen. Eine »Esterer-Broschüre« zu den Themen Betriebskosten und Wirtschaftlichkeit besitzt 1972 Nutzwert und findet allseitige Beachtung. Das Büchlein liefert Zahlen, Daten und Fakten, präsentiert sich dem Kunden als alles andere als werblich und kommt angesichts des wachsenden Kostendrucks des Marktes zum richtigen Zeitpunkt – sozusagen als Alltagshilfe, die mit ihren detaillierten Analysen, Schlussfolgerungen und Prognosen durchaus das Zeug zum Branchenhandbuch besitzt. Zumindest schafft die Broschüre eine ungeheure Thementransparenz. Ganz nebenbei räumt sie nach damaliger Esterer-Einschätzung endlich mit Beschönigungen, falschen Annahmen und Illusionen auf. Alltagskonforme Berechnungsmodelle à la Esterer können nicht trügen. Esterer entlarvt technischen »Schnickschnack« im Wettbewerb und wirbt damit ganz von allein um Solidität. Die Mitarbeiter sind in den dauerhaften Innovationsprozess einbezogen und denken intensiv darüber nach, wie die Produkte sinnvoll zu verbessern sind. So erreicht man mit dem Mehrzwecktankaufbau »Helsa C« durch den niedrigen Schwerpunkt des teilweise in die Ladebrücke versenkten Tanks früh eine deutlich verbesserte Kurvenlage. Die frei werdende Pritschenfläche kann man nun als Stauraum für Fässer, Ölgebinde und Schläuche nutzen. Da der Verbrauch von Mineralölprodukten inzwischen sprunghaft gestiegen ist, gibt es durchaus Bedarf dafür. Schon von Weitem als »typisch Esterer« erkennbar ist die Tankform, deren optimierte Geometrie mehr Rauminhalt zur Verfügung stellt. Was alle Tankwagenbauer gedanklich umtreibt, nämlich trotz des großen Eigengewichts von Fahrzeug und Tank noch Volumenreserven zu erschließen, erfüllt Esterer mit Inhalt. Der Kunde soll größere Mengen kostengünstiger transportieren können. Mehr noch. Um den Tank beim Befahren schlechter Wege vor Vibrationsschäden zu schützen, entwickelt

1
Sattelschlepper isoliert in Stahl- und Aluausführung
Gefahrenklasse A III

2
Sattelschlepper für Benzin, Diesel und Heizöl
Gefahrenklasse A I – A III

3
Sattelschlepper für Bitumen, Teerprodukte und schweres Heizöl
Gefahrenklasse A III

4
Sattelschlepper Gefahrenklasse A III oder chemische Produkte in Stahl-, V 2A-, oder Aluausführung

man eine durch Gummihohlfedern verstärkte Dreipunktlagerung, bei der der Tank vorn beweglich in einer Wippe liegt. Mit der »Estromatik« bringt man als erstes Unternehmen eine Technik auf den Markt, die die geräuscharme elektrische Abgabe von Heizöl an private Haushalte ermöglicht – zu einer Zeit, in der Lärmschutz noch überhaupt keine Rolle spielt und die Motorpumpen anderer Tankwagen enormen Lärm verursachen schon eine Ansage an den Wettbewerb. Bei Esterer freut man sich damals, dass Estromatik-Anlagen so leise arbeiten, dass sie sogar in Kurorten willkommen sind. Esterer wird zum Branchenflüsterer.

Schon in den Anfangsjahren ermöglichen ausgereifte Konstruktionen eine hohe Nutzlast. Mitte der Sechzigerjahre zeigt sich, dass Esterer aufgrund der Lage im Zonenrandgebiet zur DDR nur eingeschränkt agieren kann. Deshalb wird in Pfaffenhofen ein Reparaturwerk gebaut. Anfang der Siebzigerjahre übernimmt Dr.-Ing. Ulrich Esterer die Firma Möhlmann in Stade. Martin Möhlmann, der das doppelte »M« im Markenzeichen führt, bedient bis dahin vornehmlich den norddeutschen Markt mit innovativen Tankfahrzeugen. In Stade hat er seinen Betrieb an der Bremervörder Straße aufgebaut und beschäftigt sich vor allem im Auftrag heimischer Kunden mit Neubauten von Tankwagen und Umbauten. Die vom Inhaber präferierte handwerkliche Wertarbeit hat ihm einen guten Ruf eingebracht, wenn es um kostengünstige Umbauten für die Brennstoffhändler in der Region geht. In der Bauhöhe extrem niedrig, fertigt er Tankfahrzeuge ebenso wie Umbauten, bei denen die Pritsche des Lkw mit dem Tankaufbau wechselbar aufgebaut ist. Angesichts oft geringer Kilometerleistungen der Brennstoffhändler gehört auch die Nutzung von gebrauchten Fahrgestellen zum Möhlmann-Angebot. Und natürlich geht es vielen Kunden auch darum, den vergleichsweise teuren Tankaufbau späterhin für eine neue Lkw-Generation nutzbar zu machen. Dieses Prinzip der Revision setzt eine Grundüberholung von Tank, Armaturen, Pumpe und Schlauchhaspel voraus, sodass diese nach gründlicher Sandstrahlung in neuem Glanz erscheinen. Kurze Zeit nach der Expansion nach Norden eröffnet Esterer dann auch in Neu-Ulm einen Zweigbetrieb, quasi vor der Haustür von Wettbewerber Stadler. Mit nunmehr vier Standorten verschafft man sich mehr Bewegungsfreiheit und sorgt dafür, dass Esterer bundesweit auf kurzen Wegen gut zu erreichen ist. 1974 steigt Harold Esterer in das Unternehmen seines Vaters ein und weitet die Produktion auf internationale Märkte aus. Jetzt wird die Produktpalette um Flugzeugbetankungsfahrzeuge erweitert. Mit diesen technisch hochentwickelten Fahrzeugen kann sich Esterer trotz starker Konkurrenz rasch einen guten Namen machen. Gut 40 Jahre später soll es kaum einen Flughafen geben, auf dem Esterer nicht vertreten ist. Flugzeugbetankungsfahrzeuge haben sich längst zu einem zweiten Standbein entwickelt. 1986 erfolgt die endgültige Übergabe des Unternehmens von Dr. Ulrich Esterer an seinen Sohn Harold – der Generationswechsel ist vollzogen. Zu diesem Zeitpunkt sieht sich Esterer mit Straßentankwagen bereits in der Marktführerposition. Zu den wichtigen Auftraggebern gehört zwischenzeitlich auch die Bundeswehr,

5
Sattelschlepper für Diesel, Heizöl und Chemikalien, Gefahrenklasse A III

6
Sattelschlepper für die Chemie, in Edelstahlausführung, Drucktank isoliert

7
Sattelschlepper für Heiz- und Dieselöl, isoliert, Gefahrenklasse A III

8
Sattelschlepper für chem. Industrie in Stahl-, Edelstahl- oder Aluausführung

Die Tankwagenfahrzeugbauer von Stadler in Neu-Ulm können sich sehen lassen. Bis zur Produktionseinstellung werden Tankwagen an alle namhaften Mineralölgesellschaften, aber auch Speditionen und Mineralölhändler geliefert.

Wuppertal zählt in Nordrhein-Westfalen zu den Zentren für Fahrzeugbau. Neben Blumhardt macht sich auch die Firma Eylert einen guten Namen. Der Standort erweist sich für die Hersteller als denkbar günstig, denn im nahen Ballungszentrum Rhein-Ruhr ist der Bedarf an Kraftstoff, und damit an Tankwagen, enorm.

während zeitgleich der Exportanteil, überwiegend durch Flugzeugbetankungsfahrzeuge generiert, auf nahezu 30 Prozent anwächst.

Um schon in den Fünfziger- und Sechzigerjahren größtmögliche Sicherheit bieten zu können, versteht sich Esterer auf die Einhaltung eines hohen Qualitätsniveaus. Auf handwerkliches Können, insbesondere beim Schweißen der Tanks, legt man seit jeher großen Wert. Jederzeit sollen, so die Prämisse, die Festigkeit der Schweißnähte und der Konstruktionsverbindungen gewährleistet sein. Die meisten Mitarbeiter erwerben ihre Fertigkeiten von der Pike auf im Unternehmen und geben ihre Erfahrungen dann später an die nachfolgende Generation weiter. Auch deshalb beherrscht man den Bau von geometrisch hoch anspruchsvollen Tankbehältern und verarbeitet sowohl Aluminium als auch Edelstahl. Die langjährige Erfahrung und das umfangreiche Wissen im Bau von Tankfahrzeugen wird dann offensichtlich, wenn es um die Entwicklung kundenspezifischer Lösungen geht. Wenn in Flugzeugbetankungsfahrzeugen beispielsweise spezielle Funktions- und Sicherheitseinrichtungen zu integrieren sind, die besondere Steuerungsaufgaben erfüllen müssen, um den Druck und die Menge des Kerosins zu regeln. Bei Tankvolumina von bis zu 85.000 Litern erhält die Zuverlässigkeit der Sicherheitstechnik hohe Brisanz. Die Integration von Funktions- und Sicherheitseinrichtungen sowie der Behälterbau haben sich längst zu den Kernkompetenzen entwickelt, mit denen sich Esterer vom Wettbewerb deutlich abheben kann. Esterer soll auf lange Sicht einer der wenigen großen Gewinner sein.

Was Ad. Strüver im Norden, ist Fahrzeugbau Haller in den Wirtschaftswunderjahrzehnten im Süden. Das Feuerbacher Unternehmen REF Weygandt & Klein, das von Konrad Haller noch in Vorkriegsjahren erst übernommen und dann fusioniert wurde, startet mit der ruhigen Hand eines Familienbetriebs durchaus gut in die neue Zeit. Die Geschäfte mit kommunalen

Bei den Eisenwerken in Schwelm hatte man schon in Vorkriegsjahren das Geschäftsfeld der Mineralöllogistik für sich entdeckt. Vor allem der Fässer- und Tankbau galt als Spezialität des Unternehmens. Daraus entwickelt sich schon in den Dreißigerjahren die Produktion von Tankwagen. Später zählt das Unternehmen zu den Marktführern im Tanksäulenbau.

Große Serien von Aufbauten gehören im Tankwagenbau eher zur Seltenheit. Bei den Eisenwerken in Schwelm müssen die vielen Hundert Mitarbeiter hart arbeiten, um aus den dicken Stahl- und Aluminiumblechen einen Tank zu fertigen.

Spezialfahrzeugen und Tankwagen springen mit der Währungsreform 1948 zügig wieder an. Denn Bedarf gibt es bei beiden Kundengruppen. Die Nachfrage nach Fahrzeugen für die Müllabfuhr, aber auch für kommunale Dienste mit Spreng-, Spül- und Saugfahrzeugen ist gerade in den verstaubten, noch unter der Last der zu beseitigenden Kriegsruinen leidenden Städte groß. Auf dem Feuerbacher Firmengelände geht es in den Fünfzigerjahren in der Konstruktion, der Arbeitsvorbereitung und der Montage schon vor der Währungsreform geschäftig zu. Konrad Haller, der 1932 das in Turbulenzen geratene Unternehmen übernommen hat und zunächst unter angestammtem Firmennamen weiterführt, lässt es erst zu Beginn der Fünfzigerjahre offiziell unter seinem Familiennamen erscheinen. Fortan firmieren die Fahrzeugspezialisten unter Fahrzeugbau Haller. Tatsächlich gelingt es dem Feuerbacher Unternehmen, die Vor-

Oft gehören die Regionalgesellschaften zu jenen begehrten Kunden, die in regelmäßigen Abständen für die unterschiedlichen Standorte gleich eine ganze Flotte von Tankwagen ausschreiben und bestellen.

kriegskompetenz innerhalb der Wirtschaftswunderjahre vollends auszuspielen. Dabei helfen weitreichende Vertriebsstrukturen, die schon durch die kommunale Vernetzung recht zügig und genauso agil ausgestaltet werden können. Die zahlreichen Bestellungen von Tankfahrzeugen arbeitet das Mittelstandsunternehmen in allen Größenordnungen auftragsgemäß ab und zählt damit von Beginn an zu den großen Herstellern der Branche. Schon zur Mitte der Sechzigerjahre wird die Volumengröße von 25.000 Litern für Straßentankwagen überschritten. Gleichwohl gibt es ausreichend kleinere Varianten, die beim Fassungsvermögen von 4.500 Litern beginnen. Gut im Geschäft ist Haller bei Rheinpreußen, für die in den Sechzigerjahren einachsige Tankauflieger mit 10.000 Litern Volumen gebaut werden. Die MAN-Kurzhauber verfügen über ein harmonisch an das Fahrerhaus angebautes Ölgebindeabteil, das beidseitig beladen werden kann. Schon daran lässt sich erkennen, dass die technische Umsetzung bei Haller das eine ist, der harmonische Karosseriebau das andere. Mit viel Fingerspitzengefühl führt man bei der Zugmaschine die Linie des Fahrerhauses fort und schafft eine homogene Karosserieflanke – das Auge eckt nirgendwo an. Genauso erscheint auch der Tankauflieger, der mit geschwungenen Kotflügeln den Streamline-Zeitgeist aufgreift. Hier und da blitzender Zierrat ist ein gestalterisches Muss und ein zeitgenössischer Tribut an die Karosserieästhetik. Und obwohl es der Betrachter eigentlich nur aus dem ersten Geschoss und

Die Tankfahrzeugbauer genießen die großen Momente, wenn die bestellte Flotte in Reih und Glied auf dem Firmenhof zur Abholung bereitsteht. Ein imposantes Bild folgt, wenn sich der Konvoi in Bewegung setzt.

Die Kinobegeisterung der Nachkriegsjahrzehnte macht sich DEA zu Eigen, um mit dem mobilen »Tonfilm-Wagen« für Aufklärung zu sorgen. Das Motto »Augen auf im Verkehr!« wird den Besuchern der fahrbaren Kinoleinwand in vielen Städten mit Bewegtbildern vor Augen geführt. Angesichts der mit der Mobilität wachsenden Unfallzahlen sind die Aufklärungsinitiativen allerseits willkommen.

Rheinpreußen, im Besitz der Familie Haniel, zählt zu den perspektivenreichen Mineralölgesellschaften, die ihre unternehmerischen Wurzeln in Deutschland haben. In den grünweißen Markenfarben entsteht rasch ein vorzeigbares Tankstellennetz.

höher erkennen kann, fahren bei Haller die Tankauflieger der Fünfzigerjahre nicht mit schnöden Domdeckeln vom Hof. Sie alle sind mit aerodynamisch wirkenden Abdeckungen überbaut. Bereits die Vorgängergeneration des MAN 515 ist in den grünen Karosseriefarben mit weißem Rheinpreußen-Schriftzug und weißem Kabinendach in Feuerbach aus der Halle gerollt – ebenso ästhetisch, wie es der Zeitgeist des Karosseriebaus jener Jahre möglich macht. Und selbstverständlich stehen in den Fünfzigerjahren in den Auftragsbüchern von Haller auch entsprechende Bestellungen von Benzol-Verband (BV-Aral) und BP. In den blauen Aral-Farben läuft der Henschel HS 100 mit verlängertem Fahrerhaus für den Ölgebindeschrank vom Hof; der Auflieger ist wie bei den anderen Aral-Auftragsvergaben an Wettbewerbshersteller in silberglänzendem Stahl gebürstet und verfügt über die blaue, streifenlange Flankenwerbung mit dem weißen BV-Markenzeichen und dem Aral-Schriftzug. Vornehmlich im Süden im Einsatz ist das farbengleiche Gespann mit dem luftgekühlten Achtzylinder von Magirus-Deutz. Und wie es sich gehört, gibt's seinerzeit auf dem Haller-Hof auch das ein oder andere Unikum. Dazu zählt der mächtige Faun L 8 V, der als Zugmaschine den einachsigen BP-Auflieger zieht. Mächtig und gewaltig, aber gerade darum weniger wendig, fällt der Mercedes-Benz L 6600 aus, der zusätzlich zu seiner riesigen Haube bei Haller noch einen am Führerhaus hinterbauten Ölgebindeschrank spendiert bekommt. Damit ist das Fahrgestell des Sattelschleppers nahezu genauso lang wie sein einachsiger Auflieger selbst. Ein Unikum eben. Für den Volks-Kraftstoff fährt in Feu-

Der Benzinpreisschock bewegt zu Beginn der Siebzigerjahre die gesamte Bundesrepublik. Plötzlich wird das Autofahren kostspielig, innerhalb weniger Jahre verdoppelt sich der Benzinpreis und geht dann immer weiter in die Höhe. Die Ölkrise 1973 markiert für die gesamte Bevölkerung der Bundesrepublik einen Wendepunkt, nach dem sich das Verhalten der Verbraucher ändern soll.

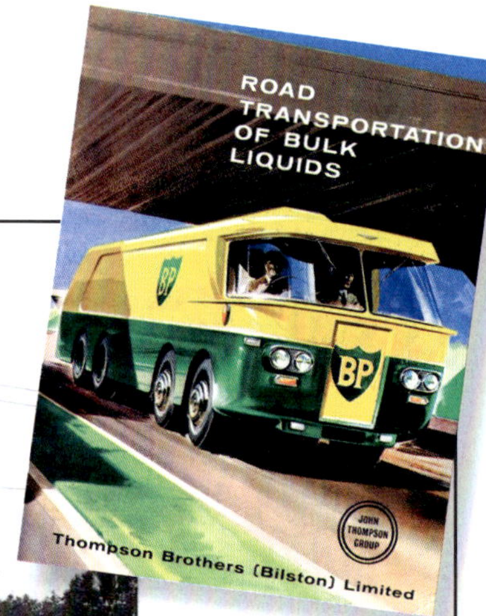

Vor allem das Matchbox-Gefährt sorgt bei den jungen Betrachtern für Staunen. Viele mögen damals gar nicht glauben, dass es den mächtigen »Petroleum-Tanker« in Wirklichkeit geben soll.

In Deutschland staunt man über den innovativen britischen Thompson-Tanker, der 1958 gemeinsam mit BP vorgestellt wird.

MIT 15.000 LITERN KRAFTSTOFF DURCH GROSSBRITANNIEN

Thompson-Tanker mit optischer Wucht

Das Tankfahrzeugdesign in den europäischen Ländern ist in den Fünfziger- und Sechzigerjahren mustergültig für das länderspezifische, zuweilen recht eigenwillige Erscheinungsbild der Spezialisten für die automobile Kraftstofflogistik. Ganz unvermittelt erlangt der britische BP-Autotanker von Thompson Bros. (Bilston) Ltd. deutschlandweit bemerkenswerte Popularität. Grund dafür ist Matchbox! Die britischen Automodellbauer stellen das Großmodell aus Zinkdruckguss 1961 als neuen »Major Pack« vor. Auf ein Foto müssen die Matchbox-Freunde noch warten, eine schlichte Zeichnung, die an das Pressefoto des Vorbilds angelehnt ist, muss ausreichen. Der BP-Straßentanker soll von Projektbeginn an mit allen fahrzeugbautechnischen Konventionen brechen. Vor allem wollen die Konstrukteure bei ihrem designästhetisch radikalen Entwurf ganz nach Wunsch der Auftraggeber die Trennung von Fahrerhaus und Tankaufbau aufheben. Es soll eine ganzheitliche Karosserieeinheit aus Fahrgestell mit aufgebautem Tank- und Kabinenrahmen entstehen, eben optisch aus einem Guss. Schon dadurch reduziert sich das Eigengewicht. Die integrale Einheit besteht schließlich aus einem Tank mit sechs Kammern, der komplett aus Aluminiumblechen geschweißt wird. Durch zusätzlich eingeschweißte Kastenprofilschienen erreicht der BP-Autotanker die notwendige Steifigkeit. Nach vorn verlängern die Tankwagenbauer von Thompson die unteren Alukufen, um den Aluminium-Fahrerhausrahmen und die vier Federbeine der Vorderachse aufzunehmen. Auf der Rückseite werden ähnliche Verlängerungen genutzt, um die Antriebseinheit zu verbauen. Tatsächlich sorgt die vierachsige Tankwagenkonstruktion europaweit für Gesprächsstoff, nachdem mit der Herstellerpremiere von Thompson Bros. Ltd. auf der Messe 1960 Hintergründe und Fotos auch in deutschen Zeitschriften zu finden sind. Mit seinem Gesamtgewicht von 24 Tonnen bringt das Dromedar-Fahrgestell mit einem neuen O.680-Power-Plus-Motor von Leyland Motors immerhin 200 PS auf die Straße. Als Streamline-Innovation im Tankwagenbau kündigt sich das Unikum des Autotankers dank seiner Optik ganz von allein an. Thompson Bros. (Bilston) Ltd. übernimmt für die British Petroleum Company Ltd. (BP) die gesamte Projektkonstruktion, bei der die Tanks, die Kabinenstruktur und die Hauptversteifungselemente gemeinsam mit dem Chassis als eine Einheit entstehen. Der Motor ist erstmals hinten »angedockt«, wodurch der Schwerpunkt des gesamten Fahrzeugs abgesenkt und die Straßenlage bei allen Geschwindigkeiten ganz im Sinne der Fahrstabilität verbessert wird. Die integrierte Konstruktion erleichtert den Tankeinbau und ermöglicht den Transport von 4.000 Gallonen – rund 15.000 Litern – Kraftstoff. Zeitgeist muss allerdings nicht immer Alltagskonformität bedeuten: Einzig der Komfort für die Tankwagenfahrer bleibt beim Design und der späteren Konstruktionsumsetzung auf der Strecke. Auf seitliche Türen für den Kabinenzutritt wird verzichtet. Lediglich unterhalb der Heckscheibe gibt es einen Einstieg, der allerdings nur in streng gebückter Position erreichbar ist. Letztlich soll der Tankwagen ein Einzelstück blieben.

Der zunehmende Bedarf an Öl und Kraftstoff bringt auch kuriose Sonderfahrzeuge hervor. So lässt der Benzol-Verband ein Kombinationsgefährt bauen, das auf der Hälfte des langen Fahrgestells über einen abgeschlossenen Transportraum verfügt und auf der hinteren Achse den Kraftstofftank mitbringt.

erbach ein zweiachsiger Tankauflieger mit einem Fassungsvermögen von 21.000 Litern vom Hof. Auch das Mercedes-Benz-Kurzhauber-Gespann wird ausschließlich für die Versorgung von Tankstellen eingesetzt. Sämtliche Fahrgestelle, die Haller bei den Lkw-Herstellern jener Jahre für den kommunalen Bereich ordert und mit unterschiedlichen Spezialaufbauten versieht, stehen auf dem Werksgelände bereit, um auch für die Tankwagenaufträge in die Montagehalle geholt zu werden. Zwischenzeitlich kann Haller immer wieder eine Reihe beachtlicher Exportaufträge ins Haus holen. Dazu zählen Tankfahrzeuge vor allem für die Flughäfen in Übersee, mit denen sich die schwäbischen Fahrzeugbauer einen guten internationalen Ruf erarbeiten. Schon 1958 gelingt es Haller, einen Flugfeldtankwagen mit 40.000 Litern zum Einsatz zu bringen. Aber auch Militäraufträge sorgen temporär für gut gefüllte Auftragsbücher. Vor allem im Süden kann Haller mit kleinen Verteilerfahrzeugen für den wachsenden Brennstoffhandel punkten. So fährt 1965 ein Henschel HS 12 in den Farben von Thermo-Shell mit einem Tankvolumen von 7.000 Litern ebenso vom Hof wie ein Hanomag F 76, der 1969 5.000 Liter fasst. Nachdem Konrad Haller 1964 gestorben ist, leitet Helmut Haller die Geschicke, ehe mit Konrad Haller jun. 1984 die dritte Generation die Führung des inzwischen auf 400 Mitarbeiter angewachsenen Betriebs übernimmt. Die in den Achtzigerjahren rückläufigen Bestellungen machen der gesamten Branche immer wieder zu schaffen – einigen mehr als anderen. Das Forschungsprojekt Topas für den Tankwagen der Zukunft bringt Haller noch einmal erfreuliche Schlagzeilen. Betroffen von der schlechten Entwicklung der Branche ist letztlich auch Fahrzeugbau Haller, der 1997 seinen Produktionsstandort Feuerbach schließt. Wegen der finanziellen Schieflage des Unternehmens sei dieser Schritt notwendig geworden, teilt die Kanzlei des Konkurs-

An Sonderfahrzeugen mangelt es in den Fünfziger- und auch Sechzigerjahren nicht. Die Mineralölgesellschaften versuchen, neue Wege der Logistik zu gehen, um ihre Produkte in die Märkte zu bringen. Dabei spielen die Konstruktions- und Baukosten der Kleinserien- oder Einzelfahrzeuge nur eine untergeordnete Rolle. Mit Kraftstoff wird Geld verdient!

verwalters seinerzeit mit. Gemeinsam mit dem Betriebsrat des Unternehmens habe sich der Konkursverwalter auf einen Interessenausgleich und einen Sozialplan geeinigt. Ein Dutzend der insgesamt rund 170 Mitarbeiter in Feuerbach sollen dort in der Verwaltung der Haller Umweltsysteme GmbH weiterbeschäftigt werden. Die restlichen Mitarbeiter ereilt bis Jahresende 1997 die Kündigung – das jähe Ende einer schwäbischen Erfolgsgeschichte.

Auch in der Westzone der geteilten Stadt Berlin entstehen ab 1949 über viele Jahrzehnte Tankfahrzeuge. So liefert die Firma Leichtmetallbau Kurt Hodermann, die mit ihrem Fahrzeugbauunternehmen NKF (»Neue Kühler- und Flugzeugteile-Fabriken«) in Tempelhof residiert, schon in den Fünfzigerjahren für die Alliierten Streitkräfte erste Tankfahrzeuge mit Anhänger aus. Alles in Alubauweise, versteht sich. Zum Ende der Fünfzigerjahre werden im Rahmen einer Vereinbarung Heizöltankfahrzeuge von Fahrzeugbau Haller in Lizenz gefertigt. Wenig später, zur Mitte der Sech-

zigerjahre, stellt NKF ein Fahrzeug-Trio vor, mit dem man im Volumenzuschnitt die Bedürfnisse des überschaubaren Marktes für alle Gefahrenklassen abdeckt. Hodermann baut einen Sattelauflieger mit einem Fassungsvermögen von 13.000 Litern, der in selbsttragender Stahlleichtbauweise entsteht. Die Pumpe, die eine Leistung von 800 l/min hat, treibt ein VW-Industriemotor an, der zusätzlich den Armaturenschrank beheizt und den Zähler mit Bondrucker in Bewegung hält. Geeignet ist der einachsige Sattelzug für den Transport und die Belieferung von Heizöl. Für die Auslieferung von Kraftstoffen der Gefahrenklasse A I entsteht ein zweiter Sattelauflieger, den die Konstrukteure von Kurt Hodermann in Leichtbauweise, wahlweise mit oder ohne Isolierung realisieren. Die 22.500 Liter Kraftstoff sind in vier Kammern untergebracht, der Armaturenschrank ist heckseitig angebaut, die zugehörige Zahnradpumpe wird vom Motor der Zugmaschine angetrieben. Zu guter Letzt kommt aus Tempelhof noch ein handliches Verteilerfahrzeug, das NKF auf dem Magirus-Rundhauber-Fahrgestell in Esso-Farben entstehen lässt. Mit einem zulässigen Gesamtgewicht von 8,2 Tonnen werden 5.000 Liter Kraftstoff der Gefahrenklasse A I zum Kunden gebracht. Schon in den Siebzigerjahren tritt NKF nicht mehr groß in Erscheinung, baut aber zwischenzeitlich noch Aluminiumtanks für die Glasenapp-Tanklöschfahrzeuge der Berliner Berufsfeuerwehr. Anfang der Neunzigerjahre gibt es bei NKF noch kurzzeitig eine Konstruktionsabteilung für Tankfahrzeuge, die aber Ende 1993 aufgelöst wird. Im Rahmen der Umstrukturierung des Haller-Firmenverbands geht NKF 1998 in der Halle Umweltsysteme auf.

Der donnernde Deutz-Diesel unter der eckigen Haube des Magirus hat schon zu kämpfen, wenn er die 24.000 Liter gebunkerten Kraftstoff über die bergigen Strecken Bayerns befördert. Total setzt in der Zweigniederlassung in München auf die robusten Ulmer Lkw. Aber auch im Verteilerverkehr soll die spätere Frontlenkergeneration von Magirus kommen.

Der Süden verfügt von Beginn an über profilierte Hersteller. Josef Stadler gehört alsbald dazu und erweitert seine Kesselfabrik in Neu-Ulm, um sich in den Fünfzigerjahren zu einem Spezialisten für Tankwagen, Sattelzugmaschinen und Tankaufbauten zu profilieren. Freilich kommt dem Familienunternehmen das Wissen um die verlässliche Produktion von Kesseln unterschiedlicher Größe entgegen, doch der Fahrzeugbau als Neuland muss noch Eigenständigkeit entwickeln. Durch die weitgehende Regionalisierung der Beschaffungsmärkte für Tankfahrzeuge in den Fünfziger- und Sechzigerjahren kümmern sich die Karosserieexperten von Stadler vornehmlich um den Süden und Südwesten. Nur wenige Fahrzeuge gelangen aus Neu-Ulm in den hohen Norden, der Wettbewerb stellt einfach eine vertrieblich limitierende Hürde dar. Schon zum Ende der Fünfzigerjahre hat Stadler bei den Brennstoffhändlern einein Stein im Brett, weil man frühzeitig die Veränderungen in der Branche erkannt hat und mit entsprechenden alltagstauglichen Fahrzeugkonzepten darauf reagiert. So werden kombinierte Fahrzeuge der 7,5-Tonnen-Klasse so gebaut, dass sie unterhalb einer leicht erhöhten Pritschenfläche mit einem Flachtank und einer motorbetriebenen Pumpe sowohl für die Auslieferung von Heizöl als auch für den Transport von traditionellen, festen Brennstoffen geeignet sind. Alle anderen Fahrzeuggrößen entwickeln

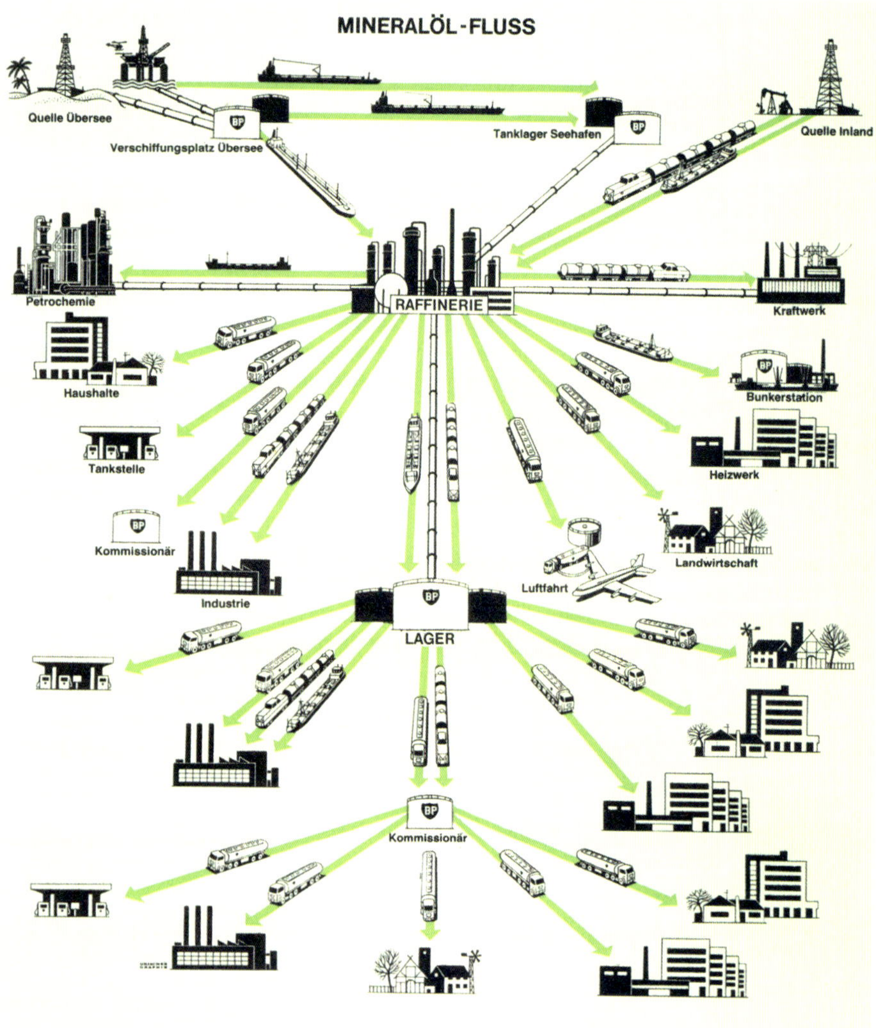

Ohne Tankwagen läuft in Deutschland nichts! Das gilt sowohl für die Bundesrepublik als auch für die DDR. Gleichwohl werden in Westdeutschland mehrere Kraftstoffnetze der unterschiedlichen Mineralölgesellschaften parallel aufgebaut. Vom Tanklager an den Seehäfen geht das Mineralöl zur Weiterverarbeitung in die Raffinerie, ehe es bedarfsgerecht zu den Verbrauchsstellen in der Industrie, zu den Tankstellen oder zum Weiterverkauf an die Kommissionäre geht. Auf allen Zwischenstufen im Mineralölhandel müssen Tankwagen her, um das flüssige Gold zu befördern.

sich bei Stadler marktkonform. Total, DEA und Stinnes-Fanal heißen die großen Kunden, für die Stadler zu einem wichtigen Zulieferer wird. Auch Klöckner-Heizöle, die gerade in jenen Jahren deutschlandweit expandieren, verlassen sich auf den Fahrzeugbauer aus Neu-Ulm. Doch der Wettbewerb ist nicht weit. Wackenhut in Nagold baut Fahrerhäuser für Mercedes-Benz, steigt in den Fahrzeugbau ein und beginnt, Tankwagen zu fertigen. Kässbohrer in Ulm nutzt zwischenzeitlich die Möglichkeit zur Programmerweiterung und fertigt ebenfalls Tankfahrzeuge, nachdem 1953 die ersten kippbaren Siloaufbauten entstanden sind. Und in Mannheim entwickelt sich Aurepa bis zum Ende der Fünfzigerjahre zum breit aufgestellten Fahrzeugbauer, der nahezu alle Wünsche des Transportgewerbes erfüllen kann. Dass der Boom und die vollen Auftragsbücher recht schnell zu Engpässen führen, setzt das Mannheimer Unternehmen 1961 unter Handlungsdruck. Doch Gründer Hans-Joachim Heitger setzt auf Expansion. Weil das Stammwerk an die Kapazitätsgrenzen kommt, wird in Hockenheim-Talhaus ein eigenes Gelände erworben, um von dort aus auf einer Hallenfläche von 6.000 Quadratmetern das gesamte Tankwagengeschäft abzuwickeln.

Auch Aurepa versteht es wie Stadler, den kleinen und großen Bedarf der Mineralölwirtschaft mit Fahrzeugspezialisten fachgerecht zu bedienen. So fahren kombinierte Verteilerfahrzeuge auf dem Fahrgestell des Hanomag Garant ebenso vom Hof wie der Mercedes-Benz Kurzhauber L322 mit 7.200-Liter-Heizöltank. Es sind immer wieder Stinnes-Fanal, aber letztlich auch Esso, die bei Aurepa attraktive Aufträge für Neufahrzeuge platzieren. Dass Aurepa aus traditioneller Nähe seines Servicegeschäfts auf Büssing setzt, wird zwischenzeitlich deutlich. So bauen die Mannheimer Fahrzeugbauer den Büssing Commodore LS 11/16 F mit schmucker Fernverkehrskabine und satteln 1961 einen 26.000-Liter-Tankauflieger auf. Aurepa beherrscht den Karosseriebau und versteht es, seine individuelle Handschrift im Karosseriedesign zu hinterlassen. Zweckmäßigkeit können in jenen Jahren viele, Lkw-Ästhetik nur wenige. Aurepa steht in den Sechzigerjahren für eine breit aufgestellte Unternehmensgruppe mit den Geschäftsbereichen Service, Fahrzeugbau und Fahrzeughandel. So ganz nebenbei wird auch in Parkhäuser investiert. Kein Wunder, dass 1969 immerhin 500 Beschäftigte für das Unternehmen mit dem Mannheimer Sitz in Neckarau arbeiten und dabei auch noch Standorte in Hockenheim und Neustadt an der Weinstraße aufbauen. Doch dem kräftigen Wachstum folgt in den Siebzigerjahren der Beginn einer nach und nach lähmenden Schrumpfkur. Dass dabei gerade Aurepa der Marktkonzentration der Nutzfahrzeugindustrie unterworfen ist, macht sich vor allem in der Kündigung der Kundendienstverträge bemerkbar – erst durch MAN für den Büssing-Service, dann durch Mercedes-Benz für Hanomag-Henschel. Und dennoch entwickelt das Unternehmen Perspektiven und übernimmt 1972 den Tankwagenbauer Josef Stadler aus Neu-Ulm. Nicht zuletzt hat man damit einen großen Wettbewerber in Süddeutschland in die eigene Unternehmensgruppe integriert und kann seine Marktposition festigen. 1975 kümmern sich bei Aurepa/Stadler immerhin 1.000 Mitarbeiter um die Aufträge. Dabei arbeiten die Vertriebsorganisationen weiter getrennt voneinander, angeboten wird beiderseits das gemeinsame Produktionsprogramm. Nach der Ölkrise und den spürbar nachlassenden Bestellungen von Tankfahrzeugen spüren alle Hersteller Handlungszwang. Frühzeitig finden sich Aurepa, Stadler und auch die

Anfangs nur mit einer schmalen weißen Bauchbinde (o.) versehen, erneuert Esso seinen Markenauftritt und vergrößert dabei den Schriftzug auf der gesamten Kessellänge. In der zweiten Hälfte der Sechzigerjahre werden sämtliche Fahrzeuge von Rot auf Weiß umlackiert.

Schwelmer Eisenwerke angesichts des erst stagnierenden, dann rückläufigen Marktes zur SAS Nutzfahrzeuge GmbH zusammen. Doch das 1975 auf gemeinschaftlichen Vertrieb und Service fokussierte Unternehmen erfüllt nicht die gemeinsamen Erwartungen und wird vier Jahre nach der Gründung wieder aufgelöst. Wirtschaftliche Turbulenzen bei Aurepa/Stadler führen in den späten Achtzigerjahren zum Verlust der Eigenständigkeit und zur Schließung verschiedener Standorte. Die Industrie-Werke Saar (IWS) übernehmen 1989 das Hockenheimer Werk, das auf Tankfahrzeuge spezialisiert ist, ehe es 1995 geschlossen wird. Die Firma Lindner & Fischer Fahrzeugbau, die 1988 gegründet wird, tritt schließlich in die Fußstapfen. Die beiden damaligen Geschäftsführer und Gesellschafter kennen als langjährige Mitarbeiter die Firma Stadler, wissen um Produktion und Markt. Mit der Einstellung der Stadler-Produktion übernehmen Lindner & Fischer Fahrzeugbau alle für den Tank- und Fahrzeugbau erforderlichen Geräte.

In Nordrhein-Westfalen schlägt viele Jahr-

Der über 37.000 Liter fassende Auflieger erfordert wegen seines hohen Schwerpunkts die ganze Aufmerksamkeit des Fahrers. Ellinghaus liefert das Gespann mit Krupp-Zugmaschine SF 380 an Shell aus. Die Kombination aus maximaler Kapazitätsauslastung bei gleichzeitig eingeschränktem Kurvenverhalten sorgt immer wieder für Diskussionen.

Über 30.000 Liter transportiert Raab Karcher mit dem Ellinghaus-Auflieger. Gezogen wird er vom kubischen Mercedes-Benz LPS 2232. Genauso eindrucksvoll geht der Scania L 110 in Beckum auf die Reise zum Kunden Fina.

zehnte das Herz des Tankwagenbaus – die renommierten Firmen Blumhardt, Eylert, Schwelmer Maschinenfabrik Müller, aber auch Anton Ellinghaus haben hier ihre Heimat. Es sind allesamt Familienunternehmen – und ihr Schicksal ist wechselhaft. Dabei geht es zu Beginn überall noch beschaulich zu. Vor dem Krieg hatte man bei Heinrich Schmitz Maschinen- und Fahrzeugbau im münsterländischen Altenberge nicht einen Gedanken daran verschwendet, Tankanhänger oder gar komplette Tankfahrzeuge zu bauen – ausschließlich Anhänger und Aufbauen gehörten zur Kernkompetenz und sind es gleich nach Kriegsende immer noch. Angekommen in der neuen Zeit, erfährt der rationelle Dreiachsanhänger angesichts des Verbots einer gleichzeitigen Verwendung mehrerer Lastwagenanhänger plötzliche Bedeutung. Die Firma Schmitz-Anhänger ist zur Stelle, weil sich ihre Antwort auf die logistischen Herausforderungen in einer erfreulichen Marktresonanz widerspiegelt. »Die Firma Schmitz gehört zu denjenigen Anhänger- und Aufbautenfabriken, die auf dem Gebiet des Sattelschlepper-Aufliegers mit Spuraggregat Pionierarbeit geleistet haben«, resümiert die Fachlektüre *Lastauto und Omnibus* 1957. Doch der Markt besitzt weitere Chancen – auch für Wachstum. Tatsächlich ist das Altenberger Unternehmen 1955 ein eher kleinerer Marktteilnehmer. Die VDA-Statistik verzeichnet für jenes Jahr einen Gesamtmarkt an neu zugelassenen mehrachsigen Anhängern von 10.861 Einheiten, davon stammen lediglich 110 von Schmitz. Die Marktmacher des Jahres 1955 sind andere: Kässbohrer mit 1.376 Einheiten (12,7 Prozent Marktanteil) liegt an der Spitze, gefolgt von Hummel mit 477 und Blumhardt mit 431 Einheiten. Nur 20 der vielen Hersteller kommen auf mehr als 100 Fahrzeuge. Noch aufgesplitterter ist der Markt bei den Spezialanhängern, von denen 1955 immerhin 4.907 gebaut werden. Schmitz belegt mit genau 100 Einheiten immerhin Rang sechs. Allein das macht deutlich, wie wenig industrialisiert die Fahrzeugbaubranche in jenen Jahren ist. So werden vorwiegend Einzelstücke und Kleinserien gebaut, zumeist handwerkliche Karosseriebauarbeit. Es wird praktisch alles gebaut, was der Markt fordert – viele bauen vieles. Spezialisierung? Weitgehend Fehlanzeige. Kein Wunder, dass sich Schmitz-Anhänger 1957 endgültig zum Bau von Tankwagen entschließt, nachdem der Bedarf an Transportraum für flüssige und staubförmige Güter damals stark steigt.

Bereits auf der IAA 1955 in Frankfurt steht ein Schmitz-Tankauflieger aus Edelstahl für Bitumentransporte. Vier Jahre später sind es bereits zwei Tanker, die das Erscheinungsbild des Messestands dominieren. Gezeigt werden 1959 die unterschiedlichsten Bauarten von Tankfahrzeugen. Am Ende des nächsten Jahrzehnts, auf der IAA 1969 in Frankfurt, präsentiert Schmitz-Anhänger – bereits mit Zweigwerken in Berlin-Borsigwalde und in Vreden/Westfalen kräftig gewachsen – ein großes, respektables Programm für die Mineralölbranche. Dazu gehören Tankfahrzeuge, Tankanhänger, Satteltankanhänger, Tankaufbauten für Lkw in Zylinder-, Koffer- und Doppelkeilform aus Stahl, Leichtmetall und Edelstahl zum Transport von Benzin, Diesel, Heizöl und Bitumen. Aber auch Speziallösungen für Chemikalien, Säuren, Fette, Alkohol, Wein und Milch zählen zum Produktionsspektrum. Schmitz-Anhänger in Altenberge präsentiert auf der Deutschen Industrie-Ausstellung 1970 einen dreiachsigen Sattelauflieger in Kofferform, der sich für den Transport von Benzin, Diesel und Heizöl anbietet. Den Tank selbst führen die Münsterländer Anhängerspezialisten in Doppelkeilbauweise aus und schaffen Raum für 31.000 Liter Volumen. Die Doppelkeilform des Behälters garantiert ein restloses Entleeren des Tanks, der freitragend und aus Leichtmetallblechen hergestellt ist. Der Tank erfährt eine Unterteilung in fünf gleich große Kammern, jede verfügt über ein hydraulisches Bodenventil. 1970 sieht sich Schmitz-Anhänger aus Altenberge für den Mineralölmarkt denkbar gut aufgestellt und baut Tank- und Silofahrzeuge aus Stahl, Edelstahl und Leichtmetall mit Volumengrößen zwischen 2.000 und 36.000 Litern. Neben dem Zweigwerk in Berlin-Borsigwalde können die Kunden auf Vertragswerkstätten in Bielefeld, Hamburg, Hannover, Köln, Mannheim und München zurückgreifen. Hunderte von Tankfahrzeugen in allen erdenklichen Bauformen werden bei

Nicht immer geht es am Tor zur Raffinerie so ruhig zu wie beim Eintreffen des Shell-Tankzugs mit Blumhardt-Auflieger. Die Transportkapazitäten in der Beschaffungslogistik sind in den Siebzigerjahren auf deutlich über 30.000 Liter pro Fahrzeugeinheit angewachsen.

Die allesamt inhabergeführten Tankwagenhersteller der Nachkriegsjahrzehnte setzen auf Qualität. Dazu gehört auch ein schneller Service. Esterer schickt von Helsa aus die eigenen VW T1 auf die Reise (l.), der Stadler-Kundendienst fährt Ford Transit (r.). An Bord haben sie alles, um der technischen Einrichtung wieder zur Betriebsbereitschaft zu verhelfen.

Schmitz-Anhänger in all den Jahrzehnten gebaut – bis sich das Unternehmen 1993 von der Vielfalt im Produktmix verabschiedet, um sich auf wenige Baureihen zu konzentrieren. Damit stehen bei Schmitz-Anhänger die Zeichen auf historische Veränderungen. »Wachstum durch Verzicht« heißt das Motto der Stunde und bedeutet einen radikalen Bruch mit der traditionellen Ausrichtung. Fortan werden nur noch Auflieger mit Pritsche und Plane, Kofferaufbau, Kippaufbau oder als Containerchassis gebaut. 80 Prozent der bisherigen Produktpalette entfallen – Tankfahrzeuge mit dem Markenzeichen Schmitz-Anhänger sind Geschichte.

Wuppertal wird in den Wirtschaftswunderjahren zum nordrhein-westfälischen Zentrum für Fahrzeugbau – die ganz großen Namen wie Blumhardt, Eylert oder Ackermann sind hier zu Hause. Lediglich Ackermann kümmert sich schwerpunktmäßig um klassische Transportaufbauten und Möbelwagen, während die beiden anderen Wettbewerber zusätzlich zu den üblichen Aufbauten, Aufliegern und Anhängern auch Tankfahrzeuge fertigen. Bei Blumhardt – einer der ganz großen der Branche – sind 1961 etwa 1.000 Mitarbeiter beschäftigt. Zum damaligen Zeitpunkt umfasst das Produktionsprogramm über 50 Positionen, darunter Speditionsanhänger mit schlichter Einfach- und Zwillingsbereifung für verschiedene Nutzlasten, aber auch Sattelauflieger zur Maximalbeladung. Bei Blumhardt, deren

Der Designer Louis Lepoix gab dem Henschel HS 14/16 seine kubische Fahrerhausform, die Keilform des Tankaufliegers entstammte den Federn der technischen Konstrukteure von Strüver in Hamburg. Alle Hersteller hatten personalintensive Konstruktionsabteilungen aufgebaut, um die Aufträge mit den individuellen Wünschen der Kunden abwickeln zu können.

Die letzte Büssing-Hauber-Generation aus Braunschweig: Der LS 11/16 lässt das kubische Zeitalter seiner Frontlenker-Zeitgenossen bereits erahnen. Genauso schnörkellos und geradlinig erscheint die Form des Tankaufliegers.

Familiengesellschafter Muthmann aus der landwirtschaftlichen Tradition des Landmaschinenbaus kommen, wird während der Wirtschaftswunderjahre an allen Fronten des Nutzfahrzeugmarkts gekämpft. Dass monatlich zwischen 200 und 250 Einheiten abgearbeitet und ausgeliefert werden, zeigt, dass Blumhardt im Wuppertaler Ortsteil Vohwinkel in der ersten Liga des bundesdeutschen Fahrzeugbaus kämpft. Kaum zu glauben, dass bei durchschnittlich 15 Tankfahrzeugen im Monat an jedem zweiten Tag ein neues Gefährt für die Mineralölwirtschaft auf die Reise geschickt wird. Blumhardt baut in den frühen Sechzigerjahren Tankfahrzeuge für die Gefahrenklassen A I bis A III bis zu einem Volumen von 27.000 Litern in freitragender Bauweise, was den Schwerpunkt der Fahrzeuge im Sinne der verbesserten Fahrdynamik um 380 Millimeter tiefer legt. Neben Fahrzeugen zum Transport von Benzin, leichtem, mittlerem oder schwerem Heizöl werden in Vohwinkel auch Tankfahrzeuge zum Transport von Bitumen, Leim, Chemikalien und anderen Flüssigkeiten gebaut. Letztlich arbeitet man an der gesamten Palette der Kesselfahrzeuge und verfügt über breit angelegtes Spezialwissen. In der eigenen Montagehalle für Tankwagen stehen in den Sechzigerjahren die Auflieger gleich dreireihig nebeneinander und werden nach und nach zur Fertigstellung gebracht – ein gutes Dutzend kommt da immer zusammen. Dabei konzentriert sich Blumhardt schon frühzeitig auf eine Standardisierung des Fahrzeugbaus, was zweifellos durch die großen Stückzahlen gerechtfertigt wird. Angesichts vieler Individualwünsche der Auftraggeber können von der Effizienzsteigerung ausschließlich die serienmäßigen Tankauflieger profitieren. Blumhardt hält Schritt mit den Entwicklungstrends im Tankwagenbau. So realisieren die Vohwinkeler Fahrzeugbauer 1968 bereits einen Tankauflieger mit einem Volumen von 37.000 Litern. Diese neue Leistungsklasse ist ganz bewusst so konstruiert, dass sie sich für jede auf dem Markt befindliche zwei- oder dreiachsige Sattelzugmaschine eignet. Damit schafft Blumhardt einen Standard, der die Auflieger für Großfuhrparks mit regelmäßigem Zugmaschinentausch geeignet macht. Bereits kurz nach der Vorstellung des neuen Mammut-Tankaufliegers kristallisiert sich heraus, dass es vornehmlich Aral, Shell & Co. sind, die dieses Produkt ordern, um die wirtschaftliche Belieferung der Tankstellen zu gewährleisten. Blumhardt reagiert frühzeitig auf das in Deutschland immer enger gewordene Netz von Raffinerien und Großlagern, zumal schon in den Sechzigerjahren die Mineralölindustrie dafür gesorgt hat, dass es durch eine unterirdische Pipelinevernetzung eine bahn- und automobilfreie Versorgung zwischen den Ölhäfen an den Küsten und den Hauptproduktionsstätten in den Ballungszentren der Republik gibt. Auf der Deutschen Industrie-Ausstellung 1970 in Berlin zeigt die Tankfahrzeugbaubranche ihre neuesten Errungenschaften. Blumhardt in Wuppertal ist wieder dabei und stellt einen 34.000-Liter-Tankauflieger für Transporte der Gefahrenklassen A I bis A III vor. Der ist mit einem Luftfederaggregat ausgestattet, überdies ist die letzte Achse lenkbar. Gut gelöst, so befinden die Experten, haben die Blumhardt-Ingenieure die Gestaltung des Domes. Die Aufstiegsleiter sowie der zugehörige Laufsteg und die Einfüllvorrichtungen sind so angelegt, dass ein gefahrloses Arbeiten möglich ist. Außerdem stellt Blumhardt ein Verteilerfahrzeug für Heizöl vor, dessen Tankaufbau 5.300 Liter Fassungsvermögen besitzt. Diesen Tankaufbau montieren die Wuppertaler auf ein Mercedes-Benz-Fahrgestell vom Typ LP 808 und tragen damit dem Wunsch nach einer eingeforderten wirtschaftlichen Fahrgestelllösung Rechnung. Ein ähnliches Geschäftsmodell verfolgt lange Zeit parallel und ebenfalls in Wuppertal-Vohwinkel die Fahrzeugfabrik Eylert. Sie wird zwar zu keiner Zeit die Stückzahlen von Blumhardt erreichen, aber in den Nachkriegsjahrzehnten den Tankwagenmarkt zusätzlich mit den gängigen Fahrzeugtypen bedienen. 1975 kommt für Eylert die Produktionseinstellung, für Blumhardt soll es noch drei Jahrzehnte weitergehen.

Die dynamische Tankwagenentwicklung im Nachkriegsdeutschland wäre nicht denkbar gewesen, wenn es da nicht das beschauliche Beckum gegeben hätte. Anton Ellinghaus hatte dort 1905 eine Kupferschmiede gegründet und angesichts des Wachstums daraus die Beckumer Maschinenfabrik und Apparatebauanstalt und Metalleisengießerei entstehen lassen. Behälter und Armaturen für die Lebensmittelbranche gehören dazu. Schon in den Dreißigerjahren liefert Ellinghaus Lagertanks für Brauereien. Und das in beachtlicher Größe. Dass er 1937 einen Tankwagen aus Aluminium

Strüver in Groß Borstel hat mit dem Mineralölhandel Wahrlich einen treuen Kunden quasi in der Nachbarschaft. Der hat es nicht weit, um den neuen Tankzug mit Henschel-Zugmaschine abzuholen.

fertigt, bringt ihm rasch Respekt ein. Leuna bestellt einen einachsigen Tankauflieger, der über ein Volumen von 5.500 Litern verfügt. Anschlussaufträge lassen nicht lang auf sich warten. MAN F4 mit 6.600 Litern Volumen gehen in Shell-Farben an die Rhenania-Ossag, BP bestellt den Henschel 6 JK mit 6.400 Litern Volumen. Der Markt boomt für Anton Ellinghaus, und wiederum sind es die »guten Drähte« zu den großen Mineralölgesellschaften aus Vorkriegsjahren, die für eine volle Produktion sorgen, sodass in Beckum ein zusätzlicher Standort hermuss. Ellinghaus hat mit seinen Aufbauten aus Aluminium nicht nur die Erfahrung, sondern ein wichtig gewordenes Verkaufsargument auf seiner Seite. Gerade die Esso AG, die nach der Währungsreform und die gesamten Fünfzigerjahre hindurch als Treiber der Tankwagenentwicklung gilt, baut auf die Beckumer Fahrzeugbauer. Dutzende der roten Auflieger gehen in alle Teile der noch jungen Bundesrepublik. Auch die Henschel-Bimot-Zugmaschine HS 190 S zieht als Erstes einen Ellinghaus-Tankauflieger. Zu den großen Innovationen, die letztlich mehr mediale Marktdurchdringung, aber keine Zukunft versprechen, gehört zu Beginn der Fünfzigerjahre diese dreiachsige Zugmaschine der Kasseler Lkw-Schmiede. Sie fällt auf Anhieb durch ihre bullige Motorhaube auf, hinter der sich letztlich die technische Errungenschaft verbirgt: Denn dort arbeiten zwei 95-PS-Diesel-Maschinen, die entsprechend der Bimot-Technik vorn quer zur Fahrtrichtung die Kraft bringen. Für den Tankwagenbetrieb soll sich der Bimot-Sattelschlepper gerade deshalb eignen, weil das Doppel-Vierganggetriebe mit

Immerhin 45.000 Liter Flugzeugkraftstoff beschleunigt dieser Hanomag-Henschel übers Vorfeld zum wartenden Jet. Mit dem zugehörigen Anhänger kann das Gespann von Ellinghaus in Beckum sogar 80.000 Liter befördern. Die Pumpenleistung liegt bei immerhin 4.500 Litern pro Minute. Der Vierachser bringt es im beladenen Zustand schon allein auf beachtliche 59 Tonnen.

acht Geschwindigkeitsstufen eine günstige Anpassung der Fahrgeschwindigkeit an die jeweiligen Straßen- und Verkehrsverhältnisse ermöglicht. Letztlich bleibt es bei einem Pilotversuch. Und auch in den Sechziger- und Siebzigerjahren fällt der Name Ellinghaus immer dann, wenn über die »Großen« gesprochen wird. Ellinghaus zählt längst dazu. Mit der Profilierung des Zwischenhandels in der Mineralölwirtschaft stellen sich die Westfalen auf die Bedürfnisse der Kunden ein – hier arbeiten die Experten, die aus jedem Kundenwunsch einen Tankwagen bauen. Vom Kleintankwagen auf dem Fahrgestell des Tempo Matador bis zu den vielfältigen Verteilerfahrzeugen wächst das Volumenspektrum für Straßenfahrzeuge bis 1968 auf 37.000 Liter, die ein Krupp SF 380 in Shell-Farben ausliefert. 1970 entsteht ein wendiger Mercedes-Benz LPS 2024 mit zwei gelenkten Achsen und einem Fassungsvermögen von 33.000 Litern. Und auch auf die Kür im Tankfahrzeugbau lassen sich die Beckumer ein, als die Flughafendependancen der großen Mineralölgesellschaften um Hilfe rufen. Ellinghaus liefert 22.000-Liter-Flugfeldtankwagen mit zwei Betankungsaggregaten und einer Minutenleistung von 2.400 Litern ebenso wie einen niederflurigen Flugfeldtankwagen mit 37.000 Liter Volumen, der gerade mal 2,60 Meter Höhe aufweist. Beim Rennen des Wettbewerbs um die größten mobilen Tankeinheiten kämpft Ellinghaus in der Spitze mit. So kommen 85.000-Liter-Auflieger mit heckseitigem Bedienplateau ebenso aus Beckum wie Hydrantenfahrzeuge, die gerade in den Siebzigerjahren im internationalen Geschäft eine zunehmend wichtige Rolle spielen. Gerade in den Hauptexportmärkten statten Flughäfen ihre Kerosinversorgung mit einem unterirdischen Pipelinesystem aus. Und auch auf dem Gebiet der Verkehrsforschung ist Ellinghaus dabei, als das Projekt »Theseus« (Tankfahrzeuge mit höchst erreichbarer Sicherheit durch experimentelle Unfall-Simulation) 1991 aus der Taufe gehoben wird. Weitere Projektpartner sind TÜV, Dekra, Daimler-Benz, die Uni Köln und die Bundesanstalt für Straßenwesen sowie der Bund als Geldgeber. Auch die Vision, den Markt weiter mitgestalten zu können, ändert nichts daran, dass 1997 Insolvenz angemeldet wird. Nur gut, dass vor Ort bereits Petra Schrader die Führung beim ebenfalls kurz zuvor zahlungsunfähigen Tankwagenwagenbauer Tank- und Apparatebau Schwietert (T+A Schwietert) übernommen hat. Ihr Vater Ludwig Schrader, seines Zeichens Anlagenbauer, hatte den finanziellen Einstieg ermöglicht. 1954 im Beckumer Ortsteil Vellern gegründet, liefert T+A Schwietert vier Jahrzehnte lang genauso wie Ellinghaus Tankfahrzeuge aller Volumengrößen aus. Allerdings kümmert sich das Unternehmen zumeist um Individualaufträge, darunter viele Kunden der Lebensmittel- und Chemieindustrie, die allesamt Flüssigkeitstransporte beauftragen und unterschiedliche Anforderungen an die Behälter stellen. Mit der Zusammenführung der beiden Beckumer Unternehmen gelingt Schrader 1997 ein guter Schachzug zur Zukunftsgestaltung des deutschen Tankfahrzeugbaus.

Erfolg lässt sich exportieren. SGP baut die Schwelmer Tankfahrzeuge für Österreich in Lizenz (l.). Kurt Hodermann karossiert im Westen Berlins eine Zeit lang dort benötigte Spezialfahrzeuge und arbeitet eng mit Fahrzeugbau Haller zusammen (r.).

In der guten motorsportlichen Tradition seines Renndienstes bestellt Aral bei Esterer in Helsa eine mobile Tankstation. Der MAN 8.156 mit dem aufzurichtenden Markenzeichen sorgt in den Sechzigerjahren für Furore. An Bord hat er 7.000 Liter Kraftstoff und zwei Zapfstellen, die auf der Beifahrerseite von einer schützenden Markise überdacht werden. Bekannt wird das Unikat durch ein damals gebautes Siku-Modell.

VERKEHRSDICHTE UND ZUNEHMENDE UNFALLZAHLEN

Gefahrgut-Sensibilität im Zeichen von Umwelt und Sicherheit

Harter Überschlag des ganzen Tankzugs – der Kopfstand des Mercedes-Benz 1620 löst damals Gefahrgutalarm aus. Von den Fünfziger- bis weit in die Siebzigerjahre hinein soll Unfälle mit Tankwagen immer wieder zum Alltag gehören. Meist geht es nicht ohne Schäden für Mensch und Umwelt ab.

Es ist Donnerstag, der 15. Oktober 1959, als Otto Jaschinski nach seiner Zwölf-Stunden-Tour durch Westfalen noch von Dortmund zum Lüdenscheider Bahnhof fahren soll, um seinen Krupp-Tankauflieger für die nächste Kundenrunde vollzutanken. Ein ganz normaler Vorgang. Die Mineralölhersteller nutzen die Güterbahnhöfe nach Kriegsende immer öfter, um die in ihrer Region dezentral abgestellten Kesselwagen als vorgeschobene Rampe zu nutzen. Sozusagen als mobiles Tanklager, das bei Bedarf rund um die Uhr angefahren werden kann, um infrastrukturelle Vorteile für sich auszunutzen. An diesem herbstlichen Spätnachmittag fährt der Gasolin-Krupp zum Lüdenscheider Güterbahnhof, um vom bereitstehenden Kesselwagen der Deutschen Bundesbahn zu laden. Auch die Dortmunder Gasolin-Niederlassung nutzt dieses stählerne Zwischenlager gern, um den kurvigen Strecken Südwestfalens ein Schnippchen zu schlagen. Die Sauerlandlinie befindet sich gerade erst in Planung, die Fertigstellung mit all ihren Vorteilen soll noch einige Jahre auf sich warten lassen. Rund 30.000 Liter Benzin für die Tankstellen im Sauerland stehen an diesem Oktobertag dort bereit. Otto Jaschinski möchte die Tour nicht mehr selbst machen und erteilt seinem Fuhrparkleiter kurzerhand eine Absage: »Genug gefahren für heute«, sagt er und packt für diesen Tag seine sieben Sachen. So übernimmt sein Kollege bereitwillig die Strecke und lässt noch einen Lagermitarbeiter mitfahren. Das Schicksal nimmt an diesem Herbsttag seinen Lauf. Als der Krupp-Tankzug am Lüdenscheider Bahnhof ankommt, findet die Tankwagenbesatzung aus Dortmund alles so vor wie beschrieben. Eigentlich ist Routine angesagt. Nur die Schläuche verlegen und dann den Auflieger volllaufen lassen. In einer guten Stunde soll alles erledigt sein. Doch es kommt anders – viel schlimmer. Denn es soll ein Katastrophentag werden, den der

Der Auffahrunfall geht diesmal glimpflich aus. Strüver hat den heckseitigen Armaturenschrank so großzügig karossiert, dass er wie eine Knautschzone wirkt. Der Schaden ist dennoch enorm.

Erst ein Reifenbrand, dann fängt auch noch der Tankauflieger des Krupp Feuer (l.). Und immer wieder führt Fahrlässigkeit zu schweren Unfallszenarien mit Überschlag und auslaufendem Kraftstoff. Die Feuerwehren beginnen erst in den Achtzigerjahren, flächendeckend einsetzbares »Ölwehr«-Equipment zu beschaffen. Und auch die Politik wird erst spät wachgerüttelt.

Tankwagenfahrer und sein Kompagnon nie vergessen werden. Von jetzt auf gleich geraten Tankauflieger und Kesselwagen in Brand. Meterhoch schlagen die Flammen in den Lüdenscheider Himmel – ein Inferno. Der Gasolin-Fahrer rennt noch todesmutig zum Tankfahrzeug, um die Schlauchleitung zuzudrehen – er erleidet gefährliche Verbrennungen, überlebt schwer verletzt. Nur so wird das Katastrophenszenario einer Explosion im allerletzten Moment verhindert. Und sein Beifahrer? Der wird Stunden später, schwer unter Schock stehend, völlig verstört von der Polizei aufgegriffen – mehrere Kilometer entfernt. Später werden die Brandermittler einen Schlauchplatzer vermuten, bei dem Benzin austrat und sich die Kraftstoffgase durch Funkenflug urplötzlich entzündeten. Die Männer der Lüdenscheider Feuerwehr finden beim Eintreffen ein Flammenmeer vor – alles brennt lichterloh. Sogar das Erdreich. Die Hitze des Feuers ist so groß, dass am nächsten Tag nur noch bizarre schwarzrostige Eisengerippe auf den Bahnwaggon und den danebenstehenden Lkw hindeuten. Warum es zu einer Durchzündung und dann zum Großfeuer von Kesselwagen und Tankauflieger gekommen ist, wird man letztlich nicht mehr sicher rekonstruieren können. Die Tankwagenbesatzung soll lebenslang an den körperlichen und psychischen Folgen zu leiden haben.

Zwischenfälle wie diesen gibt es nach Kriegsende immer wieder. Meist gehen sie glimpflich aus, manchmal auch nicht. Verkehrsunfälle schnellen in den Fünfzigerjahren ohnehin allerorts in die Höhe. Es ist nur eine Frage der Zeit, bis ein Tankwagen verunglückt. Bemerkenswert: Gefahrguttransporte von Tankwagen mit Benzin oder Diesel an Bord sind auf bundesdeutschen Straßen trotz der weithin bekannten Risiken nicht weiter gekennzeichnet. Der Schriftzug »Feuergefährlich«, der heckseitig an den Tankflanken zu lesen sein muss, wirkt weniger warnend als die großen, unübersehbaren Schriftzüge von Gasolin, Aral, Shell oder Esso, die keinen Zweifel daran lassen, dass hier eine brisante Fracht unterwegs ist. Die Feuerwehren im Land erkennen Handlungsbedarf, doch die Erkenntnisse der Brandschützer nehmen sich damals bescheiden aus. In einem achtseitigen »Merkblatt für Tankwagen-Unfälle« erhalten bayerische Feuerwehrleute 1962 erstmals Aufklärung darüber, was zu tun ist, wenn es zu einer Havarie eines Tankwagens innerorts oder außerorts gekommen ist. So werden lediglich drei Szenarien unterschieden, die ein Auslaufen des Kraftstoffs mit und ohne Brandausbruch, aber auch ein Feuer am Tankwagen, beispielsweise durch einen Reifenbrand verursacht, beschreiben. Dass solcherlei Einsatzstellen ohne schweren Atemschutz angegangen werden, soll erst in den Achtzigerjahren der Vergangenheit angehören, als nach den Berufsfeuerwehren auch die freiwilligen Feuerwehren auf dem Land einsatztaktisch aufrüsten, um jederzeit ausreichend Schaummittel mitzuführen und in speziellen Gefahrgutfahrzeugen sogar Auffangbehälter und Dichtungskissen für die Kanalisation als »Ölwehr« gleich mit an Bord zu haben. Auf der einen Seite hat sich die Sensibilität für das Worst-Case-Szenario eines Brand- und Explosionsfalls verstärkt, auf der anderen Seite gelten bereits kleine Havarien als Umweltfrevel. Schon 1962 wird in Feuerwehrkreisen – zumindest vorsichtig – davor gewarnt, brennbare Flüssigkeiten, die in Straßengräben ausgelaufen sind, schlichtweg abzufackeln. »Die angesammelte Menge der brennbaren Flüssigkeiten und der mögliche Bereich ihrer Dämpfe ist schwer abzuschätzen«, heißt es dazu in der bayerischen Feuerwehrinformation. Welcher Brandschützer jener Jahre das selbstbewusste Anzünden eines Straßengrabens nach einem ausgelaufenen Pkw-Tank erlebt hat, möchte es kein zweites Mal probieren. Von einer Sekunde zur anderen entsteht neben der Fahrbahn eine regelrechte Feuerwand. Es ist brandgefährlich.

Das Sicherheitsbewusstsein soll sich nach den ersten Wiederaufbaujahren nach und nach auch im Pflichtenheft der Herstellerkonstrukteure niederschlagen. Noch vor dem Krieg war der Tank zumeist rechteckig, weil die Herstellung runder Tanks deutlich aufwendiger war. So bestimmte der eckige Tank, der später abgerundete Ecken erhielt, lange Zeit die grundsätzliche Bauweise. Man nutzte auch den Raum oberhalb des Fahrgestells optimal aus. Erst in der Nachkriegszeit entwickelt sich der klassische Koffertank, der dem Fahrzeug einen spürbar niedrigeren Schwerpunkt beschert. Der Schulterschluss mit der Bauweise von Kesselwagen für die Bahn liegt zwar nahe, doch die Konstruktion von Tankfahrzeugen für den Straßenverkehr unterliegt anderen Betriebskriterien. Die Tanks müssen leichter sein, sodass die Verwendung von Aluminium als Tankwerkstoff rasch in den

Fokus des Fahrzeugbaus gerät. Um die im Straßenverkehr gegebenen Raummaße besser auszunutzen, erhalten die Tanks in den Fünfzigerjahren eine fast rechteckige Form, sodass die bei der Beförderung brennbarer Flüssigkeiten auftretenden Betriebsdrücke aufgefangen werden. Während bei der Bahn die Gefahrguttransporte auf der Schiene längst durch das »Règlement concernant le transport international ferroviaire de marchandises dangereuses« (RID) geregelt sind, soll im Tanktransportgewerbe das »Accord européen relatif au transport international des marchandises dangereuses par route« (ADR) Abhilfe schaffen. Im Kern geht es nur um eins: Tankwagen und -auflieger sollen im Straßenverkehr sicherer werden und insbesondere bei Verkehrsunfällen für alle Beteiligten deutlich weniger Risiken bedeuten. Die meisten europäischen Länder unterzeichnen die ADR-Regelung zwar bereits 1957 in Genf, doch in ihrer ganzen Wirkung tritt die Weisung erst 1968 in Kraft. In der Zwischenzeit bleiben die Länder nicht untätig und übertragen die Regelungen in jeweiliges Landesrecht. Das ADR steht seither für das »Europäische Übereinkommen über die internationale Beförderung gefährlicher Güter auf der Straße« und gibt damit die Leitplanken für die Sicherheitsstandards im Gefahrgutbereich vor. Die sicherheitstechnischen Anforderungen sehen anfangs eine Wanddicke bei Stahlblechen von 2,5 Millimetern und die Fähigkeit vor, einer Beanspruchung durch das doppelte statische Gewicht der Ladung standzuhalten. Dabei hat bei den europäischen Bahnen das RID zur Sicherheit von Kesselwaggons schon längst Bestand. Doch manche Regelung greift zu kurz. So führt das weitreichende Übertragen der damaligen RID-Regelung für die Beförderung gefährlicher Güter in Kesselwagen auf den Betrieb von Tankwagen im alltäglichen Straßenverkehr dazu, dass entsprechend des ADR brisante Stoffe in Tankfahrzeugen mit den Mindesterfordernissen der Nachkriegsjahre transportiert werden dürfen. Schon in den Sechzigerjahren reift die Expertenerkenntnis, dass viele Vorschriften weder hinreichend noch im Sinne einer Gefahrenabwehr alltagstauglich sind. Kurzum: Es muss alsbald nachgebessert werden. Im Bonner Bundesverkehrsministerium (BMV) treibt man die Verbesserung der Sicherheitsstandards nach 1965 weiter voran. Im Wissen um den wirklichen Zustand des zuweilen in die Jahre gekommenen Tankwagenbestands aus der Boomzeit der Fünfzigerjahre spricht man seinerzeit hinter vorgehaltener Hand von »rollenden Blechbüchsen«. Die Experten meinen die Tankwagengeneration, die im Fall einer Havarie allzu schnell zur Ursache eines Großschadensereignisses werden kann.

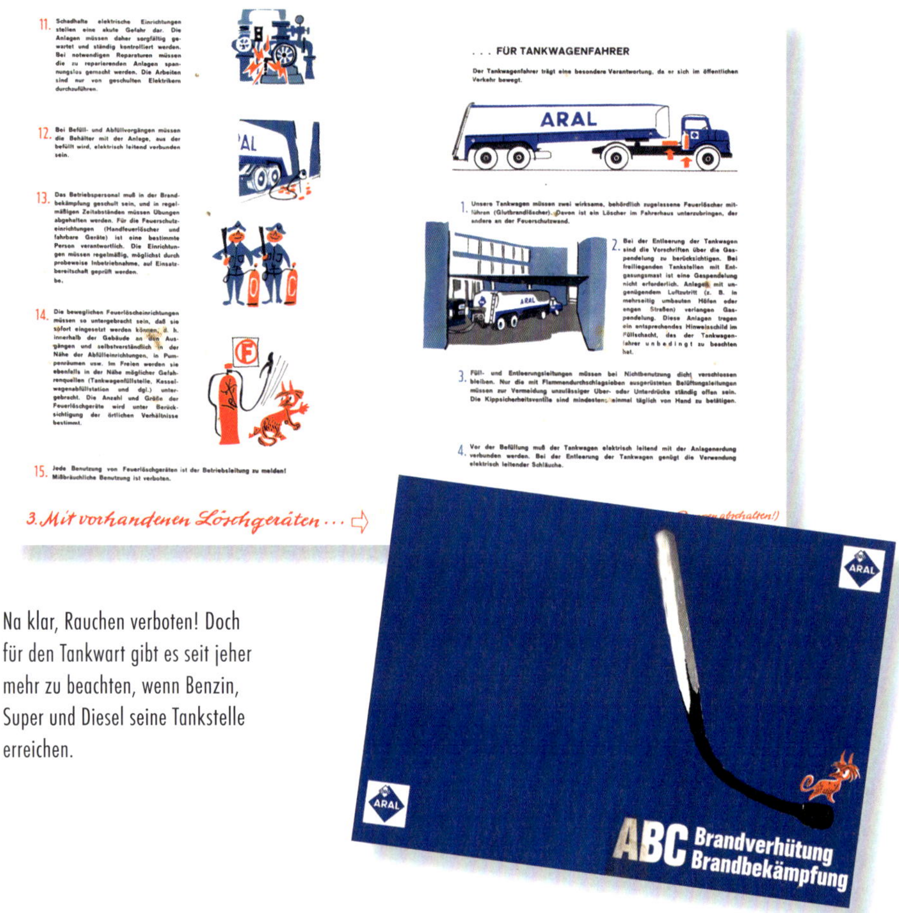

Na klar, Rauchen verboten! Doch für den Tankwart gibt es seit jeher mehr zu beachten, wenn Benzin, Super und Diesel seine Tankstelle erreichen.

Das voll ausgenutzte Gesamtgewicht mit erschwerter Kurvenlage führt gerade auf Autobahnauf- und -abfahrten zu kritischen Situationen. Meist ist zu hohe Geschwindigkeit die Ursache, die den instabil gewordenen Tankwagen nicht mehr steuerbar macht.

Aufgerüttelt wird die Branche durch einen Zwischenfall in der DDR. Am 6. Juni 1967 gegen 8 Uhr morgens hält ein Tankwagen des

VEB Kombinats Minol zunächst am Bahnübergang der Zugstrecke Magdeburg–Halberstadt. 15.000 Liter Benzin hat der Sattelzug an Bord. Weil die Schranken in Langenweddingen nicht ganz geschlossen sind, entschließt sich der Fahrer, die Gleise zu überqueren. Niemand weiß, ob es eine Fehleinschätzung oder gar die Ungeduld des Fahrers ist, die ihn den Tankauflieger langsam über den Bahnübergang beschleunigen lassen. Das Unfassbare geschieht: Das Fahrzeug wird von dem mit 540 Personen herannahenden Personenzug Salzwedel–Thale erfasst. Vier Doppelstockwagen des Zuges der Deutschen Reichsbahn (DR) geraten in Brand, zwei werden völlig zerstört. 77 Personen, davon 44 Kinder, die sich auf die Zeit im Ferienlager im nahe gelegenen Harz gefreut hatten, sterben unmittelbar bei dem Unfall. 54 Reisende erleiden schwere Verletzungen, sodass sich die Zahl der Getöteten bis Ende August auf 94 erhöht. Nicht nur das kleine Dorf in Sachsen-Anhalt, sondern ganz Deutschland diesseits und jenseits der Grenze steht unter Schock.

Die Rekonstruktion schafft Klarheit. Auslöser der tragischen Ereignisse war ein nicht ordnungsgemäß verlegtes Postkabel; die sommerliche Hitze hatte das Freiluftkabel so gedehnt, dass es durchhing und beim Schließen des Bahnübergangs gelegentlich einen Schrankenbaum behinderte. Er musste vor der Katastrophe, so ermitteln es seinerzeit DDR-Behörden, mitunter mehrfach bewegt werden, damit sich das Kabel löste. Auch an jenem Schicksalstag im Juni 1967 öffnete der Schrankenwärter kurz vor dem einfahrenden Zug die Schranke, weil sie sich im Telefonkabel verheddert hatte und der Reichsbahner sie durch Hochkurbeln wieder vom Kabel befreien wollte. Der Tankzugfahrer interpretierte nach Einschätzung der Behörden das Hochkurbeln als Öffnen der Schranke – die Katastrophe nahm ihren Lauf. Ursache für das intensive Feuer, das den gesamten Bahnhof vernichtete, sollte auch der austretende Dampf sein, der beim Zusammenstoß mit der Lok das austretende Benzin sekundenschnell beschleunigte. Bei der Kollision war der Lkw vom rechten Puffer der Lok erfasst und mitgerissen worden. Dann wurde der Lkw gegen den Zug geschleudert, wobei der Tank platzte und sich das Minol-Benzin über die ersten beiden Waggons sowie das Bahnhofsgelände ergoss und sich explosionsartig entzündete. Der Brand, so beschreibt es der offizielle Bericht, brach hinter dem Stellwerksgelände aus und verbreitete sich schlagartig, wobei Temperaturen um 1.000 °C entstanden. Man nahm an, dass der Tod der Reisenden in den ersten beiden Wagen schockartig eintrat. Der Lkw-Fahrer erlitt nur leichte Verbrennungen, starb aber an den Folgen des Zusammenpralls. Das Lokpersonal sollte mit Verletzungen davonkommen. Volkspolizisten führen später den Schrankenwärter aus seiner Wohnung ab, in einem Gerichtsverfahren werden er und sein Bahnhofsvorsteher zu einer Gefängnisstrafe von fünf Jahren verurteilt. Sie müssen sich vorhalten lassen, die Gefahrenstörung nicht umsichtig und frühzeitig genug beseitigt zu haben. Mit dem Rückenwind von Langenweddingen wird die Transportordnung gefährlicher

Katastrophe in der Ortsmitte: Eine weithin hörbare Explosion erschüttert am 16. Mai 1970 Weilburg. Der Tankzug war auf dem Weg zur Shell-Station und hatte 30.000 Liter Superbenzin geladen. Innerhalb weniger Sekunden stehen die AOK-Geschäftsstelle und das Gelände ringsherum in Flammen. Wie durch ein Wunder gibt es vor mehr als 50 Jahren keine Toten.

Güter (TOG) im Dezember 1967 verkündet, ehe sie wenige Monate später in Kraft tritt.

Während sich die bundesdeutschen Hersteller wie Strüver, Schwelm, Haller und Knoll im Arbeitsring Tankfahrzeughersteller (ART) zusammenschließen, wird schnell und umsichtig an einer Verbesserung der baulichen Sicherheitsmerkmale an Tankfahrzeugen gearbeitet. Erleichternd kommt hinzu, dass die Hersteller von Lkw und Bremssystemen für Anhänger und Auflieger zwischenzeitlich für Innovationen sorgen, die die Fahrstabilität in den späten Sechziger- und frühen Siebzigerjahren verbessern. Zugleich findet aber auch eine Sensibilisierung der Fahrzeugführer statt. Zeitgenossen berichten immer wieder davon, dass man es mit dem Rauchverbot im Führerhaus nicht so genau genommen habe. Manches Mal seien sicher geglaubte Blechdosen schlichtweg als Ascher unterm Fahrersitz verstaut worden. Und so kommt es in der Bundesrepublik zu weiteren Katastrophen. Wie am 16. Mai 1970, jenem Samstag vor Pfingsten, im mittelhessischen Weilburg, als der beschauliche Ort an der Lahn kurz vor Mittag von einer Explosion erschüttert wird. Die Fensterscheiben entlang der Kruppstraße und der Mozartstraße unweit der AOK-Verwaltung zerbersten. Erst steigt hinter dem Krankenkassengebäude ein mehrere Meter hoher, tiefschwarzer Rauchpilz auf, dann lodern immer wieder Stichflammen in den Himmel. Es ist erst der Anfang. Der ersten Detonation folgen bald zwei weitere, noch schwerere Explosionen. Ursache dafür ist ein Shell-Tankauflieger, der auf der Gefällstrecke der Limburger Straße nicht mehr rechtzeitig bremsen kann und dann in die Kruppstraße rast, ehe er oberhalb der AOK verunglückt. Dabei wollte der gelbe Sattelzug mit den roten Markenlettern wie so oft die Shell-Tankstelle in der oberen Limburger Straße anfahren. An Bord diesmal 28.000 Liter – vorwiegend Superkraftstoff. Die Mitarbeiter der Tankstelle sehen noch, wie der Tankauflieger mit ungewöhnlich hoher Geschwindigkeit vorbeirast – offenbar versagen zu diesem Zeitpunkt schon die Bremsen. Im Angesicht der

Auf einer schmalen Landstraße einen Moment auf die Bankette geraten, und schon ist der Mercedes-Benz-Tankwagen zu Fall gekommen. Größerer Umweltschaden entsteht in der Nähe des westfälischen Geseke Ende der Achtzigerjahre nicht.

Es ist morgens um kurz nach fünf: Einen Augenblick ist der Fahrer unachtsam, und schon steuert der Mercedes-Benz-Tankauflieger auf der eigentlich schnurgeraden Bundesstraße 516 kurz vor Warstein-Belecke in ein seitliches Getreidefeld und kippt um. Der Fahrer bleibt unverletzt, die Einsatzkräfte fangen auslaufenden Kraftstoff in langen Kunststoffsäcken auf.

Bei der Mehrzahl der Unfälle kippt der kopflastige Tankwagen lediglich um, sodass keine größeren Mengen Kraftstoff austreten. Lediglich die Domdeckel halten dem Druck nicht stand und lassen Diesel austreten. Die Feuerwehr ist in den Achtzigerjahren gerade erst dabei, das Thema Gefahrgut mit professionellem Gerät zu begleiten. Auch in Sachen Absicherung hält sich die Polizei vor 40 Jahren noch zurück – heute ein undenkbares Szenario.

drohenden Katastrophe drückt der Shell-Fahrer unentwegt, aber hilflos auf die Hupe, um den Verkehr zu warnen. Helfen tut all das nicht mehr. In seiner Not steuert der Fahrer seinen Sattelzug noch an einer Betonmauer vorbei, kann aber ein Entlangschleifen des Aufliegers nicht mehr verhindern. Womöglich als Folge der Reibungshitze und des wahrscheinlichen Funkenflugs explodiert das Benzin in einer der Kammern, sodass das AOK-Gebäude an der Unglücksstelle zwangsläufig Feuer fängt. Augenblicke später, der Sattelzug ist im lockeren Erdreich hinter dem Gebäude steckengeblieben, entzündet sich in den beiden anderen Kammern das restliche Benzin der 28.000-Liter-Ladung. Der noch junge Tankzugfahrer aus Koblenz hat Glück im Unglück: Er kann kurz vor dem Ausbremsen auf dem Gartengelände aus dem ebenfalls bereits brennenden Führerhaus abspringen. Mit blutenden Wunden am Oberkörper und Verbrennungen auf Brust und Rücken bringt ihn ein Anwohner mit seinem Auto ins Weilburger Krankenhaus. Eine Reinigungskraft der AOK, die am arbeitsfreien Pfingstsamstag im Gebäude für Ordnung sorgt, kommt mit dem Schrecken davon.

Mit dem Tankwagenunfall von Herborn am 7. Juli 1987 soll sich in Sachen Gefahrguttransporte endgültig ein Paradigmenwechsel vollziehen. Bei dem wohl spektakulärsten und in einer schneller gewordenen Medienwelt in Echtzeit verbreiteten Unfallgeschehen kommen im Westerwald sechs Menschen ums Leben, weitere 40 Schwerverletzte überleben das jähe Ende einer ungewollten Crashfahrt, die einen Sachschaden von 25 Millionen Euro verursacht. An diesem Sommertag fährt gegen 21 Uhr ein Tankauflieger aus den Höhenlagen des Westerwalds in Richtung Herborn. Rund acht Kilometer lang ist die Gefällstrecke, die dem Fahrer zum Verhängnis werden sollen. Die Bremsen sind nicht in Ordnung und zeigen bereits beim Abbiegen auf die Sauerland-Autobahn vor Herborn keine Wirkung. Infolgedessen verpasst der Fahrzeugführer die Auffahrt auf die Autobahn und fährt zwangsläufig in Richtung Stadt – der Tanksattelzug mit 33.000 Litern Benzin wird immer

Der 7. Juli 1987 soll für das hessische Herborn zum Schicksalstag werden. Ein Tankzug rast innerorts in eine Eisdiele. Durch die Explosion sterben sechs Menschen, zwölf Häuser gehen in Flammen auf. Es setzt eine leidenschaftliche Diskussion über mehr Sicherheit für Gefahrguttransporte in Europa ein.

Der Großeinsatz nach dem Tanklastzug-Unglück brachte neue Erfahrungen und Erkenntnisse

Was Herborn gelehrt hat – Konsequenzen aus der Katastrophe

Vieles bewährte sich, aus Mängeln kann man lernen

Die Chronik der nächsten – der entscheidenden 50 Minuten

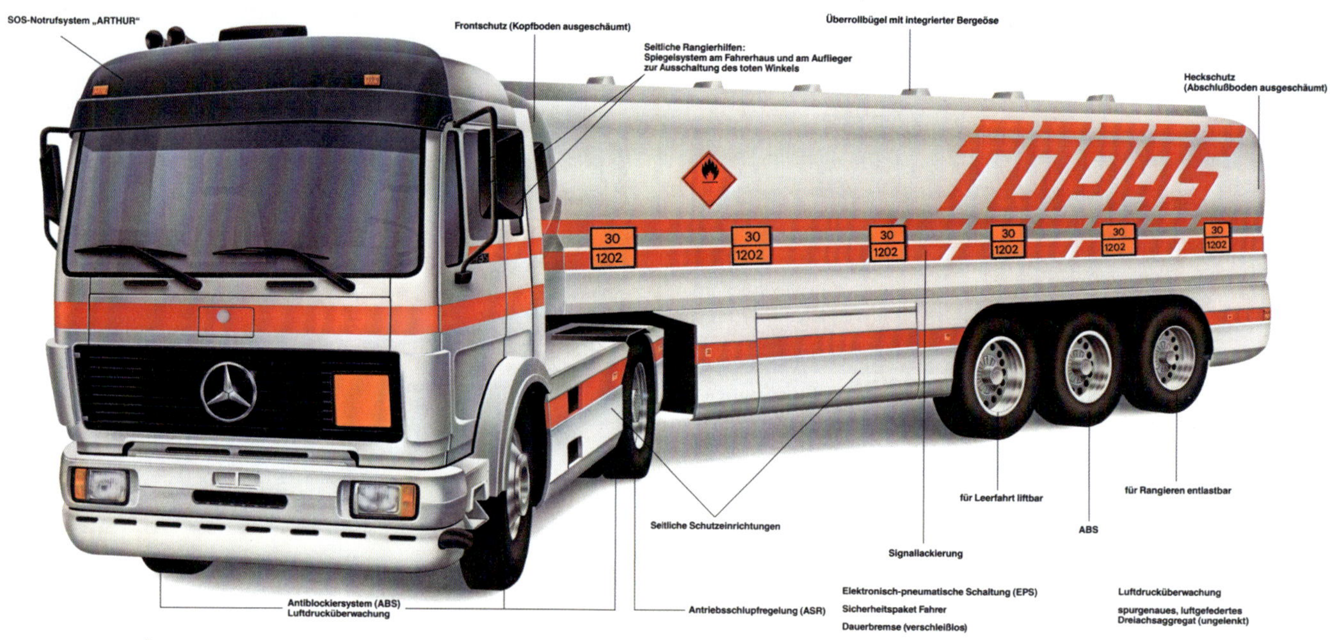

Topas gibt 1987 den Impuls für sicheren Fahrzeugbau bei Tankwagen. Für den Bau des Prototyps bringt das Bundesministerium für Forschung und Technologie (BMFT) drei Millionen DM auf. 1,5 Millionen DM steuern Daimler-Benz (Zugmaschine), Haller (Tankauflieger), Raab Karcher (Spedition) und Schwelm (Pumpenanlage) bei.

schneller. Als er dann Herborn mit rund 80 Stundenkilometern erreicht, soll eine leichte Rechtskurve das Aus bedeuten: Der Tankzug kippt auf die Seite, schlittert noch 30 Meter über die Fahrbahn und reißt sich dabei den Tank auf. Auslaufendes Benzin erreicht augenblicklich ein Eiscafé und läuft zugleich in die Kanalisation. Nur vier Minuten vergehen, und es kommt zur verheerenden Explosion – ein Zündfunke hat ausgereicht, um die Herborner Ortsmitte in ein Inferno zu verwandeln. Der Frankfurter Branddirektor Prof. Ernst Achilles beordert Spezialeinheiten aus der hessischen Mainmetropole in den Lahn-Dill-Kreis. Von da an erhält das Thema Gefahrgut auch bei den Feuerwehren im Land neue, und zwar oberste Priorität. Später verurteilt das Limburger Landgericht den Fahrer zu eineinhalb Jahren und den Fahrzeughalter zu zweieinhalb Jahren Freiheitsstrafe, die zur Bewährung ausgesetzt wird. In der Folge gibt es zahlreiche gesetzliche Veränderungen. So wird die Ausrüstung der Fahrzeuge mit einem Retarder (Dauerbremssystem) und einer automatischen Bremsnachstellvorrichtung vorgeschrieben. Schon vorher haben Unfalluntersuchungen zwischen 1982 und 1984 deutlich gemacht, dass vornehmlich Koffertanks aus Aluminium bei Havarien eine immer ähnliche Schwäche zeigen. Gerade im Bereich des Tankäquators soll es nach den Expertenaussagen zur Instabilität kommen. So tritt 1987 – vor der Herborn-Katastrophe – die Vorschrift in Kraft, dass bei wanddickenreduzierten Tanks im Bereich des Tankäquators eine zusätzliche Verstärkung anzubringen ist. Damals wird eine zusätzliche »Bauchbinde« angeschweißt.

Sichtbar stabile Seitenneigung beim Topas-Auflieger: Neben dem niedrigen Schwerpunkt zeichnet sich die Neuentwicklung unter anderem durch eine ABS-Bremsanlage, Rangierhilfen, Unterfahrschutz, doppelte Tankwandungen an Front und Heck sowie Schutzschilder aus Kunststoff aus.

Angesichts des Tankwagenunglücks im hessischen Herborn bringt das Bundesministerium für Forschung und Technologie (BMFT) das Pilot- und Forschungsprojekt »Topas«

(Tankwagen mit optimierten passiven und aktiven Sicherheitseinrichtungen) auf den Weg. Günter Schroeder, Regierungsdirektor und Projektleiter, will sich seinerzeit ohne genaue Kenntnisse des Unfallhergangs zwar nicht zu der Frage äußern, ob die Katastrophe beim Einsatz von Topas nicht geschehen wäre. Andere Experten schließen das aber nicht aus. Gerade eine Verbesserung der labilen Straßenlage herkömmlicher Sattelzüge hatte bei der Konstruktion von Topas im Vordergrund gestanden. Durch die Absenkung des Schwerpunkts um 30 Zentimeter bei Topas seien die Vorteile offensichtlich. Erstens werde die Haftgrenze viel später erreicht, zweitens greife ein entscheidender Vorteil gegenüber dem tückischen Fahrverhalten üblicher Tankauflieger: Das Neigen und übergangslose Umkippen in zu schnell gefahrenen Kurven werde bei Topas zunächst durch eine Schleuderphase ersetzt, in der Gegenlenken möglich werde. Laut Daimler-Benz AG hätte Topas die Geschwindigkeit, mit der der Sattelschlepper in Herborn verunglückte, möglicherweise verziehen. Doch letztlich, so das Zugeständnis der Topas-Projektpartner, könne keine Neukonstruktion die Gesetze der Physik aus den Angeln heben. Auch Topas nicht. Für den Bau des Prototyps bringt das BMFT bis 1986 drei Millionen DM auf. 1,5 Millionen DM steuern die Firmen Daimler-Benz (Zugmaschine), Haller (Tankauflieger), Raab Karcher (Spedition) und Schwelm (Pumpanlage) bei. Neben dem niedrigen Schwerpunkt zeichnet sich Topas unter anderem durch eine ABS-Bremsanlage, Rangierhilfen, Unterfahrschutz, doppelte Tankwandungen an Front und Heck sowie Schutzschilder aus Kunststoff aus. Bei Serienfertigung wird der Kaufpreis eines kompletten Zuges mit 450.000 DM beziffert, also 150.000 DM mehr als bei einem herkömmlichen Tankwagen. Das weitere Forschungsvorhaben Theseus (Tankfahrzeug mit höchsterreichbarer Sicherheit durch experimentelle Unfall-Situation) soll zusätzlich neue Erkenntnisse über Tankfahrzeugunfälle bringen. Vor allem Erkenntnisse über Verbesserungen der Kippstabilität sowie des hinteren Anfahrschutzes, aber auch die Änderung der Mindestwanddicke wurden erreicht.

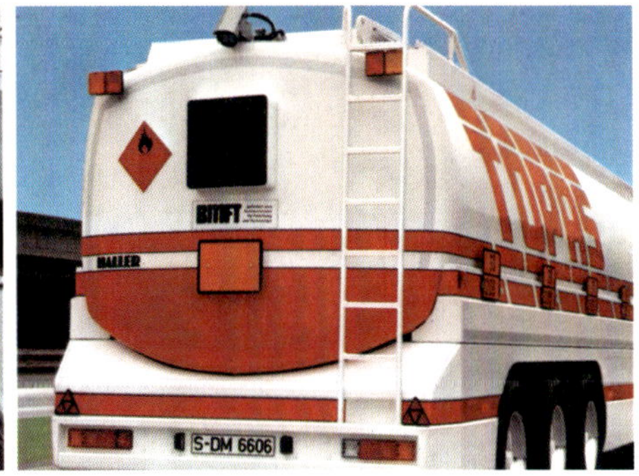

Bessere Technologie und Übersicht am Arbeitsplatz des Tankwagenfahrers, bessere Erkennbarkeit des Aufliegers für nachfolgende Fahrzeuge. Die Palette der Topas-Innovationen fällt lang aus. Zahlreiche Features sind heute längst in die Serie eingeflossen.

Eine Revolution: Bei Serienfertigung soll 1987 der Kaufpreis eines kompletten Zuges mit 450.000 DM etwa 150.000 DM höher liegen als bei einem herkömmlichen Tankwagen – zu viel, wie Branchenkenner damals meinen. In den Achtzigerjahren werden in der Bundesrepublik jährlich 300 bis 350 Unfälle mit Tankwagen verzeichnet. Es besteht Handlungsbedarf.

IN DEN SIEBZIGERN WEICHT DIE INDIVIDUALITÄT IM FAHRZEUGBAU

Ölkrise mit Spuren: Schrumpfender Markt und mehr Effizienz im Tankerfuhrpark

Die Siebzigerjahre bringen reichlich Veränderungen im gesamten Transportgewerbe – die Zeichen stehen auf Marktkonzentration. Krupp stellt den Lkw-Bau 1968 ein, Büssing wird 1971 von MAN übernommen, Hanomag-Henschel 1974 von Daimler-Benz, und Magirus-Deutz geht 1975 in der zu Fiat gehörenden Iveco-Gruppe auf. Opel, einst der größte Hersteller von leichten Lkw im Deutschen Reich, stellt das langjährige Erfolgsmodell Opel Blitz 1975 ersatzlos ein und verabschiedet sich vom Lkw-Bau. Diese Erosion in der Herstellerauswahl führt alsbald zu einem sichtbaren Verlust von Vielfalt, die gerade das Transportgewerbe und insbesondere die damit verbundene Mineralölwirtschaft während der Wirtschaftswunderjahre ausgemacht hat. Tatsächlich soll sich die Welt nach der Ölkrise verändern, weil die Zeiten des Wachstums auf absehbare Zeit vorbei sind. Rasch muss die gesamte Branche erkennen, dass man angesichts des zugespitzten Wettbewerbs vielerorts geradewegs auf den Krisenmodus zusteuert. Auch die Welt der Anhängerhersteller verändert sich nach 1970 stark. Der Wuppertaler Hersteller Eylert – 1955 noch unter den Top 10 in Deutschland – muss 1973 in der Folge der

Esterer in Helsa liefert diesen Tankauflieger mit kubischer Zugmaschine in den Siebzigerjahren an die Aral-Organisation aus. Solchen Standardaufliegern soll in Deutschland die Zukunft gehören. Die Mineralölindustrie strebt nach der Ölkrise und der notwendigen Marktkonsolidierung endgültig ein weitreichendes Outsourcing aller Transportaktivitäten an.

Ölkrise sein Werk für immer schließen. Mitte der Achtzigerjahre gerät das Unternehmen Blumhardt – 1955 in der Bundesrepublik noch auf Platz drei – in Schwierigkeiten, auch wegen unbezahlter Lieferungen in den Nahen Osten, die das eigentlich aussichtsreich geglaubte Exportgeschäft urplötzlich mit sich brachte. Das Blumhardt-Werk wird verkauft; die Marke gibt es schon einige Jahre später nicht mehr. Der langjährige deutsche Marktführer Kässbohrer, Ende der Achtzigerjahre ein Konzern mit rund 9.000 Beschäftigten und zeitweise die zweitgrößte GmbH in Deutschland, verpasst den Strukturwandel. Die Familie verkauft das Anhängerwerk in Burtenbach 1993 an den Wettbewerber Kögel. Viele der in den Fünfzigerjahren noch bedeutenden Produzenten verabschieden sich vom Markt. Der Dreh- und Angelpunkt der Krisenszenarien aller Tankfahrzeughersteller in jenen Jahren bleibt die zu späte Rückführung der Produktionskapazitäten sowie eine rechtzeitige Spezialisierung. Die ersten schwindenden, dann gar ausbleibenden Margen hätten den Erkenntnisprozess beschleunigen müssen, über das Qualitäts- und Innovationsprinzip – getrost auch in der Nische – werthaltig zu wachsen. Lieber auf Umsatz verzichten und dafür den Ertrag mindern. Mit dieser Empfehlung lässt sich in den Achtzigerjahren der zugespitzten Branchenmisere nicht mehr beikommen. Der Marktaustritt mehrerer Anbieter steht unausweichlich bevor. Mal zwangsweise, mal strategisch geplant.

Dass die Achtzigerjahre ganz im Zeichen der Konsolidierung stehen, wird allenthalben spürbar. Sowohl die Mineralölwirtschaft als auch die Zulieferindustrie muss die tiefen Wunden der Ölkrise immer noch verschmerzen. Derweil geht das Sterben der Tankstellen weiter – das Netz der Markenstationen wird ausgedünnt und auf Effizienz getrimmt. Hinzu kommt, dass mit den neuen Autogenerationen das Thema Kraftstoffverbrauch auf der Automobil-Agenda der Achtzigerjahre ganz nach oben rückt. Zugleich wird die Erdgasversorgung in weiten Teilen der Bundesrepublik so weit vorangetrieben, dass die Umstellung von Ölfeuerung auf Gasbetrieb für viele Haushalte zum Gebot der

Für die regionale Belieferung setzen die Mineralölhändler in Deutschland standardisierte Hängerzüge ein. Die Tankwagenbauer haben schon vorher die Notwendigkeit erkannt, den kostspieligen Spezialfahrzeugbau ihrer Branche harmonisieren zu müssen.

Die Zahl der Verteilerfahrzeuge für die Heizölversorgung geht in den Achtzigerjahren spürbar zurück, nachdem die Städte und Dörfer allerorts ans Erdgasnetz angeschlossen sind. Der Energiewandel hat bereits damals das Bewusstsein der Menschen verändert.

Stunde wird. Die Rahmenbedingungen sind für die Tankwagenhersteller denkbar ungünstig geworden, weil das Transportvolumen immer weiter zurückgeht. Letztlich geht es um mehr Effizienz bei sinkendem Transportvolumen. Die Lkw-Hersteller Mercedes-Benz und MAN, die seither den deutschen Markt dominieren, empfehlen – in weiser Voraussicht angepasst an ihr Fahrzeugprogramm – nur noch standardisierte Aufbaugrößen, die damit das Tankfahrzeug preiswerter und den dispositiven Fahrzeugeinsatz besser gestaltbar machen. So unterscheidet Mercedes-Benz lediglich vier verschiedene Nutzungsmöglichkeiten, die letztlich den kleinen und großen Solo-Lkw, das Anhängergespann und den Sattelauflieger meinen. Gesetzt sind die neuen Standards weit über die Jahrtausendwende hinaus, weil sie letztlich den veränderten Transportmarkt in der gesamten Mineralölwirtschaft widerspiegeln. Der kleinste Tankwagen im Verteilerverkehr eröffnet das Spektrum mit 7,5 Tonnen zulässigem Gesamtgewicht, damals noch mit der Führerscheinklasse 3 zu fahren. Dieses Fahrzeug ist mit fest montiertem Tankaufbau ausgerüstet, nachdem der Aufsetztank zur musealen Branchenrarität geworden ist. Brennstoffhändler wählen ihre Fahrzeuge in den Achtzigerjahren konsequent nach ihrer Verwendung aus und beschaffen entweder Fahrzeuge für den Heizöl- oder für den Festbrennstofftransport. Die Tankvolumina der 7,5-Tonner bewegen sich zwischen 5.000 und 5.500 Litern. Die zweite Tankgröße liegt bei einem Volumen von rund 12.000 Litern und benötigt Fahrgestelle mit einem Gesamtgewicht von 16 Tonnen. Diese Tankwagen finden sich in den Achtzigerjahren bereits am häufigsten im Einsatz. Schwere Solofahrzeuge bis 22 Tonnen zulässigem Gesamtgewicht sind seinerzeit überwiegend mit einer angetriebenen Hinterachse und einer Schleppachse ausgerüstet. Sie können bis zu 18.600 Liter befördern. Für die großen Volumina gibt es zwei Fahrzeugkonzepte – auf der einen Seite der geteilte Tanklastzug mit Anhänger, auf der anderen Seite der klassische Tankauflieger, dessen Transportvolumen schon in den Siebzigerjahren nicht mehr weiter wachsen kann. Der geteilte Tanklastzug findet dort Verwendung, wo der Anhänger als Reservetank in ein Verteilergebiet mitgenommen wird oder das gesamte Gespann der eigenen Lagerauffüllung dient. Die Zulieferung erfolgt über das Zugfahrzeug. Nach Entleerung wird das Transportgut vom Anhänger ins Zugfahrzeug überführt. Bei geschickter Ausnutzung der Verteilerroute kann das Anhängergespann durchaus mit einem kostenmäßig günstigeren Sattelzug konkurrieren. Bei einem 16-Tonner-Zugfahrzeug mit Anhänger (22 Tonnen) beträgt das Bruttofassungsvermögen des gesamten Gespanns zwischen 32.000 und 35.000 Liter, bei einem 2-Tonner-Zugfahrzeug mit Anhänger (16 Tonnen) wird das gleiche Volumen erreicht. Aus Gründen der Wirtschaftlichkeit hat sich in den Achtzigerjahren bei größeren Abnahmemengen längst

Der Volvo F88 der Kieserling-Spedition fährt im Esso-Auftrag Heizöl und Diesel von der Raffinerie zu den Kunden.

Mittelständische Mineralölhändler expandieren vor allem im Tankstellengeschäft, nachdem die Heizölnachfrage zunehmend nachgelassen hat. Auf diese Weise wird die Versorgung der eigenen Stationen mit der zur Verfügung stehenden Logistik sichergestellt.

Während die Zahl der Hersteller in den Achtziger- und Neunzigerjahre mangels Nachfrage zurückgeht, beginnen auch die Fahrgestelllieferanten, den Markt zu standardisieren. Der leichte Lkw steht für den Verteilerverkehr in Wohngebieten bereit.

Den mittelschweren Fahrgestellen ordnet Mercedes-Benz Tankaufbauten zu, deren Volumina vornehmlich der Industriebelieferung dienen.

In der Versorgungslogistik zwischen Raffinerie und Tanklager können leistungsfähige Hängerzuggespanne eingesetzt werden.

Und zu guter Letzt empfiehlt Mercedes-Benz die eigenen Zugmaschinen, um die Aufliegerzüge zur Versorgung des Tankstellennetzes zu komplettieren.

der Tanksattelzug durchgesetzt. Einfach auch deshalb, weil er in der Lebensdauer seinerzeit zwei Zugmaschinen übersteht und sich das Transportmittel für 34.000 bis 37.000 Liter kostengünstiger betreiben lässt. Dabei gerät der eigentliche Zweck des Tankzugs, nämlich die Wechseloption von Fahrzeug und Sattelauflieger, in den Hintergrund. Hiervon macht kaum ein Kraftstoff- und Brennstofflogistiker Gebrauch. Das hat einen guten Grund: Die Füll- und Abnahmeaggregate sind herstellerseitig inzwischen so hochgerüstet, dass sich die Befüll- und Entleerungszeiten bereits auf einem Minimum befinden.

Überdies haben die tiefgreifenden gesetzlichen Bestimmungen vom 1. April 1976 die Tankkonstruktion ebenso wie die Vorschrift über die Gefahrgutkennzeichnung beeinflusst. Sie schreiben fortan vor, dass Dieselkraftstoff und Heizöl streng getrennt zu befördern sind. Sie müssen in getrennten Kammern mit getrennten Abgabeaggregaten oder mit Rückpumpanlagen zum Leerpumpen der Rohrleitungen und Armaturen geführt werden. Normal- und Superbenzin hingegen müssen ebenfalls über getrennte Aggregate abgegeben werden. In den Achtzigerjahren greift auch die Verschärfung der fahrzeugbaulichen und technischen Ausrüstung wie der notwendige Unterfahrschutz, ein seitlicher und rückwärtiger Kesselbrandschutz, aber auch die Abfüllsicherung mit Elektronik sowie eine explosionsgeschützte Verkabelung für Fahrzeuge der Klasse IIIa/1a. Der Auspuff muss vor der Vorderachse liegen, die TÜV-Abnahme des Fahrzeugs kann nur unter Vorlage eines »Werk-Güteattests für Tank-Werkstoffe« erfolgen. Dazu müssen zwei Warnlampen und zwei Feuerlöscher mit je sechs Kilogramm Löschmittel mitgeführt werden. Unabdingbar ist die periodisch durchzuführende Kesselabnahme, aber auch die unübersehbare Kennzeichnungspflicht eines jeden Gefahrguttransporters. So ist auf den orangen Warntafeln, die seit den Achtzigerjahren das deutschlandweite Straßenbild in rasch bewährter Weise prägen, die oben stehende Gefahrnummer (Kemler-Zahl) und darunter die Stoffnummer (UN-Nr.) zu lesen. Angesichts der parallel zu dieser verschärften Gefahrgutkennzeichnung aufrüstenden Feuerwehren ergibt sich im Schadensfall dank optimierter Kommunikationswege schnelle Klarheit über das Lagebild.

Was in den Siebzigerjahren noch weithin unbekannt ist, setzt sich nach der Verschärfung der Fahrzeugkennzeichnung rasch durch. Die Warntafeln vorn und am Heck tragen oben die Kemler-Zahl zur Kodierung der Gefahren und unten die UN-Nummer für den transportierten Stoff. Einsatzkräfte von Feuerwehr und Polizei erhalten fortan unerlässliche Informationen, um im hoheitlichen Gefahrguteinsatz schnell und fachgerecht reagieren zu können.

Kaum zu glauben, wie die Mineralölwirtschaft in den Wirtschaftswunderjahren der Bundesrepublik Erfolgsgeschichten geschrieben und Jahrzehnte später jäh beendet hat. Rückblick: Wenn es einst um Tankstellen geht, kommt in den Nachkriegsjahren niemand am Schwelmer Eisenwerk Müller & Co. vorbei. Die Mineralölgesellschaften, die noch vor der Währungsreform 1948 mit dem Wiederaufbau beginnen, wissen, dass die Westfalen von Kanistern und Fässern bis hin zu stählernen Großtanks und Straßentankwagen, aber vor allem Zapfsäulen alles aus einer Hand liefern. Das macht den Neuanfang damals leicht. Legendäre Innovationsideen dokumentieren die Geschichte der bundesrepublikanischen Tankstellenkultur. Die erste Zapfsäule des Schwelmer Eisenwerks Müller & Co. nach dem Krieg, das Modell »M 49«, gilt von Beginn an als technisch-kreative Meisterleistung von Chefingenieur Vinzenz Grünvogel. Er führt die neue »Vollschlauch-Technik« ein, bei der der Tankschlauch stets gefüllt bleibt. Schon im Jahr nach der Währungsreform entscheiden sich mehrere große Ölgesellschaften, darunter auch Esso, die Zapfsäulen für die Erstausstattung der neuen Tankstellengeneration zu ordern – ein gesicherter Start in die Marktwirtschaft. Zugleich fährt das Unternehmen den schon vor dem Krieg erfolgreichen Bau von Straßentankwagen wieder hoch. Angesichts der zahlreichen Lieferkontrakte über die Fertigung von Zapfsäulen für nahezu alle deutschen Mineralölmarken besitzt das Schwelmer Eisenwerk Müller & Co. damit auch den direkten Draht in die Zentralen. Das

Fanal – eine Marke mit Stinnes-Tradition. In den Achtziger- und Neunzigerjahren setzt das Fusionsfieber der Mineralölindustrie ein, sodass viele regionale und kleinere Marken übernommen werden und wenig später verschwinden.

Hallers feiner Zug aus der Feuerbacher Tankerschmiede verfügt bereits über die seitliche Gefahrgutkennzeichnung. Mercedes-Benz gibt unterschiedliche Kombinationsmöglichkeiten mit den zur Verfügung stehenden Zugmaschinen der neuen Generation vor (u.). Die Nutzlast des Aufliegers bei Aluminiumausführung liegt bei bis zu 24,9 Tonnen.

Sattelzugmaschine+Sattelanhänger

1626 S/ 1632 S

2026 S 6x2/4 2032 S 6x2/4

2026 S 6x2/4 2032 S 6x2/4

2226 S 6x4 2232 S 6x4

Typ		1626 S	1632 S	2026 S	6x2/4	2032 S	6x2/4	2226 S 6x4	2232 S 6x4
				19 t	22 t	19 t	22 t		
Radstand	mm	3 200	3 200	2 400+1 350		2 400+1 350		3 000+1 350	3 000+1 350
Zul. Gesamtgewicht	kg	16 000	16 000	19 000	22 000	19 000	22 000	22 000	22 000
Zul. Lastzuggewicht	kg	38 000	38 000	38 000	38 000	38 000	38 000	38 000	38 000
Sattellast*)	ca. kg	10 095	9 725	11 785	14 725	11 385	14 385	14 035	13 845
Sattelanhänger Nutzlast bei Tankaufbau in Aluminium	ca. kg	24.750	24 600	24 450	24 950	24 300	24 850	24 100	24 250
Zul. Achslasten	3x7,35 t		x			–	–		–
	2x9,5 t		–			x	–		–
	2x8,0 t		–			–	x		x

Anklopfen, um an Aufträgen für die Fuhrparkausstattung partizipieren zu können, ist da nur noch Formsache. Bis zu Beginn der Siebzigerjahre werden in Schwelm viele Hundert Tankwagen ausgeliefert. Dann wendet sich das Blatt des Erfolgs: Mit der ersten Ölkrise, dem einsetzenden Wirtschaftsabschwung und einem Tankstellensterben gerät das Unternehmen bis zum Beginn der Achtzigerjahre erheblich unter Druck. 1986 beginnen die Familiengesellschafter mit der Auflösung der Geschäftsaktivitäten den geordneten Rückzug aus einem Mineralölmarkt, der schlichtweg nicht mehr die großen Zulieferkapazitäten der vorangegangenen Jahre benötigt. Das Kapitel der Tanksäulen und -fahrzeuge »made in Schwelm« wird geschlossen. Und auch im westfälischen Beckum macht sich Marktkonzentration bemerkbar. Das 1954 im Beckumer Ortsteil Vellern gegründete Unternehmen Tank- und Apparatebau Schwietert (T+A Schwietert) geht nach der Insolvenz 1995 in den Besitz von Ludwig Schrader über, dessen Tochter Petra Schrader die Führung übernimmt. Als dann 1997 auch der Tankwagentraditionalist Ellinghaus aus Beckum in wirtschaftliche Schwierigkeiten gerät, greift Schrader, bislang nur im Anlagenbau tätig, ein zweites Mal zu. Mit viel Geschick führt er die Kapazitäten zusammen, treibt Innovationsprogramme nach vorn und richtet das Unternehmen Schrader neu aus. Die Strategie: wirtschaftliche Tankfahrzeuge für den Markt der Zukunft. Und auch die Familie Kässbohrer findet nach jahrzehntelanger Pause 2016 zurück ins Tankfahrzeuggeschäft und übernimmt den Straubinger Tankwagenbauer Rohr. Dort hat man seit 1962 Tankfahrzeuge gebaut und 1995 Teile des kriselnden Herstellers Bruno Kroll in Reinbek übernommen. Schon 1999 produziert man das weltweit erste Tankfahrzeug mit elektronischem Peilstab, 2004 erfolgt die Einführung der zylindrisch-elliptischen Tankform. So hat sich nach Kriegsende die Zahl der Tankwagenanbieter bis heute auf nicht mal mehr ein Dutzend gedrittelt. Von der Kunst des individuellen Karosseriebaus mit Streamline-Optik und elegant geschwungenen Kotflügeln ist nichts übrig geblieben. Die drei Entwicklungsstufen des Tankfahrzeugmarkts in den letzten 70 Jahren beschreiben den Weg der technischen Ernüchterung bei gleichzeitig unabdingbarer Stärkung der Wirtschaftlichkeit der verbliebenen Unternehmen. Können die Hersteller in der ersten Phase bis 1965 ihren handwerklichen Karosseriebau mit auskömmlichen Margen für den Wiederaufbau des Landes arbeiten lassen, folgt in der zweiten Phase bis zur Jahrtausendwende eine Konsolidierung und Marktbereinigung mit einem stückzahloptimierten Fahrzeugbau. Seit 2000 sorgt die dritte Phase für klare Leitplanken der Wirtschaftlichkeit, die jedes Tankfahrzeug erfüllen muss, um der margenarmen Logistik Rechnung zu tragen.

Dieses Alltagsszenario gibt es heute nur noch selten: Die Beladung der Verteilerfahrzeuge mit Heizöl wird von Jahr zu Jahr weniger. Damit ist die Hochzeit der Haushaltsbefeuerung über ölgespeiste Zentralheizungen längst vorbei.

Bibliografische Information der Deutschen Nationalbibliothek
Die Deutsche Nationalbibliothek verzeichnet diese Publikation in der Deutschen Nationalbibliografie; detaillierte bibliografische Daten sind im Internet über http://dnb.dnb.de abrufbar.

1. Auflage
ISBN 978-3-667-12356-5

Text: Ulrich Biene
Lektorat: Hanno Vienken
Korrektorat: Katja Ernst
Umschlaggestaltung und Layout: Jörg Weusthoff, Weusthoff & Reiche Design, Hamburg
Lithografie: Mohn Media, Gütersloh
Druck: Print Consult GmbH, München
Printed in Slowakia 2022

Delius Klasing Verlag, Siekerwall 21, D - 33602 Bielefeld
Tel.: 0521/559-0, Fax: 0521/559-115
E-Mail: info@delius-klasing.de
www.delius-klasing.de

Fotonachweis

Ulrich Biene
32 M, 72 u, 76 u, 141 u, 172, 173 o
Sammlung Ulrich Biene
Titelfoto u, 7, 9, 11 u, 12 u, 14, 15, 16 o, 17, 18, 19, 20, 22, 23, 26, 29 ul, 30 ol, 34 u, 35 o, 36, 37, 38, 39, 42,43 46, 47 u, 51, 59, 60, 61 u, 63 u, 64 o, 66, 67 o, 72 o, 73, 75 u, 76 M, 76 ol, 78 Ml, 78 ul, 81 u, 82 u, 91 m, 96 u, 108, 110, 111, 112 o, 113 m, 116 u, 117 o, 117 m, 118 o, 129 u, 130, 131, 136, 137, 138 u, 141 M, 142 Ml, 143 Ml, 144, 145, 146 o, 146 u, 152 m, 154, 155, 157, 161 o, 161 M, 167 M, 168, 169, 170, 173 u, 177 u, 179, 182 o

Aral AG
10 o, 21, 28, 30 or, 32 o, 32 u, 33, 35 u, 44, 45 u, 47 o, 49

Avia
50, 51 o, 52, 53, 54/55, 82

BP AG
60 m, 61 o, 63 o, 64 u, 65, 67 u, 71 ur,

Bundesbehörde für Stasi-Unterlagen
117 u (BStU, MfS, HA XXII Nr. 5100, Bd. 1)

Oskar Burger
80 u

Büssing AG
11 o, 165

DEA AG
153

Esso AG
4, 8, 13 o, 80 o, 81 o, 83, 85 o, 128 u, 128 u, 160

Fahrzeugbau Aurepa
135

Fahrzeugbau Blumhardt
163

Fahrzeugbau Ellinghaus/ Schrader
Titelfoto or, 68, 69, 70 o, 70 m, 162, 166 u,

Fahrzeugbau Esterer
31 o, 89 o, 132, 164 ol, 167 u, 177 o

Fahrzeugbau Eylert
140 o, 150 o

Fahrzeugbau Haller
16 u, 71 ul, 182 o

Fahrzeugbau Bruno Kroll
138 o, 140 u

Fahrzeugbau Stadler
27, 34 o, 41, 55 o, 56, 57, 85 u, 86 o, 88, 90, 91, 92, 93, 94, 95, 128 o, 129 o, 139 u, 142, 143, 148, 149, 152 o, 152 u, 158, 159, 164 or

Fahrzeugbau Strüver
40, 73 o, 75 o, 139 o, 161 u, 166 o

Feuerwehr Weilburg
171

Flughafen Hannover
62

Gasolin AG
6, 72, 74, 76 or, 77

Historisches Archiv MAN Truck & Bus SE.
5

Henschel & Sohn
13, 25, 30 u, 134, 164

IFA Werke
114 o, 115, 118 u

Uwe Jaschinski
78 ol, 78 ur

Mannesmann Werke
86u, 87

Oest Freudenstadt
12 o, 53 u, 133

Olsberger Hütte
84

Horst Paulmann
78 or

Adolf Roth
96 o, 97

Rödl Neumarkt
28 o

Salzkotten Maschinen- u. Apparatebau AG
45 o

Sammlung Dieter Dressel
98, 99, 100, 101, 102, 103, 104, 105, 106, 107

Schwelmer Eisenwerk Müller & Co.
24, 89 u, 141 o, 146 M, 147, 150 u, 151

MAN AG
2

Spedition Adalbert Wandt
Titelfoto Mo, 120, 121, 122, 123, 124, 125

Minol
109, 112 u, 113 o, 115 u, 114 u. 116 o,

Mercedes-Benz AG
Titelfoto or, 10 u, 60 o, 70 u, 79, 126/127, 175, 176, 176, 178, 180, 181 u, 182 u, 183

Nitag AG
29 ur

Thomson Bros.
156

Vidal & Sohn
31 u

Wesco
95 or

Hier spricht der Fachmann:

FACHLEUTE

geben stets positive Tatsachen, die sich klug verwerten lassen. Wenden Sie sich mit allen Ihren Sorgen um die Lebensdauer und den sparsamen Betrieb Ihres Wagens an den

SHELL
MOTORTECHNISCHEN
DIENST

„Überall, WOHIN SIE FAHREN, selbst abseits vom großen Verkehr, und auch im Ausland, finden Sie unsere gelb-roten SHELL-Tankstellen“, erklärte stolz ein SHELL-Stationär seinem Kunden, als er dessen Wagen überprüfte. „Wir verstehen so mancherlei von Kraftfahrzeugen und ihrer sachgemäßen Pflege und sorgen mit Rat und Tat für größere Fahrsicherheit und Fortfall vermeidbarer Reparaturen. Obendrein haben Sie die beruhigende Gewißheit, daß Ihr Motor immer und überall die gleichen unter dem Plombenschutz stehenden Öle bekommt, die seiner Konstruktion und der jeweiligen Jahreszeit angepaßt sind, die ihm gut tun:

SHELL AUTOOELE

werterhaltend und wirtschaftlich

SHELL AUTOOELE *und* SHELL SCHMIERSTOFFE

genießen als Qualitätserzeugnisse Weltruf. Intensive Forschungsarbeit und ständiger Erfahrungsaustausch mit der Kraftfahrzeugindustrie geben den SHELL Produkten die Vorteile jedes technischen Fortschrittes.